전기(산업)기사.전기공사(산업)기사

회로이론

전기(산업)기사 핵심시리즈

4

전기검정연구회 저

한번에
합격

🎥 동영상 촬영

Emgimeer Electricity

명인북스
Myungin Books

회로이론

전기(산업)기사 시리즈

머리말

본서는 오랜 기간 산업현장에서의 실무경험과 학원에서의 강의 경험을 통해 터득한 교육 노하우를 접목하여 전기기사.산업기사 자격증을 준비하는 수험생들에게 단기간에 가장 효율적인 학습이 되도록 구성 하였다.

또한 수험생들이 최단 시간에 자격증을 취득할 수 있도록 이론을 핵심 요약하여 시간을 절약할 수 있도록 하였다.

최신 기출문제를 복원하여 본 도서로 공부하고 합격할 수 있도록 해설에 최선을 다하였다.

【본 교재의 특징】

- 핵심 이론을 요약하여 시간을 절약할 수 있도록 하였다.
- 수험자가 단기간에 완성할 수 있도록 한국산업인력공단의 출제 기준안에 맞도록 체계적으로 정리하였다.
- 수험생들의 편의를 위해 그림과 도표를 많이 수록하였다.
- 계산 문제는 공식과 풀이 과정을 상세하게 정리하였다.
- 수험생 스스로 문제를 해결할 수 있도록 상세하게 해설을 수록하였다.

본 교재를 충분히 활용하여 전기기사.산업기사 자격시험에 합격 되시기를 기원하며 차후 변경되는 출제 경향 및 과년도 문제 등을 추가로 수록하여 계속 보완하도록 하겠다.

저자 씀

전기(산업)기사 출제기준(회로이론)

직무분야	전기	자격종목	전기기사	적용기간	2024.1.1 ~ 2026.12.31

○직무내용 : 전기설비에 관한 공학기초지식을 바탕으로 전기기계·기구의 회로와 용량설계, 제작 관리 및 전기설비의 계획, 용량산정, 구조계산, 재료선정, 설계서 작성, 유지 및 운용과 시설관리 등의 업무를 수행하는 직무이다.

주요항목	세부항목	세세항목
1. 직류회로	1. 전류 및 옴의 법칙	1. 전류 2. 전압 3. 저항
	2. 도체의 고유저항 및 온도에 의한 저항	1. 전선의 저항 2. 단면적과 길이에 따른 저항변화
	3. 저항의 접속	1. 직렬 2. 병렬 3. 직병렬
	4. 키르히호프의 법칙	1. KCL 2. KVL
	5. 전지의 접속 및 줄열과 전력	1. 직렬 2. 병렬 3. 직병렬 4. 내부저항 5. 최대전력
	6. △-Y접속의 변환	1. △-Y 2. Y-△
	7. 브리지평형	1. 브리지 종류 2. 브리지 용도
2. 정현파 교류	1. 정현파형	1. 전류파형 2. 전압파형
	2. 주기와 주파수	1. 각주파수 2. 파장
	3. 평균치와 실효치	1. 순시치, 최대치, 실효치, 평균치의 관계 1. 정현파, 구형파, 삼각파의 파고율, 파형률
	4. 파고율과 파형률	1. 진상, 지상, 초기위상, 동상
	5. 위상차	1. 직각좌표, 극좌표, 삼각함수, 지수함수
	6. 회전벡터와 정지벡터	1. 푸리에 급수표시 2. 기본파와 고조파의 합

주요항목	세 부 항 목	세 세 항 목
3. 왜형파교류	1. 비정현파의 푸리에급수에 의한 전개	1. α_0, α_n, b_n 의 결정
		1. 우함수, 기함수, 반파대칭
	2. 푸리에급수의 계수	1. 전압의 실효값
	3. 비정현파의 대칭	2. 전류의 실효값
	4. 비정현파의 실효값	3. 전고조파 왜형율
	5. 비정현파의 임피던스	1. RLC회로
		2. 고조파 공진조건
4. 다상교류	1. 대칭 n상 교류 및 평형 3상회로	1. n상전력
		2. 3상 전력
		3. 위상
	2. 성형전압과 환상전압의 관계	1. n상 상전압
		2. n상 선간전압
	3. 평형부하의 경우 성형전류와 환상 전류와의 관계	1. △결선, Y결선에 따른 상전류, 선간전류
	4. 2π/n씩 위상차를 가진 대칭 n상 기전력의 기호 표시법	1. n상전압, n상 전류표시
	5. 3상 Y결선 부하인 경우	1. 전압, 전류, 전력, 임피던스
	6. 3상△결선의 각부전압, 전류	1. 전압, 전류, 전력, 임피던스
	7. 다상교류의 전력	1. 유효전력
		2. 무효전력
	8. 3상 교류의 복소수에 의한 표시	1. 전력
		2. 임피던스
		3. 전류표시
	9. 성형, 환상결선 사이의 환산	1. 등가변환
	10. 평형3상회로의 전력	1. 단상전력계
		2. 2전력계법
		3. 3전류계법
		4. 3전압계
5. 대칭좌표법	1. 대칭좌표법	1. 영상분
		2. 정상분
		3. 역상분
	2. 불평형률	1. 전압, 전류, 불평형률

주 요 항 목	세 부 항 목	세 세 항 목
6. 4단자 및 2단자	3. 3상 교류기기의 기본식	1. 1선지락 2. 2선지락 3. 2선단락
	4. 대칭분에 의한 전력표시	1. 대칭분에 의한 전력표시
	1. 4단자 파라미터	1. 임피던스 2. 어드미턴스 3. ABCD 파라미터
	2. 4단자 회로망의 각종접속	1. 직렬 2. 병렬 3. 직병렬접속
	3. 대표적인 4단자망의 정수	1. ABCD정수 단위와 의미
	4. 반복파라미터 및 영상파라미터	1. 반복임피던스. 반복전달정수
	5. 역회로 및 정저항회로	1. 영상임피던스. 영상전달정수
	6. 리액턴스 2단자망	1. 극점 2. 영점 3. 구동점임피던스
7. 라플라스 변환	1. 라플라스 변환의 정의	1. 라플라스변환 2. 역라플라스변환 3. 복수주파수
	2. 간단한 함수의 변환	1. 단위 충격함수 2. 단위 계단함수
	3. 기본정리	1. 최종값 2. 초기값
	4. 라플라스 변환표	1. 선형성 실미분정리 2. 실적분정리
8. 회로의 전달함수	1. 전달함수의 정의	1. 전달함수의 정의
	2. 기본적 요소의 전달함수	1. 비례요소 2. 적분요소 3. 미분요소

회로이론 목차

2025년 전기기사 회로이론 기출문제풀이

2025년 전기산업기사 회로이론 기출문제풀이

01 직류회로

1. 직류와 교류 정의

(1) 직류(Direct current : DC)

시간에 관계없이 그 크기가 일정한 전류이며 처음 전기가 만들어질 때는 전지로만 직류를 공급하였으나 전압이 작고 부피가 큰 단점이 있어서 현재는 충전이나 전기분해, 전자회로 등에서 사용된다.

- 직류 표기 :대문자로 표기, 전압 V[V] , 전류 I[V]

(2) 교류(Alternating current : AC)

시간에 따라 크기와 방향이 주기적으로 변화하는 전류로서 직류와는 달리 승압과 강압이 용이하므로 실제로 많은 영역에서 전반적으로 교류를 사용한다.

- 교류 표기 : 소문자 시간함수로 표기, 전압 $v(t)$, 전류 $i(t)$

2. 전기회로 기본식

(1) 전류(I[A])의 세기 정의

전류의 세기 정의 : 도선의 단면을 단위 시간(1[sec])동안 통과한 전하량

① 직류

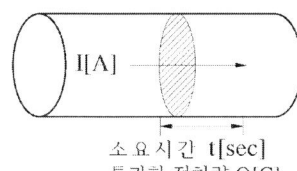

소요시간 t[sec]
통과한 전하량 Q[C]

- $I = \dfrac{Q}{t}[A = C/sec]$
- $Q = It[C = A \cdot sec]$

- 전하량(전기량) : 물질이 가지는 전기적인 양, 기호 Q[C : 쿨롱]
- 전자 1개의 전하량 : $e = -1.602 \times 10^{-19}[C]$

② 교류

교류는 전하량을 전체 값을 취하면 0이므로 미소전하 dQ[C] 이 통과하는 동안 미소
시간 dt[sec] 가 소요되었다면 식은 다음과 같다.

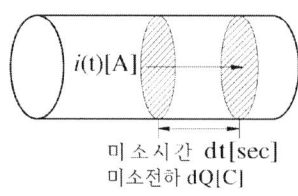

$i(t) = \dfrac{dQ}{dt}$[A] 에서 미소전하로 식을 정리하면

dQ = i(t) · dt가 되고 이식을 미소시간 dt에 대해 적분하
면 다음과 같다.

• 전하량 $Q = \displaystyle\int i(t)dt$ [C]

【참고】 시간함수의 적분

적분(integration) : 미분되기 전 함수를 구하는 방법으로 시간적으로 변화하는 함수의
면적이나 체적 등을 계산할 때 적분을 사용한다.

• $\displaystyle\int K dt = Kt$ (단, A는 시간에 관계없는 상수)

• $\displaystyle\int K t^n dt = K \cdot \dfrac{1}{n+1} t^{n+1}$ (단, K는 시간에 관계없는 상수)

예제 1) i = $2t^2$+8t[A] 일 때 t = 3[sec]일 때 통과한 전 전기량은 몇[C]인가?

① 18   ② 48   ③ 54   ④ 61

해설 $Q = \displaystyle\int_0^3 (2t^2 + 8t)dt = \left[\dfrac{2}{3}t^3 + \dfrac{8}{2}t^2\right]_0^3$

$= \left[\dfrac{2}{3} \times 3^3 + \dfrac{8}{2} \times 3^2\right] = 54[C]$

정답 ③

(2) 전압의 세기

전하가 도체의 두 점 사이를 이동할 때 단위 정전하(1[C])가 이동하여 한 일

① 직류

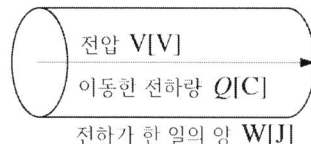

• 전압 : $V = \dfrac{W}{Q}$ [J/C = V]

• 에너지 : $W = QV$ [J]

② 교류

교류는 한 일을 전체 값을 취하면 0이므로 미소전하 dQ[C]이 통과하는 동안 한일에 대한
미소 값 dW[J] 의 일이 소요되었다면 식은 다음과 같다

• 전압 $v(t) = \dfrac{dW}{dQ}[\text{V}]$

전하가 한 일 미소값 $dW = \upsilon W = \upsilon(t) \cdot dQ$ 이 된다.

이식을 양변 전하량에 대해 적분하면 도체에 축적되는 에너지가 되며 식은 다음과 같다.

• 에너지 : $W = \dfrac{1}{2}QV = \dfrac{1}{2}CV^2 = \dfrac{Q^2}{2C}[\text{J}]$

(전하량 $Q = CV[\text{C}]$, 전압 $V = \dfrac{Q}{C}[\text{V}]$))

(3) 전기 저항

① 부하 저항 : 각각의 부하가 가지고 특성 및 속성에 따라 전류가 얼마나 쉽게 흐를 수 없는가를 나타내는 특성

【참고】부하 : 전류가 흐를 때 어떠한 일을 할 수 있는 모든 전기적인 금속체

② 도선 저항 : 전류가 흐르는 도선(도체)에서 전류의 흐름을 방해하는 전선 자체의 저항을 말하며 도체의 종류, 모양, 온도에 의해 결정되어진다.

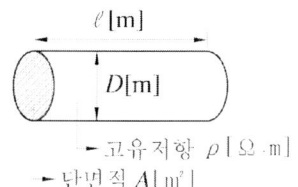

전선의 길이 $\ell[\text{m}]$가 커질수록 저항은 커지고 단면적 $A[\text{m}^2]$가 클수록 전류가 잘 흘러서 저항은 작아지므로 $R \propto \dfrac{\ell}{A}$ 관계가 성립한다. 이 식을 비례상수 ρ(고유저항)를 곱하여 등가로 놓으면 다음과 같은 식이 성립한다.

• 도선의 저항 : $R = \rho\dfrac{\ell}{A} = \rho\dfrac{4\ell}{\pi D^2}[\Omega]$

③ 고유저항(비저항, 저항률)

도선이 가지는 고유한 저항 값으로 도선의 전기저항 계산 시 고려하는 비례상수

• 고유저항 : $\rho = R \cdot \dfrac{A}{\ell}[\Omega \cdot \text{m}^2/\text{m}] = [\Omega \cdot \text{m}]$

이때 단위 $[\Omega \cdot \text{m}^2/\text{m}]$ 은 전선의 단면적으로 사용하기엔 너무 큰 단위이므로 이 단위를 실용적인 단위로 환산하면 다음과 같다.

$(1[\text{m}])^2 = (1000[\text{mm}])^2$ 과 같으므로 $1[\Omega \cdot \text{m}^2/\text{m}] = 10^6[\Omega \cdot \text{mm}^2/\text{m}]$와 같다.

ⓐ 연동선 : 옥내배선용

$\rho = \dfrac{1}{58} \times 10^{-6}[\Omega \cdot \text{m}] = \dfrac{1}{58}[\Omega \cdot \text{mm}^2/\text{m}]$

ⓑ 경동선 : 옥외용(가공전선로)

$\rho = \dfrac{1}{55} \times 10^{-6}[\Omega \cdot \text{m}] = \dfrac{1}{55}[\Omega \cdot \text{mm}^2/\text{m}]$

【참고】도전율(전도율) : 전류가 얼마나 잘 흐르는가를 나타내는 정도로서 고유저항과는 역의 관계이므로 다음과 같은 관계식이 성립한다.

$$k = \sigma = \frac{1}{\rho}[\mho/m = S/m]$$

(4) 컨덕턴스

저항의 역수 즉, 저항과는 반대로 전류가 흐르기 쉬운 정도를 나타내는 상수로서, 단위는 모우[$\mho$]나 지멘스[S]를 사용한다.

- 컨덕턴스 : $G = \frac{1}{R}[\mho = S] \leftrightarrow R = \frac{1}{G}[\Omega]$

- $I = \frac{V}{R} = GV[A]$, $V = IR = \frac{I}{G}[V]$

(5) 옴의 법칙

임의의 도체에 흐르는 전류(I)의 크기는 전압(V)에 비례하고, 저항 (R)에 반비례한다.

- 전압 $V = IR[V]$
- 전류 $I = \frac{V}{R}[A]$
- 저항 $R = \frac{V}{I}[\Omega]$

(6) 키르히호프의 법칙

① 키르히호프의 제1법칙(전류법칙)

『회로망의 임의의 접속점으로 유입하는 전류의 총합은 유출하는 전류의 총합과 같다.』

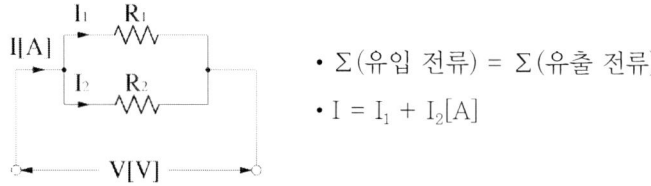

- Σ(유입 전류) = Σ(유출 전류)
- $I = I_1 + I_2[A]$

② 키르히호프의 제2법칙(전압법칙)

『폐회로망에서 기전력의 총합은 전압강하의 총합과 같다.』

$$V = V_1 + V_2 + V_3 = IR_1 + IR_2 + IR_3[V]$$

3. 저항의 접속

(1) 직렬 접속

전류가 일정하며, 전압은 저항에 비례 분배된다.

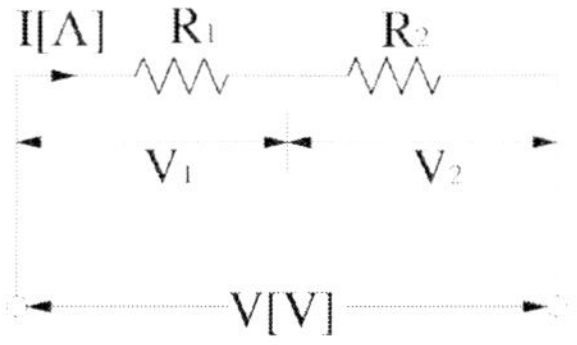

$$V = V_1 + V_2 [\mathrm{V}] = IR_1 + IR_2$$
$$= I(R_1 + R_2) = I R_o [\mathrm{V}]$$

① 직렬합성저항 : $R_o = R_1 + R_2 \, [\Omega]$

② 전체 전류 : $I = \dfrac{V}{R_o} = \dfrac{V}{R_1 + R_2} [\mathrm{A}]$

③ 각 저항에서의 전압강하 : 전류 일정이므로 각각의 전압강하는 저항에 비례 분배된다.

$$V_1 = IR_1 = \frac{R_1}{R_1 + R_2} V \,[\mathrm{V}]$$

$$V_2 = IR_2 = \frac{R_2}{R_1 + R_2} V \,[\mathrm{V}]$$

④ 배율기 : 전압계의 측정범위를 확대하기 위해 내부저항 $r_v [\Omega]$의 전압계에 직렬로 연결하는 저항으로 전압계 내부에 내장되어 있는 저항. $R_m [\Omega]$

다음 회로에서 전압계로 분배되는 전압은 전압계 내부저항에 비례 분배되므로

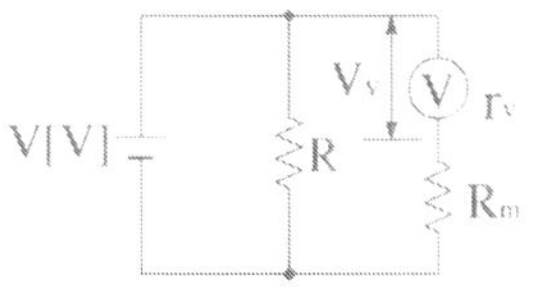

$$V_v = \frac{r_v}{r_v + R_m} V [\mathrm{V}]$$

배율 $m = \dfrac{V}{V_v} = \dfrac{r_v + R_m}{r_v} = 1 + \dfrac{R_m}{r_v}$

• 배율기 저항 : $R_m = (m-1) r_v [\Omega]$

(2) 병렬 접속

전압이 일정하며, 전류는 저항에 반비례 분배된다.

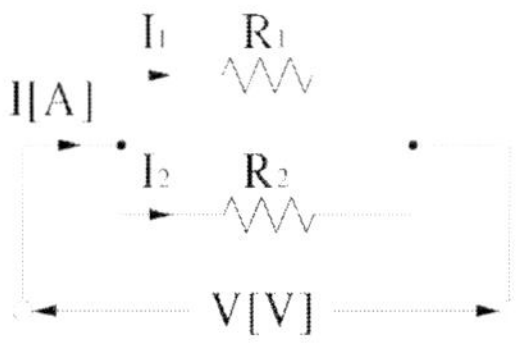

$$I = I_1 + I_2 = \frac{V}{R_1} + \frac{V}{R_2} = V\left(\frac{1}{R_1} + \frac{1}{R_2}\right)[\mathrm{A}]$$

$$V = I \times \frac{1}{\frac{1}{R_1} + \frac{1}{R_2}} = I \times \frac{R_1 R_2}{R_1 + R_2} = IR_o [\mathrm{V}]$$

① 병렬합성저항 : $R_o = \dfrac{1}{\dfrac{1}{R_1} + \dfrac{1}{R_2}} = \dfrac{R_1 R_2}{R_1 + R_2}[\Omega]$

② 전체 전압 : $V = R_o I = \dfrac{R_1 R_2}{R_1 + R_2} I\ [\mathrm{V}]$

③ 각 저항에 분배되는 전류 : 전압 일정이므로 전류는 각각의 저항에 반비례 분배된다.

$$I_1 = \frac{V}{R_1} = \frac{1}{R_1} \times \frac{R_1 R_2}{R_1 + R_2} I = \frac{R_2}{R_1 + R_2} I[\mathrm{A}]$$

$$I_2 = \frac{V}{R_2} = \frac{1}{R_2} \times \frac{R_1 R_2}{R_1 + R_2} I = \frac{R_1}{R_1 + R_2} I[\mathrm{A}]$$

【반비례 분배 예】 저항 $R_1 : R_2 = 1 : 2$ 라면 전류비는 $I_1 : I_2 = 2 : 1$가 된다.

【참고】 저항 R_1, R_2, R_3, ..., $R_n[\Omega]$ 이 병렬로 접속된 경우의 합성 저항

$$R_o = \frac{1}{\dfrac{1}{R_1} + \dfrac{1}{R_2} + \dfrac{1}{R_3} + \cdots + \dfrac{1}{R_n}}[\Omega]$$

• $R_1 = R_2 = R_3 = \cdots = R_n[\Omega]$ 이면 합성저항 : $R_o = \dfrac{R_1}{n}$

• 모든 부하는 병렬접속이므로 부하 증가 시 합성저항이 감소하므로 전류는 증가한다.

④ 분류기 : 전류계의 측정 범위를 확대하기 위해 전류계의 내부저항 $r_a[\Omega]$와 병렬로 연결하는 저항으로 전류계 내부에 내장되어 있는 저항 $R_s[\Omega]$

다음 회로에서 전류계로 분배되는 전류는 저항에 반비례 분배시키면 다음과 같다.

전류계 전류 $I_a = \dfrac{R_s}{R_s + r_a} I[\mathrm{A}]$

배율 $m = \dfrac{I}{I_a} = \dfrac{R_s + r_a}{R_s} = 1 + \dfrac{r_a}{R_s}$

• 분류기 저항 $R_s = \dfrac{r_a}{m - 1}[\Omega]$

예제 2) 최대 눈금이 50[V]인 직류 전압계를 사용하여 150[V] 전압을 측정하려면 배율기 저항은 몇[Ω]을 사용하여야 하는가? (단, 전압계 내부 저항은 5000[Ω]이다)

① 1000   ② 2500   ③ 5000   ④ 10000

해설 배율기저항 $R_m = (m-1)r_v = (\dfrac{150}{50} - 1) \times 5000 = 10000[\Omega]$

정답 ④

예제 3) 분류기를 사용하여 전류를 측정하는 경우 전류계 내부 저항이 $0.12[\Omega]$, 분류기의 저항이 $0.04[\Omega]$이면 그 배율은 ?

① 3 　　　　② 4 　　　　③ 5 　　　　④ 6

해설 분류기 저항 이므로 배율 $R_s - \dfrac{r_a}{m-1}$이므로 배율 $m - 1 + \dfrac{r_a}{R_s} - 1 + \dfrac{0.12}{0.04} = 4$

정답 ②

4. 컨덕턴스의 접속(G)

저항의 역수로서 전류가 흐르기 쉬운 정도를 나타내는 특성(단위[℧])

(1) 직렬연결

전류가 일정하며, 전압은 컨덕턴스에 반비례 분배된다.

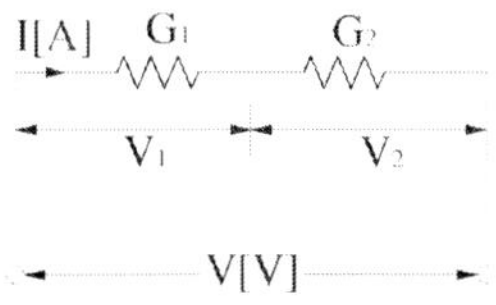

등가 합성컨덕턴스 $G_0 = \dfrac{G_1 G_2}{G_1 + G_2}$

(2) 병렬연결

: 전압이 일정하며 전류는 컨덕턴스에 비례 분배된다.

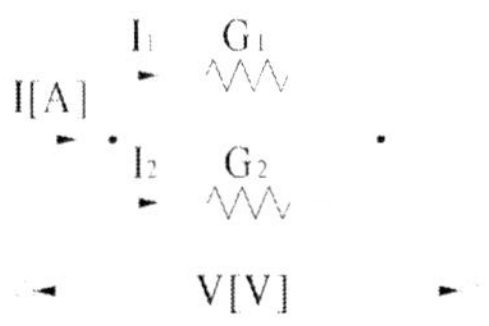

등가 합성컨덕턴스 $G_0 = G_1 + G_2 [℧]$

(1) 전력

① 정의 : 전기 장치가 단위시간 (1[sec])동안 한 일 (P[W])

$$P = VI = I^2R = \frac{V^2}{R} = \frac{W}{t}\,[\text{W}]$$

② 마력 환산 가능

$$1[\text{HP}] = 746[\text{W}]$$

(2) 전력량

① 정의 : 전기 장치가 일정시간 (t[sec], t[h]) 동안 한 일의 양 W[J]

$$W = Pt = VIt = I^2Rt = \frac{V^2}{R}t \quad [\text{J} = \text{W·sec}]$$

② 열량 환산 가능

$$1[\text{J}] = 0.2389[\text{cal}] \fallingdotseq 0.24 = \frac{1}{4.2}[\text{cal}]$$

$$1[\text{cal}] = \frac{1}{0.24} = 4.2[\text{J}]$$

③ $W = 1[\text{kWh}] = 3.6 \times 10^6[\text{J}] = 860[\text{kcal}]$

(3) 줄의 법칙

전열기(저항체)에서 발생하는 열량을 계산하는 법칙

$$H = 0.24W = 0.24Pt = 0.24VIt = 0.24I^2Rt = 0.24\frac{V^2}{R}t\,[\text{cal}]$$

전지의 기전력 E[V], 내부저항 r[Ω], 부하저항 R[Ω]의 등가회로

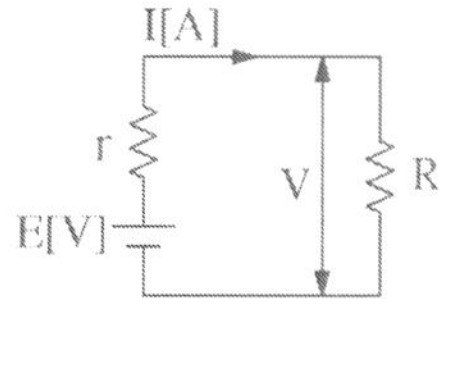

$$I = \frac{E}{r+R}$$

$$P = I^2R = \frac{E^2}{(r+R)^2} \times R[\text{W}]$$

(1) 직렬접속(n개) : 기전력은 n배로 증가하고 전류는 일정하다.

(2) 병렬접속(n개) : 기전력은 일정하고 용량은 n배로 증가한다.

(3) 최대 전력전달 조건 : 부하저항과 내부저항이 같으면 최대 전력 전달 조건이 된다.

(4) 최대 전력 : r = R을 만족하는 전력 $P_m = \dfrac{E^2}{4r}$[W]

제1장 직류회로 핵심요약정리

전류	직류	$I = \dfrac{Q}{t}$[A], $Q = It$[C]	전압	$V = \dfrac{W}{Q}$[V], $W = QV$[J]
	교류	전하량 $Q = \displaystyle\int i(t)dt$[C]		
옴의 법칙		$V = IR$[V], $I = \dfrac{V}{R}$[A]	전기저항	$R = \rho\dfrac{\ell}{A} = \rho\dfrac{4\ell}{\pi D^2}$[Ω]
고유저항		$\rho = 1[\Omega \cdot m] = 10^6[\text{ohm} \cdot mm^2/m]$	도전율	$\sigma = \dfrac{1}{\rho}[\text{℧}/m = S/m]$
저항 직렬			합성저항 $R = R_1 + R_2$[Ω] 비례분배되는 전압 $V_1 = \dfrac{R_1}{R_1 + R_2} \times V$[V]	
저항 병렬			합성저항 $R = \dfrac{1}{\dfrac{1}{R_1} + \dfrac{1}{R_2}} = \dfrac{R_1 R_2}{R_1 + R_2}$[Ω] 반비례분배되는 전류 $I_1 = \dfrac{R_2}{R_1 + R_2} \times I$[A]	
전력		• $P = VI = I^2 R = \dfrac{V^2}{R} = \dfrac{W}{t}$[W = J/sec] • 마력환산가능, 칼로리 환산불가능		
전력량		• $W = Pt = VIt = I^2 Rt = \dfrac{V^2}{R}t$[J = W·sec] • 칼로리 환산가능 1[J = W · sec] = $0.24[cal]$ • 1[kWh] = 3.6×10^6[J] = 860[kcal]		
줄의 법칙		$H = 0.24Pt = 0.24VIt = 0.24I^2 Rt$[cal]		
최대전력 전달조건		조건 : 내부저항=부하저항 ($r = R$) 최대전력 $P_m = \dfrac{E^2}{4r}$[W]		
배율기저항		$R_m = (m-1)r_v$[Ω]		
분류기저항		$R_s = \dfrac{r_a}{m-1}$[Ω]		

출제예상핵심문제

01 어떤 회로에서 t = 0 초에 스위치를 닫은 후 i = 2t + 3t²(A)의 전류가 흘렀다. 30초까지 스위치를 통과한 총 전기량 (Ah)은?

① 4.24   ② 6.75   ③ 7.75   ④ 8.25

해설 전류시간함수에 의한 전하량

$$Q = \int_0^{30} (2t + 3t^2)dt = \int_0^{30} (2t + 3t^2)dt = [t^2 + t^3]_0^{30}$$

$$= 30^2 + 30^3 = 27,900[\text{A} \cdot \sec] = 7.75[\text{Ah}]$$

02 스위치 S를 열었을 때 전류계 Ⓐ 의 지시는 10[A]이다. 스위치 S를 닫았을 때 전류계의 지시는 몇 [A]인가?

① 8

② 10

③ 12

② 15

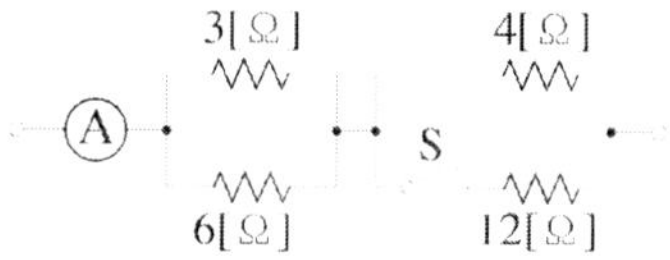

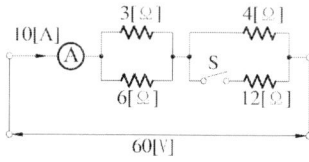

해설 ① 스위치를 off하면 전류계 Ⓐ는 10[A]이고

전압은 $V = 10 \times \left(\dfrac{3 \times 6}{3 + 6} + 4\right) = 60[\text{V}]$ 이다.

② 스위치를 on하면 합성저항은

$R = \dfrac{3 \times 6}{3 + 6} + \dfrac{4 \times 12}{4 + 12} = 5[\Omega]$ 이고 전압은60[V] 로

변하지 않으므로 $I_A = \dfrac{V}{R} = \dfrac{60}{5} = 12[\text{A}]$ 이다.

03 다음 그림 a, b간에 40[V]의 전압을 가할 때 10[A]의 전류가 흐른다. r_1, r_2 에 흐르는 전류비를 1:2로 하려면 r_1 및 r_2의 저항[Ω]은 각각 얼마인가?

① $r_1 = 6$, $r_2 = 3$

② $r_1 = 3$, $r_2 = 6$

③ $r_1 = 4$, $r_2 = 2$

④ $r_1 = 2$, $r_2 = 4$

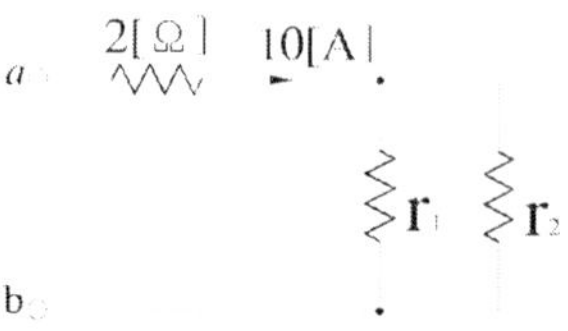

해설 $I_1 : I_2 = 1 : 2$이면 $r_1 : r_2 = 2 : 1$ 이므로 $r_1 = 2r_2$ 이다.

a, b간에 40[V]가 인가되면 2[Ω]에 걸리는 전압이 20[V]가 분배되므로

나머지 20[V] 는 r_1, r_2 양단에 걸리는 전압이 된다.

r_1, r_2 양단에 걸리는 전압 $V = r_o \times I = \dfrac{r_1 r_2}{r_1 + r_2} \times 10 = 20[V]$ 에서

$r_o = \dfrac{r_1 r_2}{r_1 + r_2} = 2[\Omega]$이므로 $r_1 = 2r_2$ 를 대입하면 $\dfrac{2}{3} r_2 = 2$ 이므로

$r_2 = 3[\Omega]$, $r_1 = 2r_2 = 6[\Omega]$

04 다음 그림에서 $V_1 = 24[V]$ 일 때 $V_0[V]$ 의 값은?

① 8

② 12

③ 16

④ 24

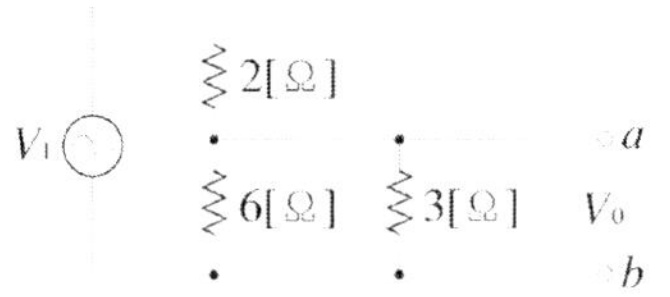

해설 V_0에 걸리는 전압은 6[Ω]과 3[Ω]이 병렬로 접속되어 있는 저항에 걸리는 전압으로 합성저항

을 계산하면 $R_o = \dfrac{3 \times 6}{3 + 6} = 2[\Omega]$ 이 되고

결국 $V_1 = 24[V]$가 $\dfrac{1}{2}$이 분배되는 회로이므로

$V_0 = 12[V]$가 된다.

05 측정하고자 하는 전압이 전압계의 최대 눈금보다 클 때에 전압계에 직렬로 저항을 접속하여 측정 범위를 넓히는 것은?

① 분류기   ② 분광기   ③ 배율기   ④ 감쇠기

해설 전압계의 측정범위를 확대하기 위해 내부저항 $r_v[\Omega]$의 전압계에 직렬로 연결하는 큰 저항으로 전압계 내부에 내장되어 있는 저항

배율기 저항 $R_m = (m-1)r_v[\Omega]$

06 분류기를 사용하여 전류를 측정하는 경우 전류계의 내부저항이 0.12[Ω], 분류기의 저항이 0.03[Ω]이면 그 배율은?

① 6   ② 5   ③ 4   ④ 3

분류기 저항 $R_s = \dfrac{r_a}{m-1}$ 에서 에서

배율 $m = 1 + \dfrac{r_a}{R_s} = 1 + \dfrac{0.12}{0.03} = 5$

07 기전력 3[V], 내부저항 0.5[Ω]의 전지 9개가 있다. 이것을 3개씩 직렬로 하여 3조 병렬 접속한 것에 부하저항 1.5[Ω]을 접속하면 부하전류[A]는?

① 2.5　　　　② 3.5　　　　③ 4.5　　　　④ 5.5

해설　기전력은 3개 직렬이면 3배이므로 9[V](병렬은 기전력 일정하므로 변화가 없다.)이고 내부저항은 3조 직렬. 다시 3조 병렬이므로 0.05[Ω]이 된다.

전류 $I = \dfrac{E}{r+R} = \dfrac{9}{0.5+1.5} = 4.5[\text{A}]$

08 일정 전압의 직류 전원에 저항 R을 접속하고 전류를 흘릴 때, 이 전류값을 20[%] 증가시키기 위해서는 저항값은 얼마로 하여야 하는가?

① 1.25 R　　　② 1.20 R　　　③ 0.83 R　　　④ 0.80 R

해설　옴의 법칙 $R = \dfrac{V}{I}[\Omega]$이 에서

전류가 20%증가하면 1.2I[A] 이므로

$R' = \dfrac{V}{1.2I} = 0.83\dfrac{V}{I} = 0.83R[\Omega]$

Chapter 02 정현파 교류

1. 교류 발생의 원리와 기초사항

(1) 앙페르의 오른나사 법칙

전류와 자장의 방향 관계를 나타내는 것으로 도선에 전류가 각각 $\otimes$, $\odot$ 방향으로 흐를 때 도선 주위에는 자속이 발생하여 회전하는 자장이 형성되는데 그 자속의 발생 방향이 오른 나사가 회전하는 방향으로 발생한다.

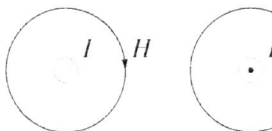

I : 전류의 방향

H : 자장의 방향

$\otimes$: 지면 속으로 전류가 뚫고 나가는 방향

$\odot$: 지면 속으로부터 전류가 뚫고 나오는 방향

【참고】 기자력, 자속밀도

① 기자력 : 자속을 발생시키는 힘의 원천(에너지)

  $F = NI = R\varnothing [AT]$ $\Rightarrow$ 자기회로의 옴의 법칙

② 자속밀도 : 단위 면적당 자속의 수(양)

  $B = \dfrac{\phi}{S} [\text{Wb/m}^2]$ $\Rightarrow$ $\phi = BS [\text{Wb}]$

(2) 패러데이 – 렌쯔의 전자유도 법칙

코일에서 발생하는 기전력의 크기는 자속의 시간적인 변화율(감쇄율)에 비례하고 이때 기전력의 방향은 자속 $\varnothing$의 증감을 방해하는 방향으로 발생한다.

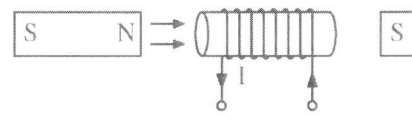

• 기전력 $e \propto \dfrac{d\phi}{dt} [\text{V}]$ $\Rightarrow$ $e = -N\dfrac{d\phi}{dt} [\text{V}]$

① 유도기전력의 크기(패러데이 법칙) : 코일에서 발생하는 유도기전력의 크기는 자속의 시간적인 변화율에 비례한다.

② 유도기전력의 방향(렌쯔의 법칙) : 코일에서 발생하는 기전력의 방향은 자속의 증감을 방해하는 방향으로 발생한다.

- (−) : 자속 Ø의 증감을 방해하는 방향

(3) 교류발전기의 구조 및 원리

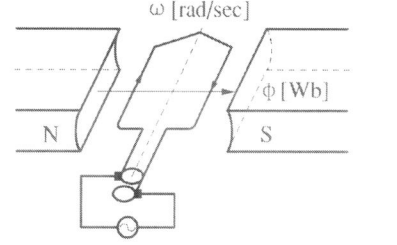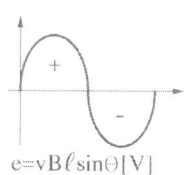

① 플레밍의 오른손 법칙 (발전기)

: 발전기에서 유도되는 기전력의 방향을 알기 쉽게 정의한 법칙

- 엄지 : 도체의 운동 속도 방향 (v[m/sec])
- 검지 : 자장의 방향 (B[Wb/m^2])
- 중지 : 유도기전력의 방향 (e[V])

② 교류 기초 사항

ⓐ 주기 (T) : 1 사이클 (cycle)을 이루는데 요하는 시간. 단위 [sec]

ⓑ 주파수 (f) : 1[sec] 동안에 발생하는 사이클의 수. 단위 [Hz]

- 주기와 주파수의 관계 : $f = \dfrac{1}{T}$[Hz], $T = \dfrac{1}{f}$[sec]

- 상용주파수 f = 60[Hz]는 1초 동안 이루는 사이클의 수가 60회 이므로 주기는 $\dfrac{1}{60}$[sec] 임을 알 수 있다.

ⓒ 각 주파수 (ω) : 단위 시간당 위상각의 변화율

- $\omega = 2\pi f = \dfrac{2\pi}{T}$[rad/sec]

ⓓ 호도법 : 원의 반지름에 대한 호의 길이의 비율

$\dfrac{\pi}{2}$	$\dfrac{\pi}{3}$	$\dfrac{\pi}{4}$	$\dfrac{\pi}{6}$	$\dfrac{3\pi}{2}$	2π
$90°$	$60°$	$45°$	$30°$	$270°$	$360°$

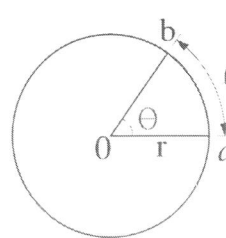

$$\theta = \frac{\ell}{r} \rightarrow \ell = r\theta$$

주변속도 $v = \frac{\ell}{t} = \frac{r\theta}{t} = r \times \frac{\theta}{t} = r\omega$

각주파수 $\omega = \frac{\theta}{t} = 2\pi f \,[\mathrm{rad/sec}]$

③ 교류 표현 일반식 : 순시값

$$v(t) = V_m \sin \omega t = V_m \sin(2\pi f t)\,[\mathrm{V}]$$

$$i(t) = I_m \sin(\omega t + \theta) = I_m \sin(2\pi f t + \theta)\,[\mathrm{A}]$$

④ 위상 및 위상차 계산

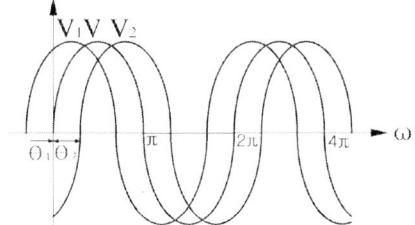

- $v = V_m \sin \omega t\,[\mathrm{V}]$
- $v_1 = V_m \sin(\omega t + \theta_1)\,[\mathrm{V}]$
- $v_2 = V_m \sin(\omega t - \theta_2)\,[\mathrm{V}]$

ⓐ v_1은 v보다 위상이 θ_1만큼 앞선다.(진상, 용량성)

ⓑ v_2는 v보다 위상이 θ_2만큼 뒤진다.(지상, 유도성)

ⓒ v_1은 v_2보다 위상차 $\theta = \theta_1 - (-\theta_2) = \theta_1 + \theta_2$ 만큼 앞선다.

예제 1) 다음과 같은 두 전류의 위상차는 얼마인가 ?

$$i_1(t) = 10\sqrt{2}\,\sin\left(\omega t + \frac{\pi}{3}\right)\![\mathrm{A}]$$

$$i_2(t) = 20\sqrt{2}\,\cos\left(\omega t - \frac{\pi}{4}\right)\![\mathrm{A}]$$

① $\frac{\pi}{3}$ ② $\frac{\pi}{4}$ ③ $\frac{\pi}{6}$ ④ $\frac{\pi}{12}$

해설   위상차를 구하기 위해서는 파형식(sin파, cos파)과 주파수가 일치하는지부터 파악하여 야 한다. 두 교류 중 $i_1(t)$는 sin파형이고 $i_2(t)$는 cos파형으로 주어지면 cos파를 sin파 로 변환해야 한다.

- $\cos\theta = \sin(\theta + 90\,°)$ 이므로

$$i_2(t) = 20\sqrt{2}\,\cos\left(\omega t - \frac{\pi}{4} + \frac{\pi}{2}\right) = 20\sqrt{2}\,\sin\left(\omega t + \frac{\pi}{4}\right)\![\mathrm{A}]$$

- 위상차 $\theta = 60\,° - 45\,° = 15\,° = \frac{\pi}{12}\,[\mathrm{rad}]$

정답 ④

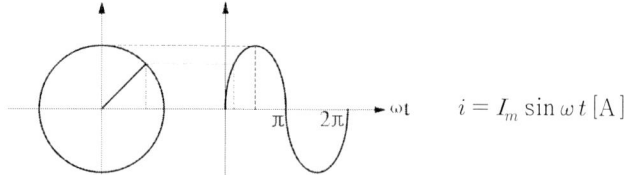

$$i = I_m \sin \omega t \, [\text{A}]$$

(1) 순시(瞬時)값

순간순간 달라지는 정현파 파형에서 어떤 임의의 순간 t에서의 교류의 크기

$$i(t) = I_m \sin \omega t \, [\text{A}]$$

(2) 평균(平均)값

교류 파형에서 1주기 동안의 전체 크기(면적)을 주기로 나누어 구한 산술적인 평균값

$$I_{av} = \frac{면적}{주기} = \frac{1}{T}\int_0^T |i(t)|\, dt = \frac{1}{\frac{T}{2}}\int_0^{\frac{T}{2}} i(t)\, dt$$

$$= \frac{1}{\pi}\int_0^\pi I_m \sin\omega t \; d\omega t = \frac{2}{\pi} I_m = 0.637 I_m \, [\text{A}]$$

【참고】 삼각함수의 적분

- $\displaystyle \int \sin\theta\, d\theta = -\cos\theta$ - $\displaystyle \int \cos\theta\, d\theta = \sin\theta$

(3) 실효(實效)값

실효값은 같은 부하(저항)에서 같은 시간동안 직류와 교류를 흘렸을 때 각 부하(저항)에서 한 일(열량)이 같아지는 순간 직류 전류의 크기를 읽어 교류 전류의 크기를 정의한 값

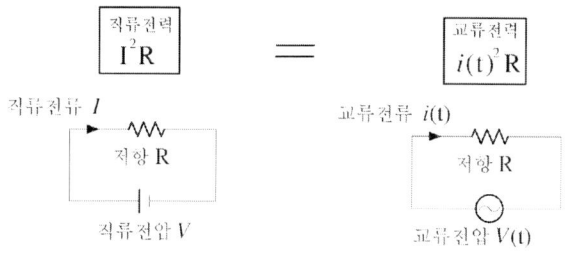

1주기 T[sec]를 기준으로 직류가 한 일과 교류가 한 일이 같아야 하므로

$I^2RT = \int_0^T i(t)^2 R dt$ 에서 $I^2 = \frac{1}{T}\int_0^t i(t)^2 dt$ 가 된다.

그러므로 직류분 전류 I[A]로 정리하면 다음과 같다

$$I = \sqrt{\frac{1}{T}\int_0^T i(t)^2 dt} \quad I = \sqrt{\frac{1}{2\pi}\int_0^{2\pi} I_m{}^2 \sin^2 \omega t \; d\omega t} = \frac{I_m}{\sqrt{2}} = 0.707 I_m \,[\text{A}]$$

【참고】삼각함수 특성

• $\sin^2 \omega t = \frac{1}{2}(1 - \cos 2\omega t)$ • $\cos^2 \omega t = \frac{1}{2}(1 + \cos 2\omega t)$

예제 2) 100[V], 100[W] 가정용 백열전구의 전압의 평균값은 몇 [V]인가?

① 약 90 ② 약 100 ③ 약 110 ④ 약 141

해설 전압 100[V] 는 실효값이므로 최대값 $V_m = \sqrt{2} V = 100\sqrt{2}\,[\text{V}]$ 에서

평균값은 $V_{av} = \frac{2}{\pi} \times V_m = \frac{2}{\pi} \times 100\sqrt{2} = 90\,[\text{V}]$

※ 쉽게 풀기 $V_{av} = 0.9 V = 0.9 \times 100 = 90\,[\text{V}]$

정답 ①

예제 3) 어떤 교류 전압의 평균값이 382[V]일 때 실효값은 약 얼마인가?

① 164 ② 240 ③ 365 ④ 424

해설 평균값 $V_{av} = \frac{2}{\pi} V_m$, 최대값 $V_m = \sqrt{2} V$ 이므로

에서 실효값 $V_{av} = \frac{2}{\pi} V_m = \frac{2\sqrt{2}}{\pi} V$에서 실효값 $V = \frac{\pi}{2\sqrt{2}} V_{av} = \frac{\pi}{2} \times \frac{382}{\sqrt{2}} = 424\,[\text{V}]$

※ 쉽게 풀기 $V = 1.11 V_{av} = 1.11 \times 382 = 424\,[\text{V}]$

정답 ④

3. 정현파 교류의 벡터 표기법

(1) 벡터의 개념

① 스칼라 : 크기만으로 정해지는 값

② 벡터 : 크기와 방향을 함께 가지는 값

- 벡터의 구성 : 작용점(기준선), 실효값 크기(화살표 길이), 방향(편각 θ)

(2) 정지벡터법 (Phaser)

정현파 교류를 정지된 벡터로 표기하는 방법

① 크기 : 실효값(화살표 길이)

② 방향 : 위상각(편각 θ)

예를 들어서 전압과 전류 υ(t), i(t)를 벡터로 표기하면 다음과 같다.

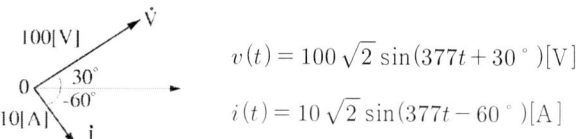

$$v(t) = 100\sqrt{2}\sin(377t + 30°)[V]$$

$$i(t) = 10\sqrt{2}\sin(377t - 60°)[A]$$

(3) 극형식법

교류 전류를 실효값 크기와 위상각으로 표시하는 방법

- $\dot{V} = 100\angle 30°\,[V]$
- $\dot{I} = 10\angle -60°\,[A]$

(4) 지수함수법(Complex exponential function)

교류 전류를 실효값 크기와 위상각을 자연대수의 지수로 표시하는 방법

- $\dot{V} = 100\,e^{+j30°}\,[V]$
- $\dot{I} = 10\,e^{-j60°}\,[A]$

(5) 삼각함수법

① 교류 전류의 실효값 크기와 위상각을 sin 함수와 cos 함수를 이용하여 표시하는 방법

② 정지벡터법으로 표현한 교류를 기준선과 기준선에 대해 90°앞서거나, 90°뒤진 두 개의 벡터로 분해하여 표시한 것

- $\dot{V} = V(\cos\theta_1 + j\sin\theta_1) = 100(\cos 30° + j\sin 30°)$
- $\dot{I} = I(\cos\theta_2 - j\sin\theta_2) = 10(\cos 60° - j\sin 60°)$

(6) 복소수법

① 복소수법 정의 : 복소수는 실수부와 허수부로 조합으로 벡터를 표기하는 방법

실수부의 크기 : 벡터의 수평성분의 크기

허수부의 크기 : 벡터의 수직성분으로서 위상 90°를 의미

$j = 1\angle 90°,\ -j = 1\angle -90°$

복소수 $\dot{A} = a + jb$

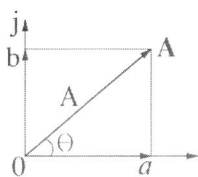

복소수 $\dot{A}$ 의 절대값 : $|\dot{A}| = A = \sqrt{a^2 + b^2}$

위상 : $\theta = \tan^{-1} \dfrac{b}{a}$

② 피타고라스 정리에 의한 직각 삼각형에서의 삼각함수 정의

삼각함수	실수부 허수부의 크기
$\cos\theta = \dfrac{a}{A} = \dfrac{a}{\sqrt{a^2 + b^2}}$	실수분 $a = A\cos\theta$
$\sin\theta = \dfrac{b}{A} = \dfrac{b}{\sqrt{a^2 + b^2}}$	허수분 $b = A\sin\theta$
$\tan\theta = \dfrac{b}{a}$	위상 $\theta = \tan^{-1} \dfrac{b}{a}$

③ 복소수법에 의의 전압, 전류 벡터 표기법

- $\dot{V} = V(\cos\theta_1 + j\sin\theta_1) = 100(\cos 30° + j\sin 30°) = 50\sqrt{3} + j50\,[\mathrm{V}]$

- $\dot{I} = I(\cos\theta_2 - j\sin\theta_2) = 10(\cos 60° - j\sin 60°) = 5 - j5\sqrt{3}\,[\mathrm{A}]$

【예시】 전류 $i(t) = 10\sqrt{2}\sin\left(377t + \dfrac{\pi}{3}\right)[\mathrm{A}]$ 에서 크기 및 벡터 표시

① 최대값 $I_m = 10\sqrt{2}\,[\mathrm{A}]$

② 실효값 $I = \dfrac{10\sqrt{2}}{\sqrt{2}} = 10\,[\mathrm{A}]$

③ 평균값 $I_{av} = \dfrac{2}{\pi} \times 10\sqrt{2} = 9\,[\mathrm{A}]$

④ 주파수 각주파수 $\omega = 2\pi f = 377\,[\mathrm{rad/sec}]$ 이므로 $f = 60\,[\mathrm{Hz}]$ 이므로

⑤ 주기 $T = \dfrac{1}{f} = \dfrac{1}{60}\,[\mathrm{sec}]$

⑥ 벡터표시법 $\dot{I} = 10\underline{/\dfrac{\pi}{3}} = 10\,e^{j\frac{\pi}{3}} = 10\left(\cos\dfrac{\pi}{3} + j\sin\dfrac{\pi}{3}\right) = 5 + j5\sqrt{3}\,[\mathrm{A}]$

(7) 정현파 교류의 합성 벡터 크기 계산

크기와 위상이 다른 두 정현파 교류의 합성 벡터 계산

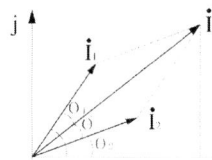

$$i_1 = \sqrt{2}\,I_1\,\sin(\omega t + \theta_1)$$

$$i_2 = \sqrt{2}\,I_2\,\sin(\omega t + \theta_2)$$

① 삼각함수법으로 전개하면 다음과 같은 복소수 식이 된다.

$$\dot{I_1} = I_1\cos\theta_1 + jI_1\sin\theta_1\,[\mathrm{A}]$$

$$\dot{I_2} = I_2\cos\theta_2 + jI\sin\theta_2\,[\mathrm{A}]$$

② 합성벡터의 크기

$$\dot{I_1} + \dot{I_2} = (I_1\cos\theta_1 + I_2\cos\theta_2) + j(I_1\sin\theta_1 + I_2\sin\theta_2)$$

$$\begin{aligned} I_1 + I_2 &= \sqrt{(I_1\cos\theta_1 + I_2\cos\theta_2)^2 + (I_1\sin\theta_1 + I_2\sin\theta_2)^2} \\ &= \sqrt{I_1^{\,2} + I_2^{\,2} + 2I_1I_2\cos(\theta_1 - \theta_2)} \\ &= \sqrt{I_1^{\,2} + I_2^{\,2} + 2I_1I_2\cos\theta}\,[\mathrm{A}] \end{aligned}$$

예제 4) 두 전류의 실효값이 각각 $I_1 = 5[\mathrm{A}]$, $I_2 = 5[\mathrm{A}]$이고 I_2가 I_1보다 30°앞서 있을 때 합성 전류[A]는?

① 8.66　　　　　② 9.66　　　　　③ 10.66　　　　　④11.66

해설 $I = \sqrt{I_1^{\,2} + I_2^{\,2} + 2I_1I_2\cos\theta} = \sqrt{5^2 + 5^2 + 2\times5\times5\times\cos30^\circ} = 9.66[\mathrm{A}]$

정답 ②

---

4. 여러 가지 파형들의 실효값, 평균값

(1) 기본정현파

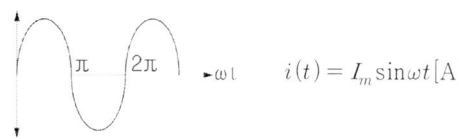

$$i(t) = I_m\sin\omega t\,[\mathrm{A}]$$

① 실효값

$$I = \sqrt{\frac{1}{T} \int_0^T i^2(t)\,dt} = \sqrt{\frac{1}{2\pi} \int_0^{2\pi} \left(I_m \sin \omega t\right)^2 d\omega t}$$

$$= \frac{I_m}{\sqrt{2}} = 0.707\,I_m\,[\text{A}]$$

② 평균값

$$I_{av} = \frac{1}{\frac{T}{2}} \int_0^{\frac{T}{2}} i(t)\,dt = \frac{1}{\pi} \int_0^{\pi} \left(I_m \sin \omega t\right) d\omega t$$

$$= \frac{2}{\pi} I_m = 0.637 I_m\,[\text{A}]$$

(2) 전파 정현(정류)파

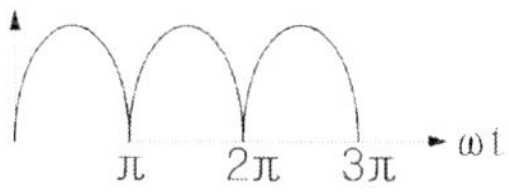

$$i(t) = I_m \sin \omega t\,[\text{A}]$$

① 실효값 $I = \sqrt{\dfrac{1}{T} \int_0^T i^2(t)\,dt} = \dfrac{I_m}{\sqrt{2}}\,[\text{A}]$

② 평균값 $I_{av} = \dfrac{1}{T} \int_0^T i(t)\,dt = \dfrac{1}{\pi} \int_0^{\pi} I_m \sin \theta\, d\theta = \dfrac{2}{\pi} I_m\,[\text{A}]$

(3) 반파정현(정류)파

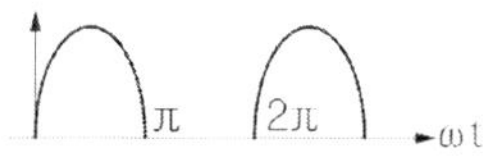

$$i(t) = I_m \sin \omega t\,[\text{A}]\;(0 \sim \pi)$$
$$i(t) = 0\,((\pi \sim 2\pi)$$

① 실효값 : $I = \sqrt{\dfrac{1}{T} \int_0^T i^2(t)\,dt} = \sqrt{\dfrac{1}{2\pi} \int_o^{\pi} (I_m \sin \theta)^2 d\theta} = \dfrac{I_m}{2}\,[\text{A}]$

② 평균값 : $I_{av} = \dfrac{1}{T} \int_0^T i(t)\,dt = \dfrac{1}{2\pi} \int_0^{\pi} I_m \sin \theta\, d\theta = \dfrac{1}{\pi} I_m\,[\text{A}]$ (전파 정현파의 $\dfrac{1}{2}$)

(4) 구형파

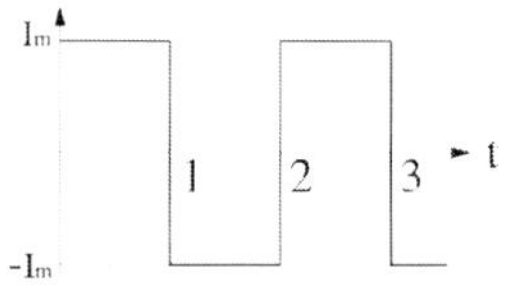

전류 $i(t) = I_m\,[\text{A}]$

① 실효값 : $I = \sqrt{\dfrac{1}{T}\displaystyle\int_0^T i^2(t)dt} = \sqrt{\dfrac{1}{2}\displaystyle\int_0^2 I_m{}^2 dt} = I_m\,[\mathrm{A}]$

② 평균값 : $I_{av} = \dfrac{1}{1}\displaystyle\int_0^1 I_m\,dt = I_m\,[\mathrm{A}]$

(5) 반파 구형파

전류 $i(t) = I_m\,[\mathrm{A}]\ \ (0\sim1)$

$i(t) = 0\ \ (1\sim2)$

① 실효값 : $I = \sqrt{\dfrac{1}{T}\displaystyle\int_0^T i^2(t)dt} = \sqrt{\dfrac{1}{2}\displaystyle\int_0^1 I_m{}^2 dt} = \dfrac{I_m}{\sqrt{2}}$

② 평균값 : $I_{av} = \dfrac{1}{T}\displaystyle\int_0^T i(t)dt = \dfrac{1}{2}\displaystyle\int_0^1 I_m\,dt = \dfrac{I_m}{2}$

(6) 삼각파

전류 $i(t) = I_m t\,[\mathrm{A}]\ \ (0\sim1)$

$i(t) = -I_m t\,[\mathrm{A}]\ \ (1\sim2)$

① 실효값 : $I = \sqrt{\dfrac{1}{T}\displaystyle\int_0^T i^2(t)dt} = \sqrt{\dfrac{1}{1}\displaystyle\int_0^1 I_m{}^2 t^2 dt} = \dfrac{I_m}{\sqrt{3}}$

② 평균값 : $I_{av} = \dfrac{1}{1}\displaystyle\int_0^1 I_m t\,dt = \dfrac{I_m}{2}$

(7) 톱니파

전류 $i(t) = I_m t\,[\mathrm{A}]\ \ (0\sim1)$

① 실효값 : $I = \sqrt{\dfrac{1}{T}\displaystyle\int_0^T i^2(t)dt} = \sqrt{\dfrac{1}{1}\displaystyle\int_0^1 I_m{}^2 t^2 dt} = \dfrac{I_m}{\sqrt{3}}$

② 평균값 : $I_{av} = \dfrac{1}{1}\displaystyle\int_0^1 I_m t\,dt = \dfrac{I_m}{2}$

제2장 핵심요약정리

파형의 종류		실효값	평균값
기본정현파 전파정류파	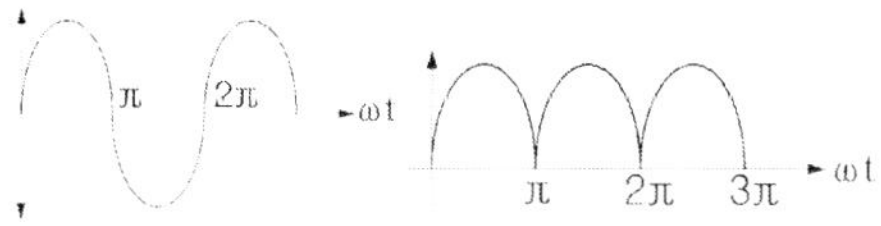	$I = \dfrac{1}{\sqrt{2}} I_m$	$I_{av} = \dfrac{2}{\pi} I_m$
반파정류파	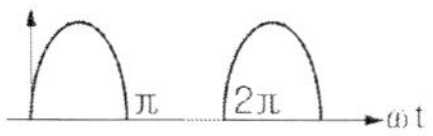	$I = \dfrac{1}{2} I_m$	$I_{av} = \dfrac{1}{\pi} I_m$
구형파	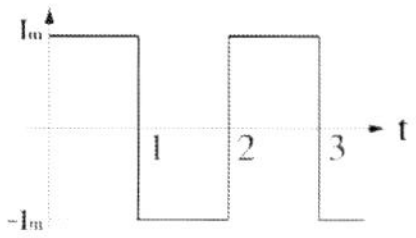	$I = I_{av} = I_m$	
반파구형파	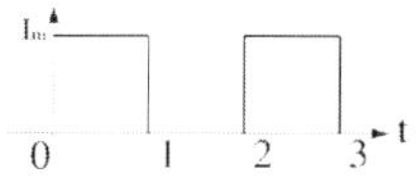	$I = \dfrac{1}{\sqrt{2}} I_m$	$I_{av} = \dfrac{1}{2} I_m$
삼각파 톱니파	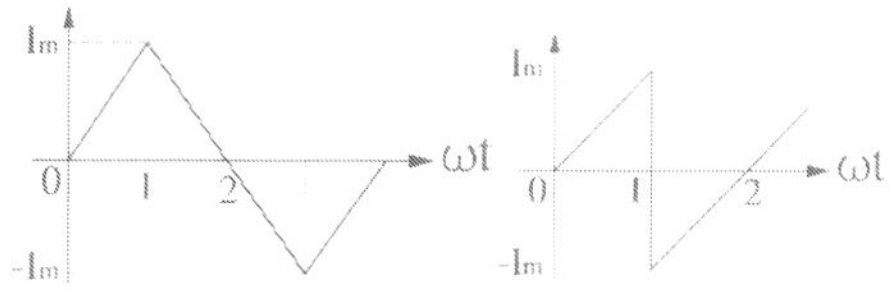	$I = \dfrac{1}{\sqrt{3}} I_m$	$I_{av} = \dfrac{1}{2} I_m$
파고율 $= \dfrac{최대값}{실효값}$		파형률 $= \dfrac{실효값}{평균값}$	

(8) 파고율과 파형률

① 파고율 $= \dfrac{최대값}{실효값}$

② 파형률 $= \dfrac{실효값}{평균값}$

③ 기본정현파의 파고율과 파형률

- 파고율 $= \dfrac{\sqrt{2}\,I}{I} = \sqrt{2}$

- 파형률 $= \dfrac{\dfrac{I_m}{\sqrt{2}}}{\dfrac{2}{\pi} I_m} = \dfrac{\pi}{2\sqrt{2}} = 1.11$

예제 5) 정현파 교류 $V = V_m \sin \omega t \, [\text{V}]$ 의 전압을 반파 정류했을 때의 실효값은 몇 [V]인가?

① $\dfrac{V_m}{\sqrt{2}}$

② $\dfrac{V_m}{2}$

③ $\dfrac{V_m}{2\sqrt{2}}$

④ $\sqrt{2}\, V_m$

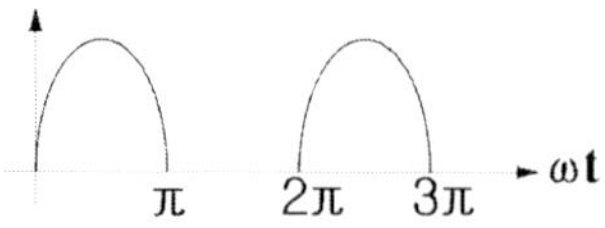

해설 반파 정류회로의 실효값 $V = \sqrt{\dfrac{1}{T} \displaystyle\int_0^T v^2(t)\, dt}$

$$= \sqrt{\dfrac{{V_m}^2}{2\pi} \int_0^\pi \sin^2\theta \, d\theta} = \sqrt{\dfrac{{V_m}^2}{2\pi} \int_0^\pi \dfrac{1}{2}(1 - \cos 2\theta)\, d\theta}$$

$$= \sqrt{\dfrac{{V_m}^2}{4\pi} \left[1 + \dfrac{1}{2}\sin 2\theta \right]_0^\pi} = \dfrac{V_m}{2} \, [\text{V}]$$

정답 ②

예제 6) 삼각파의 최대치가 1 이라면 실효치, 평균치는 각각 얼마인가 ?

① $V = \dfrac{1}{\sqrt{2}}$, $V_{av} = \dfrac{1}{\sqrt{3}}$

② $V = \dfrac{1}{\sqrt{3}}$, $V_{av} = \dfrac{1}{2}$

③ $V = \dfrac{1}{\sqrt{2}}$, $V_{av} = \dfrac{1}{2}$

④ $V = \dfrac{1}{\sqrt{3}}$, $V_{av} = \dfrac{1}{3}$

해설 삼각파의 실효값 $V = \dfrac{V_m}{\sqrt{3}} = \dfrac{1}{\sqrt{3}}$

평균값 $V_{av} = \dfrac{V_m}{2} = \dfrac{1}{2}$

정답 ②

출제예상핵심문제

09 정현파 교류의 실효값을 구하는 식이 잘못된 것은 ?

① $\sqrt{\dfrac{1}{T}\displaystyle\int_0^T i^2 dt}$　　　　② 파고율×평균값

③ $\dfrac{최대값}{\sqrt{2}}$　　　　　　④ $\dfrac{\pi}{2\sqrt{2}} \times 평균$

해설 파형률 $= \dfrac{실효값}{평균값}$ 이므로 실효값은 파형율×평균값이다.

10 어느 회로에 전압 V = 6cos(4t + 30°)[V] 를 가했다. 이 전원의 주파수 [Hz]는?

① 2　　　　② 4　　　　③ 2π　　　　④ $\dfrac{2}{\pi}$

해설 전압의 각주파수 $\omega = 2\pi f = 4[\mathrm{rad/sec}]$ 이므로

주파수 $f = \dfrac{\omega}{2\pi} = \dfrac{4}{2\pi} = \dfrac{2}{\pi}[\mathrm{Hz}]$

11 $i(t) = 3\sqrt{2}\sin(377t - 30°)(\mathrm{A})$ 의 평균값은 약 몇 A인가?

① 1.35　　　　② 2.7　　　　③ 4.35　　　　④ 5.4

해설 교류 전류의 평균값 $I_{av} = \dfrac{2}{\pi} I_m = \dfrac{2}{\pi} \times 3\sqrt{2} = 2.7[\mathrm{A}]$

12 정현파 교류 $i = 10\sqrt{2}\sin\left(\omega t + \dfrac{\pi}{3}\right)$ 를 복소수의 극좌표 형식인 페이저(phaser)로 나타내면?

① $10\sqrt{2} \angle \dfrac{\pi}{3}$　　　　② $10\sqrt{2} \angle -\dfrac{\pi}{3}$

③ $10 \angle \dfrac{\pi}{3}$　　　　④ $10 \angle -\dfrac{\pi}{3}$

해설 정현파 교류의 벡터 표기법

$\dot{I} = 실효값 \angle 위상 = 10 \angle \dfrac{\pi}{3}[\mathrm{A}]$

※최대값 $I_m = 10\sqrt{2}[\mathrm{A}] \rightarrow$ 실효값 $I = \dfrac{I_m}{\sqrt{2}} = 10[\mathrm{A}]$

정답 **09.②　10.④　11.②　12.③**

13 그림과 같은 파형의 전압 순시값은 ?

① $100\sin\left(\omega t + \dfrac{\pi}{6}\right)$

② $100\sqrt{2}\sin\left(\omega t + \dfrac{\pi}{6}\right)$

③ $100\sin\left(\omega t - \dfrac{\pi}{6}\right)$

④ $100\sqrt{2}\sin\left(\omega t - \dfrac{\pi}{6}\right)$

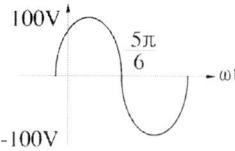

해설 파형의 최대값은 $100[\text{V}]$, 위상은 $\dfrac{\pi}{6}[\text{rad}]$ 앞서므로

$$v(t) = V_m\sin\left(\omega t + \theta\right) = 100\sin\left(\omega t + \dfrac{\pi}{6}\right)[\text{V}]$$

14 그림과 같이 주기가 3인 전압 파형의 실효값은 몇 [V]인가 ?

① 5.67
② 6.67
③ 7.57
④ 8.57

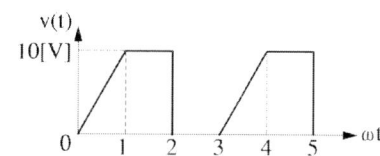

해설 $V = \sqrt{\dfrac{1}{T}\displaystyle\int_0^T v^2 dt} = \sqrt{\dfrac{1}{3}\left\{\displaystyle\int_0^1 (10t)^2 dt + \int_1^2 10^2 dt\right\}}$

$= \sqrt{\dfrac{1}{3}\left(\displaystyle\int_0^1 100t^2 dt + \int_1^2 100 dt\right)} = \sqrt{\dfrac{1}{3}\times\dfrac{400}{3}} = 6.67[\text{V}]$

15 그림과 같은 파형의 실효치 [A]는?

① 47.7
② 57.7
③ 67.7
④ 77.5

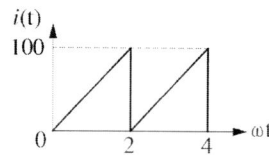

해설 톱니파의 실효값 $I = \dfrac{1}{\sqrt{3}}I_m = \dfrac{1}{\sqrt{3}}\times 100 = 57.7[\text{A}]$

16 최대값이 I_m 인 정현파 교류의 반파정류 파형의 실효값은?

① $\dfrac{I_m}{2}$ ② $\dfrac{I_m}{\sqrt{2}}$ ③ $\dfrac{2I_m}{\pi}$ ④ $\dfrac{\pi I_m}{2}$

해설 반파정현파의 실효값 $I = \dfrac{I_m}{2}$

17 그림과 같은 파형의 파고율은?

① 1

② $\dfrac{1}{\sqrt{2}}$

③ $\sqrt{2}$

④ $\sqrt{3}$

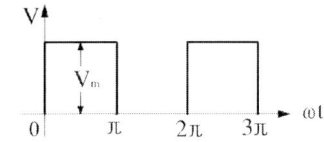

해설 반파 구형파의 실효값은 $V = \dfrac{V_m}{\sqrt{2}}$ [V] 이므로

파고율 $= \dfrac{\text{최대값}}{\text{실효값}} = \sqrt{2}$

18 파고율이 2가 되는 파형은?

① 정현파   ② 톱니파   ③ 사각파   ④ 정류파(정현반파)

해설 반파 정류파의 파고율 $= \dfrac{\text{최대값}}{\text{실효값}} = \dfrac{V_m}{\dfrac{V_m}{2}} = 2$

19 파형의 파형률 값이 잘못된 것은?

① 정현파의 파형률은 1.414 이다.

② 구형파의 파형률은 1.0 이다.

③ 전파 정류파의 파형률은 1.11 이다.

④ 반파 정류파의 파형률은 1.571 이다.

해설 기본 정현파의 파형률 $= \dfrac{\text{실효값}}{\text{평균값}} = \dfrac{\pi}{2\sqrt{2}} = 1.11$

정답   **16.**①   **17.**③   **18.**④   **19.**①

20 $e = E_m \cos\left(100\pi t - \dfrac{\pi}{3}\right)[\mathrm{V}]$ 와 $i = I_m \sin\left(100\pi t + \dfrac{\pi}{4}\right)[\mathrm{A}]$ 의 위상차를 시간으로 나타내면 약

몇 초 인가?

① 3.33×10^{-4} ② 4.33×10^{-4}

③ 6.33×10^{-4} ④ 8.33×10^{-4}

해설 전압의 파형이 cos파형이므로 sin파형으로 변환하면 위상 90°를 더하면 된다.

$e = E_m \cos\left(100\pi t - \dfrac{\pi}{3}\right) = E_m \sin\left(100\pi t - \dfrac{\pi}{3} + \dfrac{\pi}{2}\right) = E_m \sin(100\pi t - 60° + 90°)$

$\quad = E_m \sin(100\pi t + 30°)[\mathrm{V}]$

전류 $i = I_m \sin\left(100\pi t + \dfrac{\pi}{4}\right) = I_m \sin(100\pi t + 45°)[\mathrm{A}]$

위상차 $\theta = 45° - 30° = 15° = \dfrac{\pi}{12}[\mathrm{rad}]$

각주파수 $\omega = \dfrac{\theta}{t}$ 이므로 시간으로 정리하면 다음과 같다.

시간 $t = \dfrac{\theta}{\omega} = \dfrac{\dfrac{\pi}{12}}{100\pi} = \dfrac{1}{1200} = 8.33 \times 10^{-4}[\mathrm{sec}]$

21 복소수 $\dot{I_1} = 10 \underline{/\tan^{-1}\dfrac{4}{3}}$, $\dot{I_2} = 10 \underline{/\tan^{-1}\dfrac{3}{4}}$ 일 때 $\dot{I} = \dot{I_1} + \dot{I_2}$ 는 얼마인가?

① $-2 + j2$ ② $14 + j14$ ③ $14 + j4$ ④ $14 + j3$

해설 $\dot{I_1} = 10 \underline{/\tan^{-1}\dfrac{4}{3}} = 10\cos\left(\tan^{-1}\dfrac{4}{3}\right) + j10\sin\left(\tan^{-1}\dfrac{4}{3}\right) = 6 + j8[\mathrm{A}]$

$\dot{I_2} = 10 \underline{/\tan^{-1}\dfrac{4}{3}} = 10\cos\left(\tan^{-1}\dfrac{3}{4}\right) + j10\sin\left(\tan^{-1}\dfrac{3}{4}\right) = 8 + j6[\mathrm{A}]$

$\dot{I} = \dot{I_1} + \dot{I_2} = 6 + j8 + 8 + j6 = 14 + j14[\mathrm{A}]$

22 $e_1 = 6\sqrt{2}\sin\omega t[\mathrm{V}]$, $e_2 = 4\sqrt{2}\sin(\omega t - 60°)[\mathrm{V}]$ 일 때, $e_1 - e_2$의 실효값[V]은?

① 4 ② $2\sqrt{2}$ ③ $2\sqrt{7}$ ④ $2\sqrt{13}$

해설 두 벡터 차의 크기

$V = \sqrt{V_1^{\,2} + V_2^{\,2} - 2V_1 V_2 \cos\theta}$

$\quad = \sqrt{6^2 + 4^2 - 2 \times 6 \times 4\cos 60°} = \sqrt{28} = 2\sqrt{7}[\mathrm{V}]$

Chapter 03 기본 교류 회로

※**교류의 옴의 법칙**

- 전압 V = IZ[V]
- 전류 $I = \dfrac{V}{Z}$[A]

- Z[Ω] : 임피던스(교류에서 전류를 방해하는 성분 : 저항, 리액턴스)

1. 단일 소자 회로의 전압, 전류

(1) 저항 R[Ω]만의 회로

전압 $v = \sqrt{2}\,V\sin\omega t$ [V]

전류 $i = \dfrac{v}{R} = \sqrt{2}\,\dfrac{V}{R}\sin\omega t$

① 전류 $I = \dfrac{V}{R}$ [A](전압과 전류가 동상)

② 임피던스 Z = R[Ω]

③ 역률 cosθ = 1

(2) 인덕턴스 L[H]만의 회로

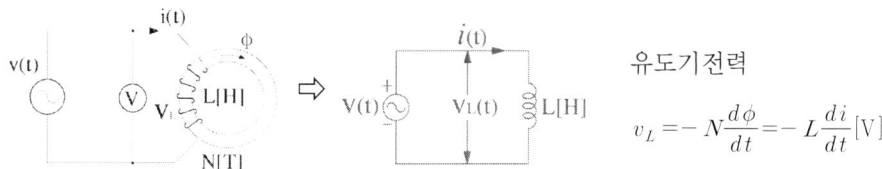

유도기전력

$$v_L = -N\dfrac{d\phi}{dt} = -L\dfrac{di}{dt}\,[\text{V}]$$

① 전원전압

$$v(t) = N\dfrac{d\phi}{dt} = L\dfrac{di}{dt}[\text{V}] = L\dfrac{d}{dt}I_m\sin\omega t$$

$$= \omega L I_m \left(\sin\omega t + \dfrac{\pi}{2}\right) = j\omega L I_m \sin\omega t [\text{V}]$$

② 유도성 리액턴스 : 인덕턴스 L[H]을 임피던스[Ω]로 계산한 값

- $\dot{X}_L = j\omega L = j2\pi fL = jX_L[\Omega]$ (허수 j : 위상 90°)

③ 전압과 전류의 위상 관계

전류가 전압보다 위상이 90°뒤지는 지상(유도성)전류가 흐른다.

전압 $V = IZ = IX_L[V]$

전류 $I = \dfrac{V}{X_L}[A]$

예제 1) 5[mH]의 코일에 100[V], 60[Hz]의 교류를 가할 때 전류[A]는?

① 13.3   ② 53.1   ③ 26.5   ④ 40

해설 L에 흐르는 전류 $I = \dfrac{V}{X_L}$

$$I = \dfrac{V}{\omega L} = \dfrac{100}{2\pi \times 60 \times 5 \times 10^{-3}} = 53.1[A]$$

(3) C만의 회로

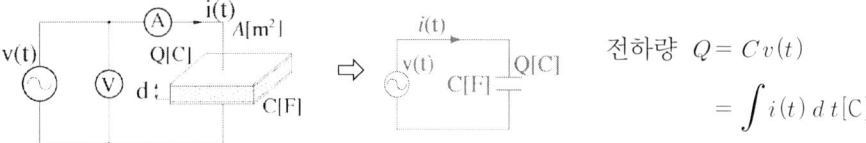

전하량 $Q = Cv(t)$

$$= \int i(t)\,dt[C]$$

① 전원전압

$$v(t) = \frac{Q}{C} = \frac{1}{C}\int i(t)\,dt \ [V] = \frac{1}{C}\int I_m \sin\omega t\,dt = -\frac{1}{\omega C}I_m \cos\omega t$$

$$= -\frac{1}{\omega C}I_m \sin\left(\omega t + \frac{\pi}{2}\right) = -j\frac{1}{\omega C}I_m \sin\omega t$$

② 용량성 리액턴스 : 정전용량 C[F]을 임피던스[Ω]로 계산한 값

- 용량성 리액턴스 $\dot{X}_C = -j\dfrac{1}{\omega C} = -j\dfrac{1}{2\pi fC} = -jX_C[\Omega]$

③ 전압과 전류의 위상 관계

- 전류가 전압보다 위상이 90°앞서는 진상(용량성)전류가 흐른다.
- 전압 $V = IZ = IX_C\ [V]$
- 전류 $I = \dfrac{V}{X_C} = \omega CV[A]$

예제 2) 주파수 10[kHz]에 대하여 16[Ω]의 용량성 리액턴스로 작용하는 콘덴서의 정전용량은 몇 [μF]인가?

① 0.01   ② 0.1   ③ 1   ④ 5

해설 용량성 리액턴스 : $X_C = \dfrac{1}{\omega C} = \dfrac{1}{2\pi f C}[\Omega]$ 에서

정전용량 $C = \dfrac{1}{2\pi f X_C} = \dfrac{1}{2\pi \times 10 \times 10^3 \times 16} = 1[\mu F]$

2. R–L–C 직렬회로

(1) R–L 직렬회로

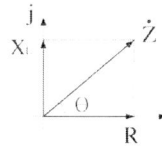

$$\dot{V} = \dot{V}_R + \dot{V}_L[V] = R\dot{I} + jX_L\dot{I}$$
$$= (R + jX_L)\dot{I} = \dot{Z}\dot{I}[V]$$

① 합성임피던스와 벡터도

합성 임피던스 $\dot{Z} = R + jX_L = R + j\omega L[\Omega]$

• 임피던스 절대값 $Z = \sqrt{R^2 + X_L^2}[\Omega]$

② 전압과 전류의 위상차 $\theta = \tan^{-1}\dfrac{X_L}{R}[\text{rad}]$

③ 역률 $\cos\theta = \dfrac{R}{Z} = \dfrac{R}{\sqrt{R^2 + X_L^2}}$

④ 위상관계 : 전류가 전압보다 θ 만큼 뒤진다. (지상, 유도성)

예제 3) 저항 20[Ω], 인덕턴스 56[mH]의 R–L 직렬회로에 주파수 60[Hz], 실효값 141.4[V]의 전압을 가할 때 이 회로 전류의 순시값은?

① 약 4.86sin(t−46°)   ② 약 4.86sin(t−54°)

③ 약 6.9sin(377t−46°)   ④ 약 6.9sin(377t−54°)

해설 $i = \sqrt{2}\,I\sin(\omega t - \theta)[\text{A}]$ 에서

실효값 전류 : $I = \dfrac{V}{Z} = \dfrac{V}{\sqrt{R^2 + (\omega L)^2}}$, 위상차 : $\theta = \tan^{-1}\dfrac{\omega L}{R}$

유도성 리액턴스 : $X_L = \omega L = 2\pi f L = 377 \times 56 \times 10^{-3} = 21.1\,[\Omega]$

$i(t) = \sqrt{2}\,\dfrac{141.4}{\sqrt{20^2 + 21.1^2}}\sin\left(377t - \tan^{-1}\dfrac{21.1}{20}\right) = 6.9\sin(377t - 46)[\text{A}]$

(2) R–C 직렬회로

$\dot{V} = \dot{V}_R + \dot{V}_C = R\dot{I} + \dot{X}_C\,\dot{I}$
$= (R - jX_C)\dot{I} = \dot{Z}\dot{I}\ [\text{V}]$

① 합성 임피던스와 벡터도

합성임피던스 $\dot{Z} = R - jX_C = R - j\dfrac{1}{\omega C}[\Omega]$

• 임피던스 절대값 $Z = \sqrt{R^2 + X_C{}^2} = \sqrt{R^2 + \left(\dfrac{1}{\omega C}\right)^2}\,[\Omega]$

② 전압과 전류의 위상차 : $\theta = \tan^{-1}\dfrac{X_C}{R} = \tan^{-1}\dfrac{1}{\omega CR}[\text{rad}]$

③ 역률 $\cos\theta = \dfrac{R}{Z} = \dfrac{R}{\sqrt{R^2 + X_C{}^2}}$

④ 위상관계 : 전류가 전압보다 위상 θ만큼 앞선다.(진상, 용량성)

예제 4) 실효값 100[V], 주파수 50[Hz]인 교류 전압을 저항 100[Ω], 정전 용량 10[μF]인 R–C직렬 회로에 인가했을 때 역률은?

① 0.3 　　　　② 0.5 　　　　③ 75 　　　　④ 0.8

해설 용량성 리액턴스 $X_c = \dfrac{1}{\omega C} = \dfrac{1}{2\pi \times 50 \times 10 \times 10^{-6}} = 318\,[\Omega]$

합성 임피던스 $\dot{Z} = R - jX_c = 100 - j318\,[\Omega]$

역률 $\cos\theta = \dfrac{R}{Z} = \dfrac{R}{\sqrt{100^2 + 318^2}} = \dfrac{100}{333} = 0.3$

(3) R–L–C 직렬회로

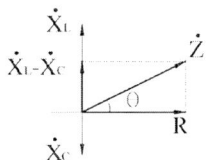

합성임피던스

$$\dot{Z} = R + j(X_L - X_C) = R + j\left(\omega L - \frac{1}{\omega C}\right)[\Omega]$$

① $X_L > X_C$ 인 경우(지상, 유도성)

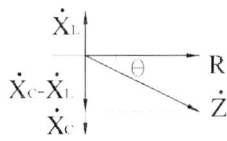

- 전압과 전류 위상차 $\theta = \tan^{-1}\dfrac{(X_L - X_C)}{R}$

- 위상관계 : 전류가 전압보다 위상이 θ만큼 뒤진다. (지상, 유도성)

② $X_L < X_C$ 인 경우(진상, 용량성)

- 전압과 전류의 위상차 $\theta = \tan^{-1}\dfrac{(X_C - X_L)}{R}$

- 위상관계: 전류가 전압보다 위상이 θ만큼 앞선다.(진상, 용량성)

③ $X_L = X_C$ 인 경우(직렬공진) : 직렬공진회로. 무유도성 회로로서 임피던스가 저항만 남으므로 전압과 전류가 동위상인 회로가 된다.

- 전압 : $\dot{V} = R\dot{I}[V]$

- 임피던스 : $Z = R$ (최소)

- 전류 $\dot{I} = \dfrac{\dot{V}}{Z}$ (최대)

- 역률 $\cos\theta = 1$

- 공진 조건 $\omega_r L = \dfrac{1}{\omega_r C}$

  공진각주파수 $\omega_r = \dfrac{1}{\sqrt{LC}}$ [rad/sec]

  공진주파수 $f_r = \dfrac{1}{2\pi\sqrt{LC}}$ [Hz]

④ 전압확대비(Q) 양호도, 첨예도, 예리도 : 전원 전압 V에 대한 L 및 C 양단의 단자 전압인 V_L, V_C 전압의 비율로서 저항에 대한 리액턴스와 같다.

$$Q_L = \frac{V_L}{V_R} = \frac{\omega L I}{RI} = \frac{\omega L}{R}, \quad Q_C = \frac{V_C}{V_R} = \frac{\frac{1}{\omega C}I}{RI} = \frac{1}{\omega CR} \text{ 에서}$$

직렬공진의 경우 $Q = Q_L = Q_C$ 이므로

$$Q^2 = Q_L Q_C = \frac{\omega L}{R} \times \frac{1}{\omega CR} = \frac{1}{R^2} \times \frac{L}{C}$$

$$Q = \frac{1}{R}\sqrt{\frac{L}{C}}$$

예제 5) 그림과 같은 회로에서 R = 8[Ω], X_L = 10[Ω], XC = 16[Ω], E = 100[V]인 직렬회로에 흐르는 전류의 크기[A]와 역률은?

① 2, 0.8

② 3, 0.6

③ 10, 0.8

④ 20, 0.6

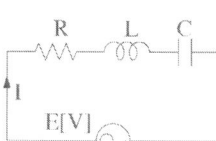

해설 합성임피던스 $\dot{Z} = R + j(X_L - X_C) = 8 + j(10 - 16) = 8 - j6[\Omega]$

임피던스 절대값 $Z = \sqrt{8^2 + 6^2} = 10[\Omega]$

전류 $I = \dfrac{V}{Z} = \dfrac{100}{10} = 10[\text{A}]$, 역률 $\cos\theta = \dfrac{R}{Z} = \dfrac{8}{10} = 0.8$

예제 6) R = 200[Ω], L = 1.59[Ω], C = 3.315[μF]의 직렬 회로에 υ = 141.4sin377t[V]를 인가할 때 C 양단의 단자 전압[V]은?

① 71 　　　　② 212 　　　　③ 283 　　　　④ 401

해설 합성 $X_L = \omega L = 377 \times 1.59 = 600[\Omega]$, $X_C = \dfrac{1}{\omega C} = \dfrac{1}{377 \times 3.315 \times 10^{-6}} = 800[\Omega]$

합성 임피던스 $\dot{Z} = R + j(X_L - X_C) = 200 + j(600 - 800) = 200 - j200[\Omega]$

임피던스 절대값 $Z = \sqrt{200^2 + 200^2} = 282.84[\Omega]$

전류 $I = \dfrac{V}{Z} = \dfrac{100}{282.84} = 0.35[\text{A}]$

C 양단의 전압 $V_C = X_C I = 800 \times 0.35 = 283[\text{V}]$

예제 7 R = 5[Ω], L = 20[mH] 및 가변용량 C로 구성된 R−L−C 직렬회로에 주파수 1000[Hz]인 교류를 가한 다음 C를 가변 직렬 공진시켰다. C의 값과 전압확대비 Q는 얼마인가?

① C = 2.277[μF], Q = 2.512
② C = 1.268[μF], Q = 2.512
③ C = 2.277[μF], Q = 25.12
④ C = 1.268[μF], Q = 25.12

해설 직렬 공진 조건 $\omega L = \dfrac{1}{\omega C}$

정전용량 $C = \dfrac{1}{\omega^2 L} = \dfrac{1}{(2\pi \times 1000)^2 \times 20 \times 10^{-3}} = 1.268[\mu F]$

전압확대비 : $Q = \dfrac{1}{R}\sqrt{\dfrac{L}{C}} = \dfrac{1}{5}\sqrt{\dfrac{20 \times 10^{-3}}{1.268 \times 10^{-6}}} = 25.12$

3. R−L−C 병렬회로

병렬회로는 전압이 일정하고 전류가 분배된다.

(1) 어드미턴스

- 전압 $\dot{V} = \dot{Z}\dot{I}$ [V]

- 전류 $\dot{I} = \dfrac{\dot{V}}{\dot{Z}} = \dot{Y}\,\dot{V}$ [A]

- 임피던스의 역수, $Y = \dfrac{1}{Z}[\mho]$ (실수부 G[℧] : 컨덕턴스, 허수부 B[℧] : 서셉턴스)

임피던스	어드미턴스
저항 $R[\Omega]$	컨덕턴스 $G = \dfrac{1}{R}[\mho]$
유도성 리액턴스 $\dot{X}_L = j\omega L = jX_L[\Omega]$	유도성 서셉턴스 $\dot{B}_L = \dfrac{1}{j\dot{X}_L} = -j\dfrac{1}{X_L}[\mho]$
용량성 리액턴스 $\dot{X}_C = -jX_C = -j\dfrac{1}{\omega C} = \dfrac{1}{j\omega C}[\Omega]$	용량성 서셉턴스 $\dot{B}_C = \dfrac{1}{\dot{X}_C} = j\omega C = j\dfrac{1}{X_C}[\mho]$

(2) R-L 병렬 회로

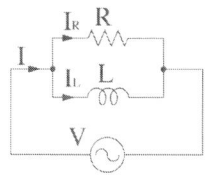

전체전류 $\dot{I} = \dot{I}_R + \dot{I}_L = \dfrac{\dot{V}}{R} - j\dfrac{\dot{V}}{X_L} = \left(\dfrac{1}{R} - j\dfrac{1}{\omega L}\right)\dot{V} = \dot{Y}\dot{V}$ [A]

① 합성 어드미턴스와 전류 벡터도

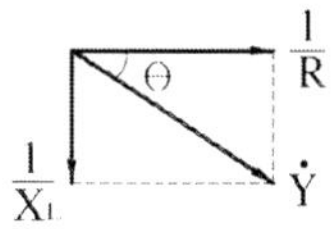

- 합성 어드미턴스 $\dot{Y} = \dfrac{1}{R} - j\dfrac{1}{X_L} = \dfrac{1}{R} - j\dfrac{1}{\omega L}$ [℧]

② 전압과 전류의 위상차 $\theta = \tan^{-1}\dfrac{R}{X_L}$

③ 합성 임피던스의 크기 $Z = \dfrac{1}{Y} = \dfrac{1}{\sqrt{\left(\dfrac{1}{R}\right)^2 + \left(\dfrac{1}{X_L}\right)^2}} = \dfrac{R \cdot X_L}{\sqrt{R^2 + X_L^2}}$ [Ω]

④ 역률 $\cos\theta = \dfrac{G}{Y} = \dfrac{X_L}{\sqrt{R^2 + X_L^2}}$

⑤ 위상관계 : 전류가 전압보다 위상 θ만큼 뒤진다. (지상, 유도성)

예제 8) 그림과 같은 회로에서 전 전류 $\dot{I}$[A]와 역률을 구하시오.

① $3 - j4$[A], 0.6
② $4 + j3$[A], 0.6
③ $4 - j3$[A], 0.8
④ $6 + j10$[A], 0.8

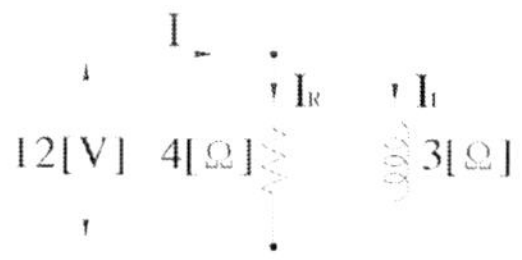

12[V]   4[Ω]   3[Ω]

해설 $I_R = \dfrac{V}{R} = \dfrac{12}{4} = 3$[A] , $\dot{I}_L = -j\dfrac{V}{X_L} = -j\dfrac{12}{3} = -j4$[A]

합성 전류 $\dot{I} = 3 - j4$[A]

역률 $\cos\theta = \dfrac{3}{5} = 0.6$

(3) R–C 병렬회로

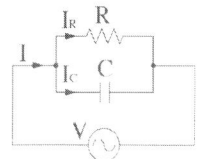

전체전류 $\dot{I} = \dot{I_R} + \dot{I_C} = \dfrac{\dot{V}}{R} + j\dfrac{\dot{V}}{X_C} = \left(\dfrac{1}{R} + j\omega C\right)\dot{V}\,[\text{A}]$

① 합성 어드미턴스와 전류 벡터도

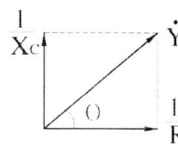

• 합성 어드미턴스 $\dot{Y} = \dfrac{1}{R} + j\dfrac{1}{X_c} = \dfrac{1}{R} + j\omega C\,[\text{℧}]$

② 전압과 전류의 위상차 : $\theta = \tan^{-1}\omega CR$

③ 합성임피던스 $Z = \dfrac{1}{Y} = \dfrac{1}{\sqrt{\left(\dfrac{1}{R}\right)^2 + (\omega C)^2}} = \dfrac{R}{\sqrt{1 + (\omega CR)^2}}$

④ 역률 : $\cos\theta = \dfrac{G}{Y} = \dfrac{1}{\sqrt{1 + (\omega CR)^2}}$

⑤ 위상 : 전류가 전압보다 위상 θ만큼 앞선다. (진상, 용량성)

(4) R–L–C 병렬회로(전압 일정)

전체 합성전류 $\dot{I} = \dot{I_R} + \dot{I_L} + \dot{I_C} = \left[\dfrac{1}{R} + j\left(\dfrac{1}{X_C} - \dfrac{1}{X_L}\right)\right]\dot{V}$

합성 어드미턴스 $\dot{Y} = \dfrac{1}{R} + j\left(\dfrac{1}{X_C} - \dfrac{1}{X_L}\right) = \dfrac{1}{R} + j\left(\omega C - \dfrac{1}{\omega L}\right)[\text{℧}]$

① $\dfrac{1}{X_C} > \dfrac{1}{X_L}(X_C < X_L)$ 인 경우(진상, 용량성)

• 위상 관계 : 전류가 전압보다 위상 θ만큼 앞선다. (진상, 용량성)

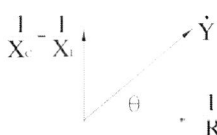

② $\dfrac{1}{X_C} < \dfrac{1}{X_L}$ ($X_C > X_L$) 인 경우(지상, 유도성)

- 위상관계 : 전류가 전압보다 위상 θ만큼 뒤진다. (지상, 유도성)

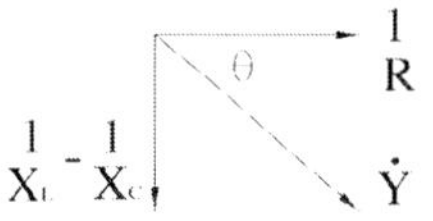

③ $\dfrac{1}{X_C} = \dfrac{1}{X_L}$ ($X_L = X_C$) 인 경우(병렬공진) : 병렬공진회로 또는 무유도성 회로라고 하며 어드미턴스가 컨덕턴스만 남으므로 전압과 전류가 동위상인 회로가 된다.

$$\dot{Y} = \dfrac{1}{R} - j\left(\dfrac{1}{X_L} - \dfrac{1}{X_C}\right) = \dfrac{1}{R}[\mho]$$

- 어드미턴스 : $\dot{Y} = \dfrac{1}{R}$ (최소)

- 전류 $\dot{I} = \dfrac{\dot{V}}{R}$ (최소)

- 역률 $\cos\theta = 1$ (동상전류)

- 공진 조건 $\dfrac{1}{w_r L} = w_r C$

- 공진각주파수 $w_r = \dfrac{1}{\sqrt{LC}}$

- 공진주파수 $f_r = \dfrac{1}{2\pi\sqrt{LC}}$ [Hz]

④ 전류 확대비, 양호도 (Q) : 전원 전류 I에 대한 L 및 C 에 흐르는 전류 I_L. I_C 전류의 비율로서 리액턴스에 대한 저항의 비율과 같다.

$$Q_L = \dfrac{I_L}{I_R} = \dfrac{\dfrac{V}{\omega L}}{\dfrac{V}{R}} = \dfrac{R}{\omega L}, \quad Q_C = \dfrac{I_C}{I_R} = \dfrac{\omega C V}{\dfrac{V}{R}} = \omega CR \text{ 에서}$$

이때 $Q = Q_L = Q_C$ 이므로

$Q^2 = Q_L Q_C = \dfrac{R}{\omega L} \times \omega CR = \dfrac{R^2 C}{L}$ 이 성립하므로 전류확대비는 다음과 같다.

$$Q = R\sqrt{\dfrac{C}{L}}$$

예제 9) R = 15[Ω], X_L = 12[Ω], X_C = 30[Ω] 이 병렬로 접속된 회로에 120[V]의 교류 전압을 가하면 전원에 흐르는 전류[A]는?

① 8　　　　　　② 6　　　　　　③ 14　　　　　　④ 10

해설 회로도를 그리면 다음과 같다.

$$I_R = \frac{120}{15} = 8[A]$$

$$\dot{I}_L = \frac{120}{j12} = -j10[A]$$

$$\dot{I}_C = \frac{120}{-j30} = j4[A]$$

전체 전류 $\dot{I} = 8 - j6[A]$ 이므로 크기는 $I = \sqrt{8^2 + 6^2} = 10[A]$

역률 $\cos\theta = \dfrac{I_R}{I} = \dfrac{동상전류}{전체전류} = \dfrac{8}{10} = 0.8$

(5) 기타 공진회로

R-L 직렬회로에 역률을 개선하기 위해 병렬로 콘덴서를 접속한 회로

$\dot{Z_1} = R + j\omega L[\Omega]$ 에서 $\dot{Y_1} = \dfrac{1}{R + j\omega L}[℧]$

$\dot{Z_2} = \dfrac{1}{j\omega C}[\Omega]$ 에서 $\dot{Y_2} = j\omega C[℧]$

합성 어드미턴스 $\dot{Y} = \dot{Y_1} + \dot{Y_2} = \dfrac{1}{R + j\omega L} + j\omega C = \dfrac{R - j\omega L}{R^2 + (\omega L)^2} + j\omega C$

$$= \frac{R}{R^2 + (\omega L)^2} + j\left\{\omega C - \frac{\omega L}{R^2 + (\omega L)^2}\right\}$$

① 공진 조건 : $\omega C = \dfrac{\omega L}{R^2 + (\omega L)^2}$ 에서 $R^2 + (\omega L)^2 = \dfrac{\omega L}{\omega C} = \dfrac{L}{C}$

② 공진 시 용량성 리액턴스 : $X_C = \dfrac{1}{\omega C} = \dfrac{R^2 + (\omega L)^2}{\omega L}$

③ 공진 시 어드미턴스 : $Y = \dfrac{R}{R^2 + (\omega L)^2} = \dfrac{CR}{L}$

④ 공진 주파수

$R^2 + (\omega L)^2 = \dfrac{L}{C}$ 에서 $\omega^2 L^2 = \dfrac{L}{C} - R^2$

$\omega^2 = \dfrac{1}{LC} - \dfrac{R^2}{L^2}$ 에서 $\omega = 2\pi f = \sqrt{\dfrac{1}{LC} - \dfrac{R^2}{L^2}}$ 이므로

$$f = \frac{1}{2\pi\sqrt{LC}}\sqrt{\left(1 - \frac{CR^2}{L}\right)}$$

출제예상핵심문제

23 어떤 코일에 흐르는 전류를 0.5[ms] 동안에 5[A] 만큼 변화 시킬 때 20[V]의 전압이 발생한다. 이 코일의 자기 인덕턴스 [mH]는?

① 2 　　　　② 4 　　　　③ 6 　　　　④ 8

해설 $e = L\dfrac{di}{dt}$[V] 에서 자기인덕턴스로 정리하면

$$L = e \times \dfrac{dt}{di} = 20 \times \dfrac{0.5 \times 10^{-3}}{5} = 2[\mathrm{mH}]$$

24 자기 인덕턴스 0.1[H]인 코일에 실효값 100[V], 60[Hz], 위각 0[°]인 전압을 가했을 때 흐르는 전류의 실효값은 약 [A]인가?

① 1.25 　　　　② 2.24 　　　　③ 2.65 　　　　④ 3.41

해설 $I = \dfrac{V}{X_L} = \dfrac{V}{\omega L} = \dfrac{100}{2\pi \times 60 \times 0.1} = 2.65[\mathrm{A}]$

25 200[V], 50[Hz]인 교류전압을 인덕턴스 20[H]인 코일에 가했을 때 흐르는 전류[A]는 얼마인가?

① 10π 　　　② $\dfrac{\pi}{10}$ 　　　③ $\dfrac{1}{10\pi}$ 　　　④ $\dfrac{10}{\pi}$

해설 전류 $I = \dfrac{V}{2\pi f L} = \dfrac{200}{2\pi \times 50 \times 20} = \dfrac{1}{10\pi}[\mathrm{A}]$

26 인덕턴스 L = 20[mH]인 코일에 실효값 V = 50[V], 주파수 f = 60[Hz]인 정현파 전압을 인가했을 때 코일에 축적되는 평균 자기 에너지 W[J]는?

① 6.3 　　　　② 0.63 　　　　③ 4.4 　　　　④ 0.44

정답 **23.**① **24.**③ **25.**③ **26.**④

해설   전압 $V = \omega L I\,[\mathrm{V}]$ 에서 전류 $I = \dfrac{V}{\omega L}\,[\mathrm{A}]$

에너지 $W = \dfrac{1}{2} L I^2 = \dfrac{1}{2} L \left(\dfrac{V}{\omega L}\right)^2 = \dfrac{V^2}{2\omega^2 L} = \dfrac{50^2}{2 \times 377^2 \times 20 \times 10^{-3}} = 0.44\,[\mathrm{J}]$

27 자기 인덕턴스 0.1[H]인 코일에 실효값 100[V], 60[Hz], 위상각 0°인 전압을 가했을 때 흐르는 전류의 순시값[A]은?

① 약 $3.75\sin\left(377\mathrm{t} - \dfrac{\pi}{2}\right)$ ② 약 $3.75\cos\left(377\mathrm{t} - \dfrac{\pi}{2}\right)$

③ 약 $3.75\cos\left(377\mathrm{t} + \dfrac{\pi}{2}\right)$ ④ 약 $3.75\sin\left(377\mathrm{t} + \dfrac{\pi}{2}\right)$

해설   전압 $V = 100\sqrt{2}\sin 377t$ 보다 90°뒤진 전류가 흐르므로

전류 $i = \sqrt{2}\,I\sin\left(\omega t - \dfrac{\pi}{2}\right) = \sqrt{2}\,\dfrac{V}{\omega L}\sin\left(\omega t - \dfrac{\pi}{2}\right)$

$= \sqrt{2}\,\dfrac{100}{377 \times 0.1}\sin\left(377t - \dfrac{\pi}{2}\right) = 3.75\sin\left(377t - \dfrac{\pi}{2}\right)[\mathrm{A}]$

28 100[μF]인 콘덴서 양단에 전압을 30[V/msec] 비율로 변화시킬 때 콘덴서에 흐르는 전류의 크기[A]는 ?

① 0.03   ② 0.3   ③ 3   ④ 30

해설   콘덴서에 흐르는 전류 $i = C\dfrac{dv}{dt} = 100 \times 10^{-6} \times \dfrac{30}{10^{-3}} = 3\,[\mathrm{A}]$

29 정전용량 C만의 회로에서 100[V], 60[Hz]의 교류를 가했을 때 60[mA]의 전류가 흐른다면 C는 약 몇 [μF] 인가?

① 5.26   ② 4.32   ③ 3.59   ④ 1.59

해설   콘덴서에 흐르는 전류 $I = \dfrac{V}{X_C} = \omega C V\,[\mathrm{A}]$

$C = \dfrac{I}{\omega V} = \dfrac{60 \times 10^{-3}}{377 \times 100} = \dfrac{60}{37.7} \times 10^{-6}\,[\mathrm{F}] = 1.59\,[\mu\mathrm{F}]$

30 1000[Hz]인 정현파 교류에서 5[mH]인 유도 리액턴스와 같은 용량 리액턴스를 갖는 C의 값은 약 몇 [μF]인가?

① 4.07 ② 5.07 ③ 6.07 ④ 7.07

해설   유도성 리액턴스 $X_L = 2\pi f L = 2\pi \times 1000 \times 5 \times 10^{-3} = 10\pi\,[\Omega]$

용량성 리액턴스 $X_C = \dfrac{1}{2\pi f C} = 10\pi\,[\Omega]$ 이므로

$$C = \frac{1}{2\pi f X_C} = \frac{1}{2\pi \times 1000 \times 10\pi} = \frac{1000}{20\pi^2} \times 10^{-6} = 5.07\,[\mu\text{F}]$$

31 0.1[μF]의 정전용량을 갖는 콘덴서에 주파수 1[kHz], 최대전압 2000[V]를 인가할 때 전류의 순시값[A]은?

① $4.446\sin(\omega t + 90°)$ ② $4.446\cos(\omega t - 90°)$

③ $1.256\sin(\omega t + 90°)$ ④ $1.256\cos(\omega t - 90°)$

해설   콘덴서에 흐르는 전류는 전압보다 위상이 90°앞서므로

$$i(t) = I_m \sin(2\pi f t + 90°) = I_m \sin(2\pi \times 1000 \times t + 90°) = I_m \sin(2000\pi t + 90°)$$

$$I_m = \frac{V_m}{X_C} = \frac{V_m}{\dfrac{1}{2\pi f C}} = 2\pi f C V_m = 2\pi \times 1000 \times 0.1 \times 10^{-6} \times 2000 = 1.256\,[\text{A}]$$

전류의 순시값 $i(t) = 1.256\sin(2000\pi t + 90°)[\text{A}]$

32 다음 중 저항 R, 리액턴스 X와의 직렬회로에 있어서 $\dfrac{X}{R} = \dfrac{1}{\sqrt{2}}$ 일 때 이 회로의 역률은 얼마인가 ?

① $\dfrac{1}{2}$ ② $\dfrac{1}{\sqrt{3}}$ ③ $\dfrac{\sqrt{2}}{\sqrt{3}}$ ④ $\dfrac{\sqrt{3}}{2}$

해설   R – L 직렬회로 임피던스 삼각형

$\dfrac{X}{R} = \dfrac{1}{\sqrt{2}}$ 에서 $R : X = \sqrt{2} : 1$ 이므로

역률 $\cos\theta = \dfrac{\sqrt{2}}{\sqrt{3}}$

33 R = 50[Ω], L = 200[mH]의 직렬회로에서 주파수 f = 50[Hz]의 교류에 대한 역률[%]은?

① 82.3   ② 72.3   ③ 62.3   ④ 52.3

> **해설** 유도성 리액턴스 $X_L = \omega L = 2\pi \times 50 \times 200 \times 10^{-3} = 62.8[\Omega]$
>
> 임피던스 $\dot{Z} = 50 + j62.8[\Omega]$
>
> 역률 $\cos\theta = \dfrac{R}{\sqrt{R^2 + X_L^2}} = \dfrac{50}{\sqrt{50^2 + 62.8^2}} \times 100 = 62.3[\%]$

34 $\dot{E} = 40 + j30[V]$의 전압을 가하면 $\dot{I} = 30 + j10[A]$의 전류가 흐른다. 이 회로의 역률은?

① 0.456   ② 0.567   ③ 0.854   ④ 0.949

> **해설** 임피던스 복소수 $\dot{Z} = \dfrac{\dot{E}}{\dot{I}} = \dfrac{40 + j30}{30 + j10} = 1.5 + j0.5[\Omega]$
>
> 역률 $\cos\theta = \dfrac{1.5}{\sqrt{1.5^2 + 0.5^2}} = 0.949$

35 R = 100[Ω], C = 30[μF]인 R − C 직렬회로에 f = 60[Hz], V = 100[V]의 교류전압을 인가할 때 전류[A]는?

① 약 88.4   ② 약 133.5   ③ 약 75   ④ 약 0.75

> **해설** R − C 직렬회로 임피던스 $\dot{Z} = R - j\dfrac{1}{\omega C}[\Omega]$ 이므로
>
> $Z = \sqrt{R^2 + \left(\dfrac{1}{\omega C}\right)^2} = \sqrt{100^2 + \left(\dfrac{1}{377 \times 30 \times 10^{-6}}\right)^2} = 133.48[\Omega]$ 에서
>
> 전류 $I = \dfrac{V}{Z} = \dfrac{100}{133.48} = 0.75[A]$

36 실효값 100[V], 주파수 50[Hz]인 교류 전압을 저항 100[Ω], 정전 용량 10[μF]인 R − C 직렬회로에 인가했을 때 역률은?

① 0.3   ② 0.5   ③ 75   ④ 0.8

> **해설** R − C 직렬회로 임피던스 $\dot{Z} = R - j\dfrac{1}{X_C}$ 에서
>
> 용량성 리액턴스 $X_C = \dfrac{1}{2\pi f C} = \dfrac{1}{314 \times 10 \times 10^{-6}} = 318[\Omega]$
>
> 합성임피던스 $Z = \sqrt{R^2 + X_C^2} = \sqrt{100^2 + 318^2} = 333[\Omega]$
>
> 역률 $\cos\theta = \dfrac{R}{Z} = \dfrac{100}{333} = 0.3$

정답   **33.**③   **34.**④   **35.**④   **36.**①

37 그림과 같은 회로에서 R = 8[Ω], X_L = 10[Ω], X_c = 16[Ω], E = 100[V]인 직렬회로에 흐르는 전류의 크기[A]와 역률은?

① 2, 0.8

② 3, 0.6

③ 10, 0.8

④ 20, 0.6

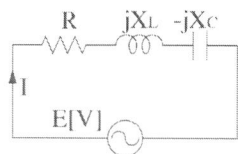

해설 합성임피던스 : $\dot{Z} = R - j(X_C - X_L) = 8 - j(16 - 10) = 8 - j6 = \sqrt{8^2 + 6^2} = 10[\Omega]$

전류 $I = \dfrac{V}{Z} = \dfrac{100}{10} = 10[\text{A}]$, 역률 $\cos\theta = \dfrac{R}{Z} = \dfrac{8}{10} = 0.8$

38 R = 200[Ω], L = 1.59[H], C = 3.315[μF]의 직렬 회로에 υ = 141.4sin377t[V]를 인가할 때 C 양단의 단자 전압[V]은?

① 71

② 212

③ 283

④ 401

해설 유도성 리액턴스 $X_L = \omega L = 377 \times 1.59 = 600[\Omega]$

용량성 리액턴스 $X_C = \dfrac{1}{\omega C} = \dfrac{1}{377 \times 3.315 \times 10^{-6}} = 800[\Omega]$

합성 임피던스 $\dot{Z} = R - j(X_C - X_L) = 200 - j200 = \sqrt{200^2 + 200^2} = 282.84[\Omega]$

전류 $I = \dfrac{V}{Z} = \dfrac{100}{282.84} = 0.35[\text{A}]$ 이므로

C 양단의 전압 $V_C = X_C I = 800 \times 0.35 = 283[\text{V}]$

39 RLC 직렬회로에서 공진 시의 전류는 공급전압에 대하여 어떤 위상차를 갖는가?

① 0°

② 90°

③ 180°

④ 270°

해설 RLC 직렬회로의 합성 임피던스 $\dot{Z} = R + j(X_L - X_C)[\Omega]$ 에서

$X_L = X_C$이 성립하면 직렬공진회로라고 하며

Z = R이 되므로 전압과 전류의 위상차가 0°이 된다.

정답 **37.**③ **38.**③ **39.**①

40 RLC 직렬회로에서 전원 전압을 V 라 하고, L, C 에 걸리는 전압을 각각 V_L 및 V_C 라면 선택도 Q는?

① $\dfrac{CR}{L}$ ② $\dfrac{CL}{R}$ ③ $\dfrac{V}{V_L}$ ④ $\dfrac{V_C}{V}$

해설 전압 확대비 $Q = \dfrac{V_C}{V} = \dfrac{V_L}{V} = \dfrac{1}{R}\sqrt{\dfrac{L}{C}}$

41 R = 2[Ω], L = 10[mH], C = 4[μF]의 직렬 공진회로의 선택도 Q 값은 얼마인가?

① 25 ② 45 ③ 65 ④ 85

해설 $Q = \dfrac{1}{R}\sqrt{\dfrac{L}{C}} = \dfrac{1}{2}\sqrt{\dfrac{10\times10^{-3}}{4\times10^{-6}}} = 25$

42 $R = 100[\Omega]$, $L = \dfrac{1}{\pi}[H]$, $C = \dfrac{100}{4\pi}[pF]$ 가 직렬로 연결되어 공진할 경우 이 공진회로의 전압확대율 Q는?

① 2×10^3 ② 2×10^4 ③ 3×10^3 ④ 3×10^4

해설 직렬 공진회로의 전압 확대비

$$Q = \dfrac{1}{R}\sqrt{\dfrac{L}{C}} = \dfrac{1}{100}\sqrt{\dfrac{\dfrac{1}{\pi}}{\dfrac{100}{4\pi}\times10^{-12}}} = \dfrac{1}{100}\sqrt{4\times10^{10}} = 2\times10^3$$

43 어떤 소자가 60[Hz]에서 리액턴스 값이 10[Ω]이었다. 이 소자를 인덕터 또는 커패시터라 할 때, 인덕턴스[mH]와 정전용량[μF]은 각각 얼마인가?

① 26.53[mH], 295.37[μF] ② 18.37[mH], 265.25[μF]
③ 18.37[mH], 295.37[μF] ④ 26.53[mH], 265.25[μF]

해설 유도성 리액턴스 $X_L = 2\pi fL[\Omega]$ 이므로

$$L = \dfrac{X_L}{2\pi f} = \dfrac{10}{2\pi\times60} = 26.53\times10^{-3}[\mathrm{H}] = 26.53[\mathrm{mH}]$$

용량성 리액턴스는 $X_C = \dfrac{1}{2\pi fC}[\Omega]$ 이므로

$$C = \dfrac{1}{2\pi fX_C} = \dfrac{1}{2\pi\times60\times10} = 265.25\times10^{-6}[\mathrm{F}] = 265.25[\mu\mathrm{F}]$$

정답 **40.**④ **41.**① **42.**① **43.**④

44 다음과 같은 회로에서 입력전압의 실효치가 12[V]의 정현파일 때 전 전류 I[A] 는?

① $3 - j4$[A]

② $3 + j4$[A]

③ $4 - j3$[A]

④ $6 + j10$[A]

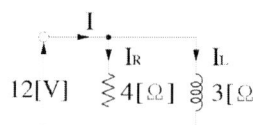

해설 각 소자에 흐르는 전류

$$I_R = \frac{V}{R} = \frac{12}{4} = 3[\text{A}], \quad \dot{I}_L = -j\frac{V}{X_L} = -j\frac{12}{3} = -j4[\text{A}]$$

그러므로 복소수로 합성한 전류는 $\dot{I} = 3 - j4[\text{A}]$

45 그림과 같은 회로에서 전원에 흘러 들어오는 전류 I[A]는?

① 7

② 10

③ 13

④ 17

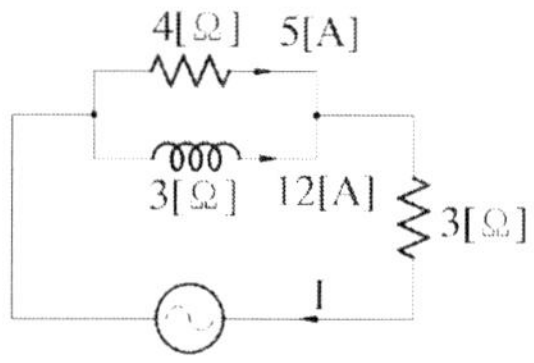

해설 L에 흐르는 전류는 위상이 90°뒤진 전류가 흐르므로 $\dot{I} = I_R - jI_L = 5 - j12[\text{A}]$

전류의 절대값 $I = \sqrt{5^2 + 12^2} = 13[\text{A}]$

46 그림과 같은 회로에서 유도성 리액턴스 X_L의 값[Ω]은?

① 8

② 6

③ 4

④ 1

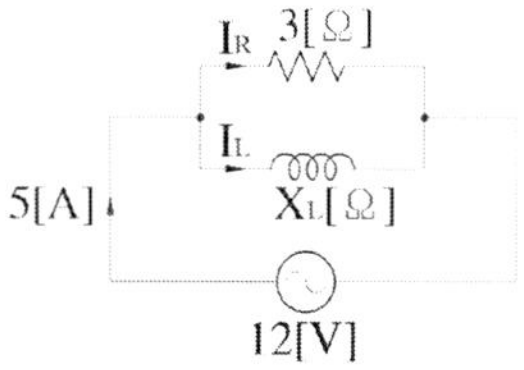

해설 R에 흐르는 전류 $I_R = \frac{V}{R} = \frac{12}{3} = 4[\text{A}]$

전체 전류 $I = 5[\text{A}] = \sqrt{{I_R}^2 + {I_L}^2} = \sqrt{4^2 + {I_L}^2}[\text{A}]$ 이므로

$I_L = \sqrt{5^2 - 4^2} = \sqrt{9} = 3[\text{A}] = \frac{V}{X_L}$

유도성 리액턴스 $X_L = \frac{V}{I_L} = \frac{12}{3} = 4[\Omega]$

정답 **44.**① **45.**③ **46.**③

47 저항 30[Ω], 유도성 리액턴스 40[Ω]의 병렬회로에 120[V]의 정현파 교류 전압을 가할 때 전체 전류는?

① 3[A]　　　　　　② 4[A]　　　　　　③ 5[A]　　　　　　④ 6[A]

 해설　$I_R = \dfrac{V}{R} = \dfrac{120}{30} = 4[\text{A}]$, $\dot{I}_L = -j\dfrac{V}{X_L} = -j\dfrac{120}{40} = -j3[\text{A}]$

합성전류 $\dot{I} = 4 - j3[\text{A}]$ 이므로 절대값 $I = \sqrt{4^2 + 3^2} = 5[\text{A}]$

48 저항 4[Ω]과 유도 리액턴스 X_L[Ω]이 병렬로 접속된 회로에 12[V]의 교류전압을 가하니 5[A]의 전류가 흘렀다. 이 회로의 X_L[Ω]은?

① 8　　　　　　② 6　　　　　　③ 3　　　　　　④ 1

해설　전체 전류 $\dot{I} = I_R - jI_L[\text{A}]$

$I_R = \dfrac{V}{R} = \dfrac{12}{4} = 3[\text{A}]$

전체전류 $I = \sqrt{I_R^2 + I_L^2}[\text{A}]$ 이므로 $I_L = \sqrt{I^2 - I_R^2} = \sqrt{5^2 - 3^2} = 4[\text{A}]$

병렬회로는 전압이 일정하므로 $V = V_L = I_L \times X_L = 12[\text{V}]$

$X_L = \dfrac{12}{I_L} = \dfrac{12}{4} = 3[\Omega]$

49 그림과 같이 저항 R = 3[Ω]과 용량 리액턴스 $\dfrac{1}{\omega C} = 4[\Omega]$인 콘덴서가 병렬로 연결된 회로에 100[V]의 교류 전압을 인가할 때, 합성 임피던스 Z[Ω]는?

① 1.2
② 1.8
③ 2.2
④ 2.4

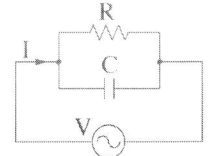

해설　저항 R = 3[Ω]과 용량성 리액턴스 $X_C = \dfrac{1}{\omega C} = 4[\Omega]$ 의 병렬 회로이므로

$Z = \dfrac{1}{Y} = \dfrac{R \cdot X_C}{\sqrt{R^2 + X_C^2}} = \dfrac{3 \times 4}{\sqrt{3^2 + 4^2}} = \dfrac{12}{5} = 2.4[\Omega]$

정답　**47.**③　**48.**③　**49.**④

50 전압 $e_s(t) = 3_e{}^{-5t}[V]$인 경우 그림과 같은 회로의 임피던스는?

① $\dfrac{j\omega RC}{1 + j\omega RC}$
② $\dfrac{1}{1 + RC}$

③ $\dfrac{R}{1 - 5RC}$
④ $\dfrac{1 + j\omega RC}{R}$

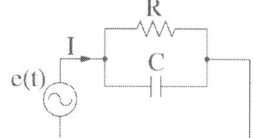

해설 합성 어드미턴스 $Y = \dfrac{1}{R} + j\omega C = \dfrac{1}{R}(1 + j\omega CR)[\mho]$

합성 임피던스 $\dot{Z} = \dfrac{1}{\dot{Y}} = \dfrac{1}{\dfrac{1}{R}(1 + j\omega CR)} = \dfrac{R}{1 + j\omega CR}[\Omega]$

$e(t) = 3e^{-5t}[V]$ 에서 $j\omega = -5$ 이므로

임피던스 $\dot{Z} = \dfrac{R}{1 - 5RC}$

51 저항 8[Ω]과 용량 리액턴스 X_c[Ω]가 직렬로 접속된 회로에 100[V], 60[Hz]의 교류를 가하니 10[A]의 전류가 흐른다면 이 때 X_c의 값 [Ω]은?

① 10
② 8
③ 6
④ 4

해설 전류 $I = \dfrac{V}{Z}[A]$ 이므로 $Z = \dfrac{V}{I} = \dfrac{100}{10} = 10[\Omega]$

$Z = 10 = \sqrt{8^2 + X_c{}^2}[\Omega]$ 에서 $X_c = \sqrt{10^2 - 8^2} = 6[\Omega]$

52 어떤 회로에 100 + j20[V]인 전압을 가할 때 4 + j3[A]의 전류가 흐른다면 이 회로의 임피던스[Ω]는 ?

① $18.4 - j8.8[\Omega]$
② $27.3 - j15.2[\Omega]$

③ $48.6 + j31.4[\Omega]$
④ $65.7 - j54.3[\Omega]$

해설 $\dot{Z} = \dfrac{\dot{V}}{\dot{I}} = \dfrac{100 + j20}{4 + j3} = \dfrac{(100 + j20)(4 - j3)}{(4 + j3)(4 - j3)}$

$= \dfrac{460 - j220}{4^2 + 3^2} = 18.4 - j8.8[\Omega]$

53 어떤 R − L − C 병렬 회로가 공진되었을 때 합성 전류는?

① 최소가 된다. ② 최대가 된다.
③ 전류는 흐르지 않는다. ④ 전류는 무한대가 된다.

해설 합성 어드미턴스 $\dot{Y} = \frac{1}{R} + j(\omega C - \frac{1}{\omega L})[℧]$ 에서

공진 조건 $\omega L = \frac{1}{\omega C}$ 를 대입하면 $\dot{Y} = \frac{1}{R}$이 이 최소이므로

전류 $I = YV = \frac{1}{R}V$ 도 최소가 된다.

54 그림과 같은 회로에 교류전압 E = 100 ∠ 0°[V]를 인가할 때 전전류 I[A] 는 몇 [A]인가?

① 6 + j28
② 6 − j28
③ 28 + j6
④ 28 − j6

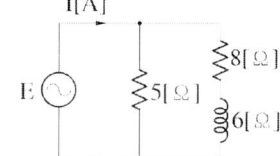

해설 병렬 연결 시 공급전압은 동일하므로

5[Ω] 저항에 회로에 흐르는 전류 $I_R = \frac{V}{R} = \frac{100}{5} = 20[A]$

R − L 직렬 회로에 흐르는 전류 $\dot{I}_{RL} = \frac{\dot{E}}{\dot{Z}} = \frac{100}{8+j6} = 8 - j6[A]$

그러므로 전전류는 $\dot{I} = I_R + \dot{I}_{RL} = 20 + 8 - j6 = 28 - j6[A]$

55 그림과 같은 회로에 교류 전압을 인가하여 I가 최소로 될 때, 리액턴스 X_c의 값은 약 몇[Ω]인가?

① 11.5
② 12.5
③ 13.5
④ 14.5

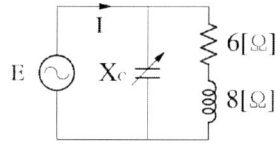

해설 전류 I가 최소가 될 조건은 합성 어드미턴스 Y가 최소가 되어야 하므로
위 회로가 병렬공진 조건을 만족하면 된다. 따라서 49번 결과에 의하여

공진 조건 $\omega C = \frac{\omega L}{R^2 + (\omega L)^2}$ 에서

용량성 리액턴스 $X_C = \frac{1}{\omega C} = \frac{R^2 + (\omega L)^2}{\omega L} = \frac{6^2 + 8^2}{8} = 12.5[\Omega]$

정답 53.① 54.④ 55.②

CHAPTER 03

56 그림과 같은 회로의 공진 시 어드미턴스는?

① $\dfrac{CR}{L}$ ② $\dfrac{L}{CR}$

③ $\dfrac{CL}{R}$ ④ $\dfrac{LR}{C}$

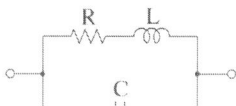

해설 합성어드미턴스 $\dot{Y} = \dot{Y_1} + \dot{Y_2} = \dfrac{1}{R + j\omega L} + j\omega C$

$$= \dfrac{R - j\omega L}{R^2 + (\omega L)^2} + j\omega C = \dfrac{R}{R^2 + (\omega L)^2} + j\left(\omega C - \dfrac{\omega L}{R^2 + (\omega L)^2}\right)$$

• 공진 조건 $\omega C = \dfrac{\omega L}{R^2 + (\omega L)^2} \Rightarrow R^2 + (\omega L)^2 = \dfrac{\omega L}{\omega C} = \dfrac{L}{C}$

• 공진시 어드미턴스 $Y = \dfrac{R}{R^2 + (\omega L)^2} = \dfrac{RC}{L}$

Chapter 04

교류전력

1. 교류전력

(1) 각 소자에 따른 교류전력의 분류

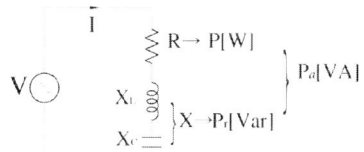

- 저항 : 유효전력, 소비전력 P[W]
- 리액턴스 : 무효전력 P_r[Var]
- 임피던스 : 피상전력, 겉보기전력 P_a[Var]

⇨ 임피던스와 교류전력 벡터도

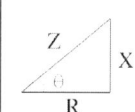 • 저항 R = Zcosθ • 리액턴스 X = Zsinθ [임피던스 벡터도]	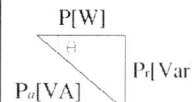 • 유효전력 P = $P_a$cosθ • 무효전력 P_r = $P_a$sinθ [교류전력 벡터도]

(2) 피상전력(겉보기전력, apparent power)

전체 부하에 인가되는 전압과 전류의 곱으로 전체 임피던스 Z에서 소비되는 전력으로 겉으로 보이는 전력이라 하여 겉보기 전력이라 한다.

$$P_a = VI = I^2 Z = \frac{V^2}{Z} = \frac{P}{\cos\theta} = \frac{P_r}{\sin\theta} = \sqrt{P^2 + P_r^2}\,[\text{VA}]$$

(3) 유효전력(active power)

실제 부하인 저항 R에서 발생하는 전력으로 부하에 유효하게 작용하는 전력이므로 유효 전력 또는 소비전력이라 한다.

$$P = P_a\cos\theta = VI\cos\theta = I^2 R = \frac{V^2}{R}\,[\text{W}]$$

(4) 무효전력(reactive power)

실제 이용하지 못하는 리액턴스에서 발생하는 전력으로 실제 부하가 아니므로 무효분으로 취급하여 무효전력이라 한다.

$$P_r = P_a \sin\theta = VI\sin\theta = I^2 X = \frac{V^2}{X}[\mathrm{Var}]$$

(5) 역률과 무효율

① 역률 (力率, Power Factor : PF) : 피상전력에 대한 유효전력의 비율

$$\cos\theta = \frac{P}{P_a} = \frac{R}{Z}$$

② 무효율 (無效率, Reactive Factor) : 피상전력에 대한 무효전력의 비율

$$\sin\theta = \frac{P_r}{P_a} = \frac{X}{Z}$$

【정리】교류전력 핵심정리

교류전력	계산식		
피상전력	$P_a = VI = \dfrac{P}{\cos\theta} = \dfrac{P_r}{\sin\theta}[\mathrm{VA}]$		
유효전력	$P = P_a\cos\theta = VI\cos\theta = I^2 R = \dfrac{V^2}{R}[\mathrm{W}]$		
무효전력	$P_r = P_a\sin\theta = VI\sin\theta = I^2 X = \dfrac{V^2}{X}[\mathrm{Var}]$		
역률	$\cos\theta = \dfrac{P}{P_a}$	무효율	$\sin\theta = \dfrac{P_r}{P_a}$

예제 1) 역률 80[%], 유효 전력 80[W] 일 때 무효 전력[kVar]은 얼마인가?

① 20　　　　　　② 40　　　　　　③ 60　　　　　　④ 80

해설 피상전력 $P_a = \dfrac{P}{\cos\theta} = \dfrac{80}{0.8} = 100[\mathrm{kVA}]$ 이고

역률 $\cos\theta = 0.8$ 이면 $\sin\theta = \sqrt{1-0.8^2} = 0.6$ 이므로

무효전력 $P_r = P_a\sin\theta = 100 \times 0.6 = 60[\mathrm{kVar}]$

정답 ③

예제 2) 어떤 임의의 부하에 교류전압 $e = 100\sin\left(100\pi t + \dfrac{\pi}{2}\right)[\mathrm{V}]$ 의 전압을 가하니 전류 $i = 10\cos\left(100\pi t - \dfrac{\pi}{3}\right)[\mathrm{A}]$ 가 흘렀다. 이 부하의 소비전력은 몇 [W]인가?

① 250　　　　　　② 433　　　　　　③ 500　　　　　　④ 866

해설 전압과 전류의 파형이 다르므로 전류의 파형을 sin파형으로 일치시키면

$$i(t) = 10\cos\left(100\pi t - \frac{\pi}{3}\right) = 10\sin\left(100\pi t - \frac{\pi}{3} + \frac{\pi}{2}\right) = 10\sin\left(100\pi t + \frac{\pi}{6}\right)[\mathrm{A}]$$

따라서, 전압과 전류의 위상차 $\theta = \dfrac{\pi}{2} - \dfrac{\pi}{6} = \dfrac{\pi}{3} = 60°$

유효전력 $P = VI\cos\theta = \dfrac{100}{\sqrt{2}} \times \dfrac{10}{\sqrt{2}} \times \cos 60° = 250[\mathrm{W}]$

무효전력 $P = VI\sin\theta = \dfrac{100}{\sqrt{2}} \times \dfrac{10}{\sqrt{2}} \times \sin 60° = 250\sqrt{3}[\mathrm{Var}]$

정답 ①

2. 복소전력

교류 전압과 전류가 복소수로 주어진 경우 피상전력을 복소수로 계산하는 방법으로서 전압 공액 복소수×전류 복소수의 곱(또는 전압복소수×전류 공액복소수)하여 실수부가 유효전력, 허수부가 무효전력의 크기가 된다.

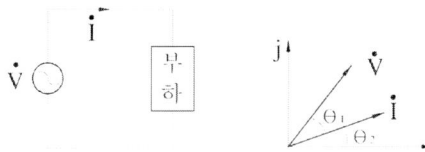

전압 복소수 : $\dot{V} = V\cos\theta_1 + jV\sin\theta_1[\mathrm{V}]$

전류 복소수 : $\dot{I} = I\cos\theta_2 + jI\sin\theta_2[\mathrm{A}]$

전압과 전류 간 위상차 : $\theta = \theta_1 - \theta_2$

$\dot{P}_a = \overline{\dot{V}} \times \dot{I} = (V\cos\theta_1 - jV\sin\theta_1)(I\cos\theta_2 + jI\sin\theta_2)$

$\quad = (VI\cos\theta_1\cos\theta_2 + VI\sin\theta_1\sin\theta_2) - j(VI\sin\theta_1\cos\theta_2 - VI\cos\theta_1\sin\theta_2)$

$\quad = P - jP_r[\mathrm{VA}]$

즉, 실수부는 유효전력, 허수부는 무효전력을 나타낸다.

※ $\dot{P}_a = \overline{\dot{V}} \times \dot{I} = \dot{V} \times \overline{\dot{I}} = P \pm jP_r[\mathrm{VA}]$ (전류를 공액복소수를 취하여 계산하면 무효전력의 부호만 바뀌고 크기는 같으므로 이 방법으로 계산하여도 결과는 같다.)

【보기】 복소전력 적용 예

어떤 부하에 $\dot{V} = 100 \angle 60°[\mathrm{V}]$ 를 인가하였더니 전류 $\dot{I} = 10 \angle 30°[\mathrm{A}]$ 가

흘렀다. 이 부하에서 발생하는 피상전력, 유효전력, 무효전력을 복소전력으로 구하시오.

【해설】

① 전압과 전류 식에서 유효전력, 무효전력을 구하면

- 유효전력 $P = VI\cos\theta = 100 \times 10 \times \cos30° = 500\sqrt{3}\,[\mathrm{W}]$
- 무효전력 $P_r = VI\sin\theta = 100 \times 10 \times \sin30° = 500\,[\mathrm{Var}]$
- 피상전력 $P_a = VI = 100 \times 10 = 1000\,[\mathrm{VA}]$

② 전압과 전류를 실효값 크기와 위상을 적용하여 복소수로 표현하면

- 전압 $\dot{V} = 100\angle60° = 100\cos60° + j100\sin60° = 50 + j50\sqrt{3}\,[\mathrm{V}]$
- 전류 $\dot{I} = 10\angle30° = 10\cos30° + j10\sin30° = 5\sqrt{3} + j5\,[\mathrm{A}]$
- 피상전력 $\dot{P}_a = \overline{\dot{V}} \times \dot{I} = (50 - j50\sqrt{3})(5\sqrt{3} + j5) = 500\sqrt{3} - j500\,[\mathrm{VA}]$

【정리】 복소전력

$$\dot{P}_a = \overline{\dot{V}} \times \dot{I} = P - jP_r\,[\mathrm{VA}]$$

$$\dot{P}_a = \dot{V} \times \overline{\dot{I}} = P + jP_r\,[\mathrm{VA}]$$

예제 3) 어떤 부하에 V = 80 + j60[V] 전압을 가하여 I = 4 + j2[A]의 전류가 흘렀을 경우, 이 부하의 역률과 무효율은?

    ① 0.8, 0.6   ② 0.894, 0.448

    ③ 0.916, 0.401   ④ 0.984, 0.178

해설 $\dot{P}_a = \overline{\dot{V}}\,\dot{I} = (80 - j60)(4 + j2) = 440 - j80\,[\mathrm{VA}]$ 이므로

$P_a = \sqrt{440^2 + 80^2} = 447\,[\mathrm{VA}]$, $P = 440\,[\mathrm{W}]$, $P_r = 80\,[\mathrm{Var}]$

$\cos\theta = \dfrac{440}{447} = 0.984$, $\sin\theta = \dfrac{80}{447} = 0.178$

정답 ④

3. 최대 전력 전달 조건

전원의 전압과 내부저항이 정해진 상태에서 부하의 크기를 얼마로 결정해야 부하에서 발생하는 전력이 최대가 되는지를 결정하는 조건

(1) 직류회로

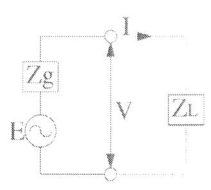

$$I = \frac{E}{r+R} \ [\text{A}]$$

$$P = I^2 R = \frac{E^2 R}{(r+R)^2} [\text{W}]$$

최대값을 갖기위한 R 조건 $\dfrac{d}{dR}P = E^2 \left[\dfrac{(r+R)^2 - (r \cdot R)}{(r+R)^4} \right] = 0$

$E^2 \left[(r+R)^2 - 2R(r+R) \right] = 0$ 이므로

$r_2 = R_2$ 에서 $r = R$

① 최대전력 전달조건 : $r = R$

② 최대전력 : $P_{\max} = \dfrac{E^2}{4r} = \dfrac{E^2}{4R}[\text{W}]$

(2) 교류회로

- 발전기 내부 임피던스 : $\dot{Z}_g = r + jx \,[\Omega]$
- 부하 임피던스 : $Z_L = \dot{R} + jX \,[\Omega]$
- $\dot{I} = \dfrac{\dot{E}}{\dot{Z}_g + \dot{Z}_L} = \dfrac{\dot{E}}{(r+R) + j(x+X)}$ 에서

  전류 크기 : $I = \dfrac{E}{\sqrt{(r+R)^2 + (x+X)^2}}[\text{A}]$ 이므로

전력 $P = I^2 R = \dfrac{E^2 R}{(r+R)^2 + (x+X)^2} = \dfrac{E^2}{\dfrac{(r+R)^2}{R} + \dfrac{(x+X)^2}{R}} \ [\text{W}]$

최대 전력전달 조건 = 분모의 최소 조건

$x = -X, \ \dfrac{d}{dR}\dfrac{(r+R)^2}{R} = 0$ 에서 $r = R[\Omega]$

① 최대전력 전달조건 : $\dot{Z}_L = \overline{\dot{Z}_g} = r - jx \,[\Omega]$

② 최대전력 : $P_{\max} = \dfrac{E^2}{4r} = \dfrac{E^2}{4R}[\text{W}]$

【정리】최대전력전달조건

전원	조건	최대전력
직류	$R = r\,[\Omega]$	$P_{\max} = \dfrac{E^2}{4r} = \dfrac{E^2}{4R}[\text{W}]$
교류	$\dot{Z}_L = \overline{\dot{Z}_g}\,[\Omega]$	

예제 4) 기전력 E, 내부저항 r 인 전원으로부터 부하저항 R_L에 최대 전력을 공급하기 위한 조건과 그때의 최대전력 P_m 은?

① $R_L = r$, $P_m = \dfrac{E^2}{4r}$ ② $R_L = r$, $P_m = \dfrac{E^2}{3r}$

③ $R_L = 2r$, $P_m = \dfrac{E^2}{4r}$ ④ $R_L = 2r$, $P_m = \dfrac{E^2}{3r}$

해설 최대전력전달조건 $R_L = r [\Omega]$, 최대전력 $P_m = \dfrac{E^2}{4r} [\mathrm{W}]$

정답 ①

4. 교류전력 측정

(1) 전압계법

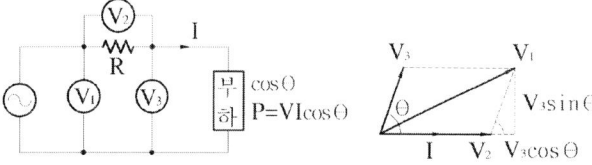

$$V_1^2 = V_2^2 + V_3^2 + 2 V_2 V_3 \cos\theta \;\rightarrow\; V_1^2 - V_2^2 - V_3^2 = 2 V_2 V_3 \cos\theta$$

$$\cos\theta = \frac{V_1^2 - V_2^2 - V_3^2}{2 V_2 V_3}$$

$$P = V_3 I \cos\theta = V_3 \times \frac{V_2}{R} \times \frac{V_1^2 - V_2^2 - V_3^2}{2 V_2 V_3} = \frac{1}{2R}(V_1^2 - V_2^2 - V_3^2)[\mathrm{W}]$$

① 유효전력 : $P = \dfrac{1}{2R}(V_1^2 - V_2^2 - V_3^2)[\mathrm{W}]$

② 역률 : $\cos\theta = \dfrac{V_1^2 - V_2^2 - V_3^2}{2 V_2 V_3}$

(2) 전류계법

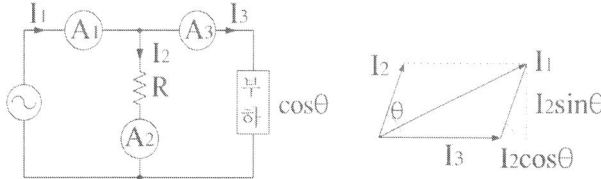

$$I_1{}^2 = I_2{}^2 + I_3{}^2 + 2I_2I_3\cos\theta \;\rightarrow\; I_1{}^2 - I_2{}^2 - I_3{}^2 = 2I_2I_3\cos\theta$$

$$\cos\theta = \frac{I_1{}^2 - I_2{}^2 - I_3{}^3}{2I_2I_3}$$

$$P = VI_3\cos\theta = RI_2I_3\frac{I_1{}^2 - I_2{}^2 - I_3{}^2}{2I_2I_3} = \frac{R}{2}(I_1{}^2 - I_2{}^2 - I_3{}^2)[\mathrm{W}]$$

① 유효전력 : $P = \dfrac{R}{2}(I_1{}^2 - I_2{}^2 - I_3{}^2)[\mathrm{W}]$

② 역률 : $\cos\theta = \dfrac{I_1{}^2 - I_2{}^2 - I_3{}^2}{2I_2I_3}$

예제 5) 그림과 같이 부하와 저항 R을 병렬로 접속하여 100[V]의 교류 전압을 인가할 때 각 지로에 흐르는 전류가 그림과 같을 때 부하의 소비 전력은 몇[W]인가?

① 400

② 500

③ 600

④ 700

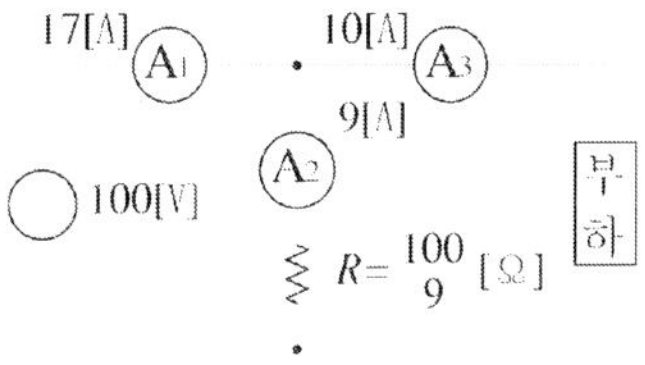

해설 3전류계법: 전류계 3개와 외부저항 1개로 소비전력을 측정하는 방법

$$P = \frac{R}{2}(I_1{}^2 - I_2{}^2 - I_3{}^2) = \frac{\frac{100}{9}}{2}(17^2 - 10^2 - 9^2) = 600[\mathrm{W}]$$

정답 ③

출제예상핵심문제

57 정격전압에서 1[kW]의 전력을 소비하는 저항에 정격의 80% 전압을 가할 때의 전력[W]은?

① 320   ② 540   ③ 640   ④ 860

해설 소비전력 적용할 식은 $P = \dfrac{V^2}{R}[\mathrm{W}]$ 이며 저항은 일정하며 전압만 바뀌었으므로 $P \propto V^2$ 관계이다.

그러므로 전력 $P' = n^2 P = 0.8^2 \times 1000 = 640[\mathrm{W}]$

58 어떤 소자에 걸리는 전압이 $e = 100\sqrt{2}\cos\left(314t - \dfrac{\pi}{6}\right)[\mathrm{V}]$ 이고,

흐르는 전류가 $i = 3\sqrt{2}\cos\left(314t + \dfrac{\pi}{6}\right)[\mathrm{A}]$ 일 때 소비되는 전력[W]은?

① 100   ② 150   ③ 250   ④ 300

해설 전압과 전류의 위상차는 $\theta = \dfrac{\pi}{6} - \left(-\dfrac{\pi}{6}\right) = \dfrac{\pi}{3}[\mathrm{rad}] = 60°$

$P = VI\cos\theta = 100 \times 3 \times \cos 60° = 150[\mathrm{W}]$

$\left(V,\ I :$ 전압, 전류의 실효값 $= \dfrac{최대값}{\sqrt{2}}\right)$

59 어떤 부하에 $100\sin\left(100\pi t + \dfrac{\pi}{6}\right)[\mathrm{V}]$ 의 전압을 가했을 때 흐르는 전류가

$10\cos\left(100\pi t - \dfrac{\pi}{3}\right)[\mathrm{A}]$ 이었다면 이 부하의 소비전력[W]은?

① 250   ② 433   ③ 500   ④ 866

해설 전류는 전압과 파형이 다르므로 cos 파형을 sin 파형으로 바꾸면

$i(t) = 10\cos\left(100\pi t - \dfrac{\pi}{3}\right) = 10\sin(100\pi t - 60° + 90°) = 10\sin(100\pi t + 30°)[\mathrm{A}]$

$P = \dfrac{1}{2} \times 100 \times 10 \times \cos 0° = 500[\mathrm{W}]$

정답   **57.**③   **58.**②   **59.**③

60 그림과 같은 회로가 있다. I = 10[A], G = 4[℧], G_L = 6[℧]일 때 G_L 에서 소비되는 전력[W]은?

① 100

② 10

③ 4

④ 6

해설 컨덕턴스에 분배되는 전류는 비례 분배되므로

G_L 에 분배되는 전류 $I_{G_L} = \dfrac{G_L}{G + G_L} \times I = \dfrac{6}{4+6} \times 10 = 6[A]$

소비전력 $P = I^2 R = \dfrac{I^2}{G_L} = \dfrac{6^2}{6} = 6[W]$

61 어느 회로의 전압과 전류의 실효값이 각각 50[V], 10[A]이고 역률이 0.8이다. 무효전력[Var]은?

① 250　　② 300　　③ 360　　④ 450

해설 $\sin^2\theta + \cos^2\theta = 1$ 이므로

역률 $\cos\theta = 0.8$ 이면 $\sin\theta = \sqrt{1 - \cos^2\theta} = 0.6$

무효전력 $P_r = VI\sin\theta = 50 \times 10 \times 0.6 = 300[Var]$

62 전압 200[V], 전류 30[A]로 4.8[kW]의 전력을 소비하는 교류 부하의 리액턴스 [Ω]는?

① 6.6　　② 5.3　　③ 4.0　　④ 3.3

해설 피상전력 $P_a = VI = 200 \times 30 = 6000[VA]$

유효전력 $P = VI\cos\theta = 4800[W]$

무효전력 $P_r = I^2 X = \sqrt{P_a^2 - P^2} = \sqrt{6000^2 - 4800^2} = 3600[Var]$ 이므로

유도성 리액턴스 $X = \dfrac{P_r}{I^2} = \dfrac{3600}{30^2} = 4[\Omega]$

정답　**60.**④　**61.**②　**62.**③

63 R = 40[Ω], L = 80[mH]인 코일에 100[V], 60[Hz]의 전압을 가할 때에 소비되는 전력[W]는?

① 200　　　　　　② 160　　　　　　③ 120　　　　　　④ 100

해설 유도성 리액턴스 $X_L = \omega L = 2\pi \times 60 \times 80 \times 10^{-3} = 30[\Omega]$ 이므로

임피던스 $\dot{Z} = 40 + j30 = \sqrt{40^2 + 30^2} = 50[\Omega]$

전류 $I = \dfrac{V}{Z} = \dfrac{100}{50} = 2[A]$

소비전력 $P = I^2 R = 2^2 \times 40 = 160[W]$

64 어떤 회로의 유효전력이 300[W], 무효전력이 400[Var]이다. 이 회로의 복소전력의 크기[VA]는?

① 350　　　　　　② 500　　　　　　③ 600　　　　　　④ 700

해설 복소(피상)전력의 크기

$$P_a = \sqrt{P^2 + P_r^{\,2}} = \sqrt{300^2 + 400^2} = 500[VA]$$

65 어떤 회로에 전압을 115[V] 인가하였더니 유효전력이 230[W], 무효전력이 345[Var]를 지시한다면 회로에 흐르는 전류는 약 몇 [A] 인가?

① 2.5　　　　　　② 5.6　　　　　　③ 3.6　　　　　　④ 4.5

해설 피상전력 $P_a = VI = \sqrt{P^2 + P_r^{\,2}} = \sqrt{230^2 + 345^2} = 414.64[VA]$

전류 $I = \dfrac{P_a}{V} = \dfrac{414.64}{115} = 3.6[A]$

66 22[kVA]의 부하가 0.8의 역률로 운전될 때 이 부하의 무효전력[kVar]은?

① 11.5　　　　　　② 12.3　　　　　　③ 13.2　　　　　　④ 14.5

해설 역률 $\cos\theta = 0.8$ 이면 무효율 $\sin\theta = \sqrt{1 - 0.8^2} = 0.6$

무효전력 $P_r = P_a \sin\theta = 22 \times 0.6 = 13.2[kVar]$

67 저항 40[Ω], 임피던스 50[Ω]의 직렬 유도 부하에서 100[V]가 인가될 때 소비되는 무효 전력 [Var]은?

① 120　　　　　　② 160　　　　　　③ 200　　　　　　④ 250

해설　전류 $I = \dfrac{V}{Z} = \dfrac{100}{50} = 2[\mathrm{A}]$

　　　무효전력 $P_r = I^2 X = 2^2 \times 30 = 120[\mathrm{Var}]$

68 $\dot{V} = 100 + j30[\mathrm{V}]$의 전압을 가하니 $\dot{I} = 16 + j3[\mathrm{A}]$의 전류가 흘렀다. 이 회로에서 소비되는 유효 전력 [W] 및 무효 전력[Var]은 각각 얼마인가?

① 1690, 180　　　　② 1510, 780　　　　③ 1510, 180　　　　④ 1690, 780

해설　복소전력 $P_a = \overline{\dot{V}}\,\dot{I} = (100 - j30)(16 + j3) = 1690 - j180[\mathrm{VA}]$

　　　유효전력 1690[W], 무효전력 180[Var]

69 $V = 50\sqrt{3} - j50(\mathrm{V})$, $I = 15\sqrt{3} + j15(\mathrm{A})$ 일 때 유효전력 P(W)와 무효전력 Q(var)는 각각 얼마인가?

① $P = 3000,\ Q = -1500$　　　　　　② $P = 1500,\ Q = -1500\sqrt{3}$

③ $P = 750,\ Q = -750\sqrt{3}$　　　　　④ $P = 2250,\ Q = -1500\sqrt{3}$

해설　복소전력 $P_a = \overline{\dot{V}} \times \dot{I} = \dot{V} \times \overline{\dot{I}}\,[\mathrm{VA}] = (50\sqrt{3} - j50)(15\sqrt{3} - j15)$

　　　　　　$= 1500 - j1500\sqrt{3}\,[\mathrm{VA}]$

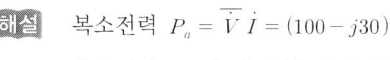

70 RL 병렬회로에 양단에 $e = E_m \sin(\omega t + \theta)[\mathrm{V}]$의 전압이 가해졌을 때 소비되는 유효전력[W]은?

① $\dfrac{E_m^2}{2R}$　　　　　② $\dfrac{E_m^2}{\sqrt{2}\,R}$　　　　　③ $\dfrac{E_m}{2R}$　　　　　④ $\dfrac{E_m}{\sqrt{2}\,R}$

해설　유효전력 $P = \dfrac{V^2}{R} = \dfrac{\left(\dfrac{E_m}{\sqrt{2}}\right)^2}{R} = \dfrac{E_m^{\,2}}{2R}[\mathrm{W}]$

정답　**67.**① **68.**① **69.**② **70.**①

71 다음 회로에서 부하 R_L에 최대 전력이 공급될 때의 전력 값이 5[W]라고 할 때 $R_L + R_i$의 값은 몇 [Ω]인가? (단, R1는 전원의 내부저항이다.)

① 5
② 10
③ 15
④ 20

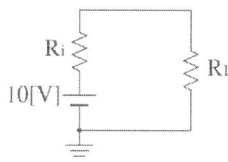

해설 최대전력전달조건 $R_i = R_L[\Omega]$ 이고

최대전력은 $P_m = \dfrac{V^2}{4R_L}$[W] 이므로 $R_L = \dfrac{V^2}{4P} = \dfrac{10^2}{4 \times 5} = 5[\Omega]$

그러므로 $R_i + R_L = 5 + 5 = 10[\Omega]$

72 내부 임피던스가 0.3 + j2[Ω]인 발전기에 임피던스가 1.1 + j3[Ω]인 선로를 연결하여 어떤 부하에 전력을 공급하고 있다. 이 부하의 임피던스가 몇 [Ω]일 때 발전기로부터 부하로 전달되는 전력이 최대가 되는가?

① 1.4 − j5
② 1.4 + j5
③ 1.4
④ j5

해설 전체 임피던스 $\dot{Z} = 0.3 + j2 + 1.1 + j3 = 1.4 + j5[\Omega]$

최대전력전달조건 $\dot{Z}_g = \overline{\dot{Z}} = 1.4 - j5[\Omega]$

73 전원의 내부임피던스가 순저항 R과 리액턴스 X로 구성되고 외부에 부하저항 R_L을 연결하여 최대전력을 전달하려면 R_L의 값은?

① $R_L = \sqrt{R^2 + X^2}$
② $R_L = \sqrt{R^2 - X^2}$
③ $R_L = R$
④ $R_L = R + X$

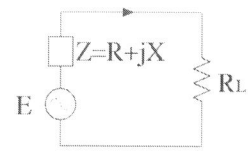

해설 최대전력전달조건 : 부하임피던스 = 내부임피던스 $R_L = \sqrt{R^2 + X^2}$

74 그림과 같은 회로에서 전압계 3개로 단상 전력을 측정하고자 할 때의 유효 전력은?

① $\dfrac{1}{2R}\left(V_3^2 - V_1^2 - V_2^2\right)$

② $\dfrac{1}{2R}\left(V_3^2 - V_1^2\right)$

③ $\dfrac{R}{2}\left(V_3^2 - V_1^2 - V_2^2\right)$

④ $\dfrac{R}{2}\left(V_2^2 - V_1^2 - V_3^2\right)$

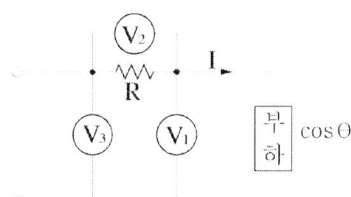

해설 3전압계법: 전압계 3개와 외부저항 1개로 소비전력을 측정하는 방법

$$\dot{V_3} = \dot{V_1} + \dot{V_2} \ , V_2 = IR, \ \cos\theta = \dfrac{V_3^2 - V_1^2 - V_2^2}{2V_1 V_2}$$

$$P = V_1 I \cos\theta = V_1 \times \dfrac{V_2}{R} \times \dfrac{V_3^2 - V_1^2 - V_2^2}{2V_1 V_2}$$

$$= \dfrac{1}{2R}(V_3^2 - V_1^2 - V_2^2)[\text{W}]$$

정답 **74.①**

결합 회로

1. 자기 인덕턴스와 상호 인덕턴스

• 인덕턴스 : 임의의 도선이나 코일에 흐르는 전류에 의해 발생하는 자속 ∅의 발생 정도를 나타내는 계수로서 도선의 재질(투자율), 굵기, 권수 등에 따라 달라진다. 또한 크기가 계속 변화하는 자속 ∅가 코일과 쇄교하는 경우 유도기전력의 크기를 결정하는 비례계수로 작용한다.

(1) 자기 인덕턴스(Self inductance)

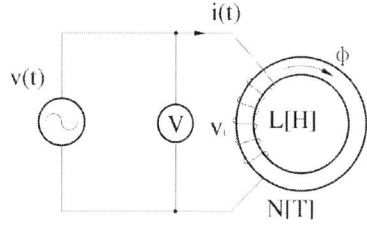

① 코일에서 발생하는 유도기전력

$$v_L = - L\frac{di(t)}{dt} = - N\frac{d\phi}{dt}\,[\mathrm{V}]$$

② L의 계산식 : 유도기전력 계산식에서 LI = NΦ 이므로

$$L = \frac{N\Phi}{I}\,[\mathrm{H}]$$

③ 자기회로의 옴의 법칙

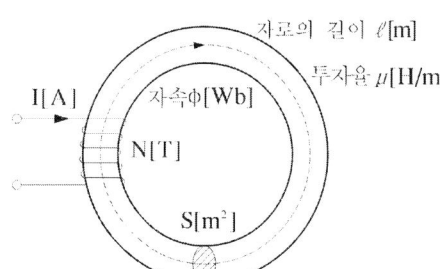

• 기자력 : 자속을 발생시키는 원천

$$F = NI = R\Phi\,[\mathrm{AT}]$$

• 자속

$$\Phi = \frac{NI}{R}\,[\mathrm{Wb}]$$

- 자기저항 $R = \dfrac{\ell}{\mu A} = \dfrac{\ell}{\mu S}$ [AT/Wb]

- 인덕턴스 $L = \dfrac{N\Phi}{I} = \dfrac{N^2}{R} = \dfrac{N^2}{\dfrac{\ell}{\mu S}} = \dfrac{\mu S N^2}{\ell}$[H]]

(2)상호 인덕턴스

자기적으로 결합되어 있는 서로 다른 두 개의 코일에서 임의의 코일에 흐르는 전류에 의해
발생된 자속 Φ가 또 다른 코일을 통과, 쇄교하는 정도를 나타내는 비례 계수

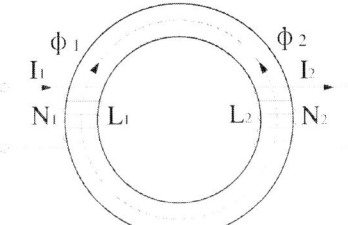

- N_1[T] : 1차 권수
- N_2[T] : 2차 권수
- L_1[H] : 1차코일 자기인덕턴스
- L_2[H] : 2차코일 자기인덕턴스

① 완전결합인 경우 상호 인덕턴스 : $M = \dfrac{N_1 N_2}{R} = \sqrt{L_1 L_2}$[H]

② 누설 자속이 있는 경우 상호 인덕턴스 : $M = k\sqrt{L_1 L_2}$[H]

- k : 자속의 결합 계수
- 누설자속 20[%]인 경우 k = 0.8
- 미결합의 경우 k = 0

2. 인덕턴스 접속 시 합성 인덕턴스

(1) 직렬접속

① 가동결합(가극성) : 두 코일에서 발생한 자속이 서로 합해지는 방향으로 접속한 경우

$$L_{가} = L_1 + L_2 + 2M = L_1 + L_2 + 2k\sqrt{L_1 L_2}\,[\text{H}]$$

② 차동결합 (감극성) : 두 코일에서 발생한 자속이 서로 빼지는 방향으로 접속한 경우

$$L_{\bar{\lambda}} = L_1 + L_2 - 2M = L_1 + L_2 - 2k\sqrt{L_1 L_2}\,[\text{H}]$$

③ 가동, 차동 합성인덕턴스를 이용한 상호인덕턴스 계산

$$L_{\bar{\lambda}} = L_1 + L_2 + 2M\,[\text{H}]$$

$$L_{\bar{\lambda}} = L_1 + L_2 - 2M\,[\text{H}]\ \text{에서}$$

$$M = \frac{L_{\bar{\lambda}} - L_{\bar{\lambda}}}{4}\,[\text{H}]$$

(2) 병렬접속

① 가동 결합 시 등가회로

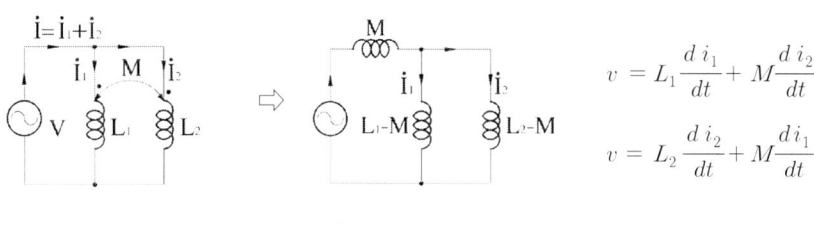

$$v = L_1 \frac{d\,i_1}{dt} + M \frac{d\,i_2}{dt}$$

$$v = L_2 \frac{d\,i_2}{dt} + M \frac{d i_1}{dt}$$

합성 인덕턴스 $L_0 = \dfrac{L_1 L_2 - M^2}{L_1 + L_2 - 2M}\,[\text{H}]$

② 차동결합 시 등가회로

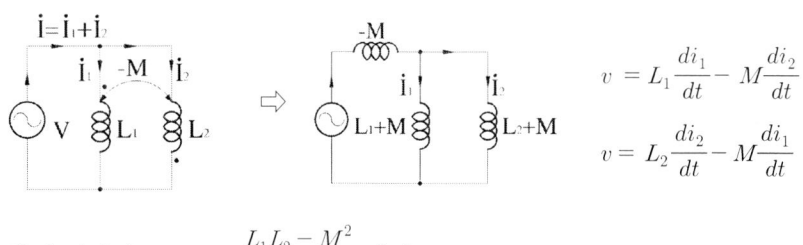

$$v = L_1 \frac{di_1}{dt} - M \frac{di_2}{dt}$$

$$v = L_2 \frac{di_2}{dt} - M \frac{di_1}{dt}$$

합성 인덕턴스 $L_0 = \dfrac{L_1 L_2 - M^2}{L_1 + L_2 + 2M}\,[\text{H}]$

3. 변압기의 T형 등가회로

(1) 가극성

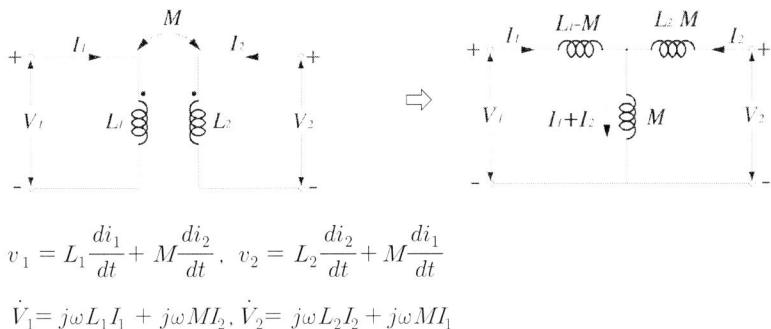

$$v_1 = L_1 \frac{di_1}{dt} + M \frac{di_2}{dt}, \quad v_2 = L_2 \frac{di_2}{dt} + M \frac{di_1}{dt}$$

$$\dot{V_1} = j\omega L_1 I_1 + j\omega M I_2, \quad \dot{V_2} = j\omega L_2 I_2 + j\omega M I_1$$

(2) 감극성

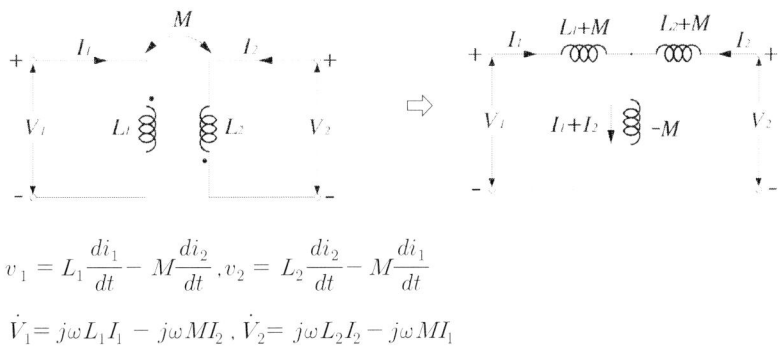

$$v_1 = L_1 \frac{di_1}{dt} - M \frac{di_2}{dt}, \quad v_2 = L_2 \frac{di_2}{dt} - M \frac{di_1}{dt}$$

$$\dot{V_1} = j\omega L_1 I_1 - j\omega M I_2, \quad \dot{V_2} = j\omega L_2 I_2 - j\omega M I_1$$

(3) 이상적인 변압기의 권수비

: 이상적인 변압기 : 누설자속 및 자기포화, 손실이 전혀 없는 변압기

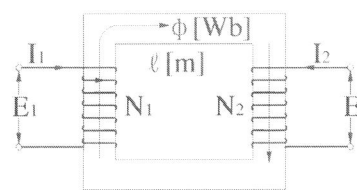

- $N_1[T]$: 1차 권수
- $N_2[T]$: 2차 권수
- $E_1[V]$: 1차코일 유도기전력
- $E_2[V]$: 2차코일 유도기전력

① 변압기 유도기전력 $e = -N \frac{d\phi}{dt} [V]$

② 권수비 $a = \dfrac{N_1}{N_2} = \dfrac{E_1}{E_2} = \dfrac{I_2}{I_1} = \sqrt{\dfrac{Z_1}{Z_2}}$

CHAPTER
05

(1) 휘스톤 브리지회로

그림과 같은 형태의 회로를 휘스톤브리지 회로라 하며 G는 검류계이다. 교류 소자에서 인덕턴스나 정전용량은 저항과 마찬가지로 중요한 회로 정수이며 임피던스 Z_1, Z_2, Z_3, Z_4, 중 한 소자를 가변 값을 취하여 조정하면 검류계의 지시가 0이 될 때가 있는데 『휘스톤 브리지 회로 평형 조건』이라고 한다.

① 검류계에 전류가 흐르지 않을 조건

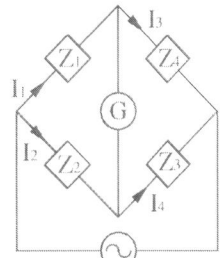

$\dot{I}_1 = \dot{I}_4$, $\dot{I}_2 = \dot{I}_3$ 로부터
$\dot{Z}_1\dot{Z}_3 = \dot{Z}_2\dot{Z}_4$ 이 성립한다.

(2) 캠벨 브리지

캠벨 브리지는 가청 주파수의 측정에 사용되는 주파수 브리지의 일종으로서 그림은 그 회로도이며 인덕턴스를 가변하여 조정한 후 $I_2 = 0$ 일 때 『브리지 회로가 평형 조건』이라고 하며 이때 평형 조건은 $\omega M = \dfrac{1}{\omega C}$ 가 된다.

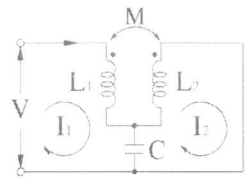 등가회로 $\Rightarrow$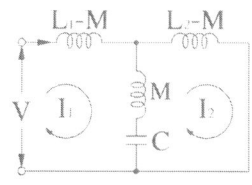

등가회로로 변환한 회로에서 $I_2 = 0$ 일 조건은 M과 C가 직렬로 구성된 방향으로 I_1 이 모두 흐르면 되므로 $\omega M = \dfrac{1}{\omega C}$ 이 성립한다.

① 평형조건을 만족하는 정전용량 $C = \dfrac{1}{\omega^2 M}$ [F]

② 각주파수 $\omega = \dfrac{1}{\sqrt{MC}}$ [rad/sec]

③ 주파수 $f = \dfrac{1}{2\pi\sqrt{MC}}$ [Hz]

예제 1) 어떤 코일에 흐르는 전류를 0.5[m·sec] 동안에 5[A] 변화시키면 20[V] 의 전압이 발생한다. 자기인덕턴스는 몇 [mH]인가?

① 2   ② 4   ③ 6   ④ 8

해설 유도기전력 $e = L\dfrac{di}{dt}$[V] 에서

$$L = e \times \frac{dt}{di} = 20 \times \frac{0.5 \times 10^{-3}}{5} = 2\,[\mathrm{mH}]$$

정답 ①

예제 2) 상호 인덕턴스 100[mH]인 회로의 1차 코일에 0.3초 동안에 3[A]의 전류가 18[A]로 변화할 때 2차 유도기전력[V]은 얼마인가?

① 5   ② 6   ③ 7   ④ 8

해설 2차 유도기전력 $e_2 = M\dfrac{di_1}{dt} = 100 \times 10^{-3} \times \dfrac{15}{0.3} = 5\,[\mathrm{V}]$

정답 ①

예제 3) 그림과 같은 회로에서 (a)와 같이 접속하면 합성 자기인덕턴스는 30[mH]이고, (b) 와 같이 접속하면 14[mH]이다. 상호인덕턴스[mH]는?

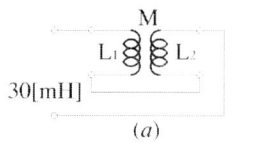

(a)   (b)

① 4   ② 16   ③ 8   ④ 34

해설 $L_{가동} = L_1 + L_2 + 2M = 30\,[\mathrm{mH}]$

$L_{차동} = L_1 + L_2 - 2M = 14\,[\mathrm{mH}]$ 에서

$L_{가동} - L_{차동}$ 에서 $M = \dfrac{L_{가동} - L_{차동}}{4} = \dfrac{30 - 14}{4} = 4\,[\mathrm{mH}]$

정답 ①

예제 4) 5[mH]인 두 개의 자기 인덕턴스가 있다. 결합 계수를 0.2로부터 0.8까지 변화시킬 수 있다면 이것을 접속하여 얻을 수 있는 합성 인덕턴스의 최대값과 최소값은 각각 몇[mH]인가 ?

    ① 18, 2   ② 18, 8   ③ 20, 2   ④ 20, 8

해설 합성인덕턴스 $L_0 = L_1 + L_2 \pm 2M = L_1 + L_2 \pm 2k\sqrt{L_1 L_2}$

최대값 $L_{\max} = L_1 + L_2 + 2k\sqrt{L_1 L_2}$

최소값 $L_{\min} = L_1 + L_2 - 2k\sqrt{L_1 L_2}$

$L_{\max} = 5 + 5 + 2 \times 0.8 \times 5 = 18[\mathrm{mH}]$

$L_{\min} = 5 + 5 - 2 \times 0.8 \times 5 = 2[\mathrm{mH}]$

정답 ①

출제예상핵심문제

75 그림과 같은 회로에서 $i_1 = I_m \sin\omega t$[A]일 때 개방된 2차 단자에 나타나는 유기 기전력 e_2는 몇 [V]인가?

① $\omega M \sin\omega t$

② $\omega M \cos\omega t$

③ $\omega M I_m \sin(\omega t - 90°)$

④ $\omega M I_m \sin(\omega t + 90°)$

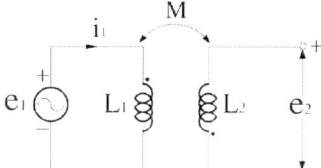

해설 $i_1 = I_m \sin\omega t$[A] 이고 2차 측을 개방했으므로 2차 유도기전력은 다음과 같다.

$$e_2 = -M\frac{di_1}{dt} = -M\frac{d}{dt}(I_m \sin\omega t)$$
$$= -\omega M I_m \cos\omega t = \omega M I_m \sin(\omega t - 90°)[V]$$

76 자기적으로 결합된 두개의 코일에서 한 코일의 전류가 매초 150[A]로 변화 할 때, 다른 코일에서 75[V]의 기전력이 유기된다. 이때, 두 코일 의 상호 인덕턴스는?

① 1[H]   ② $\frac{1}{2}$[H]   ③ $\frac{1}{4}$[H]   ④ 0.75[H]

해설 유도기전력 $e_2 = M\frac{di_1}{dt}$[V] 이므로

상호인덕턴스 $M = e_2\frac{dt}{di_1} = 75 \times \frac{1}{150} = \frac{1}{2}$[H]

77 인덕턴스가 각각 5[H], 3[H] 인 두 코일을 모두 dot 방향으로 전류가 흐르게 직렬로 연결하고 인덕턴스를 측정하였더니 15[H] 이었다. 두 코일간의 상호 인덕턴스[H]는?

① 3.5   ② 4.5   ③ 7   ④ 9

해설 가동접속시 합성인덕턴스

$L_o = L_1 + L_2 + 2M = 5 + 3 + 2M = 15$[H] 이므로

$M = \dfrac{15 - 5 - 3}{2} = \dfrac{7}{2} = 3.5$[H]

정답 **75.**③ **76.**② **77.**①

78 20[mH]와 60[mH]의 두 인덕턴스가 병렬로 연결되어 있다. 합성인덕턴스의 값 mH 은? (단, 상호인덕턴스는 없는 것으로 한다.)

① 15   ② 20   ③ 50   ④ 75

해설 두 코일이 병렬이면서 상호인덕턴스가 없다면 저항 계산 방법과 같다.

$$L_o = \frac{L_1 L_2}{L_1 + L_2} = \frac{20 \times 60}{20 + 60} = \frac{1200}{80} = 15[\text{mH}]$$

79 자기적으로 결합되어 있는 두 코일 A와 B를 같은 방향으로 감아서 직렬로 접속하면 합성인덕턴스가 10[mH]가 되고, 반대로 연결하면 합성인덕턴스가 40[%] 감소한다. A코일의 자기인덕턴스가 5[mH]라면 B코일의 자기인덕턴스는 몇[mH]인가?

① 10   ② 8   ③ 5   ④ 3

해설 코일의 직렬접속
가동접속 : $L_A + L_B + 2M = 10$ — ①식
차동접속 : $L_A + L_B - 2M = 6$ — ②식이라 했을 때
두식을 빼면 $4M = 4$이므로 $M = 1[\text{mH}]$
이 값을 ①식에 대입하면
$5 + L_B + 2 = 10$ 이므로 $L_B = 3[\text{mH}]$

80 그림과 같은 회로에서 a, b간의 합성 인덕턴스 L_0의 값은 ?

① $L_1 + L_2 + L$
② $L_1 + L_2 - 2M + L$
③ $L_1 + L_2 + 2M + L$
④ $L_1 + L_2 - M + L$

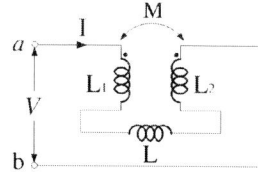

해설 인덕턴스 L_1 코일은 전류 방향에 대해 자속 발생 방향이 유입 쪽 방향이지만, 인덕턴스 L_2 코일은 전류 방향에 대해 자속 발생 방향이 유출 쪽 방향이므로 두 코일 간에 작용하는 상호인덕턴스는 감극성이 된다.
합성인덕턴스 : $L_0 = L_1 + L_2 - 2M + L[\text{H}]$

81 그림의 회로에서 합성 인덕턴스는?

① $\dfrac{L_1L_2 + M^2}{L_1 + L_2 - 2M}$　　② $\dfrac{L_1L_2 - M^2}{L_1 + L_2 - 2M}$

③ $\dfrac{L_1L_2 + M^2}{L_1 + L_2 + 2M}$　　④ $\dfrac{L_1L_2 - M^2}{L_1 + L_2 + 2M}$

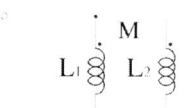

해설　코일의 병렬접속에서의 가극성이므로

합성 인덕턴스 : $L_0 = \dfrac{L_1L_2 - M^2}{L_1 + L_2 - 2M}[\mathrm{H}]$

82 그림과 같은 평형 브리지 회로에 있어서 I_2 가 0이 되기 위한 C의 값은?

① $\dfrac{1}{\omega L}$　　② $\dfrac{1}{\omega^2 L}$

③ $\dfrac{1}{\omega M}$　　④ $\dfrac{1}{\omega^2 M}$

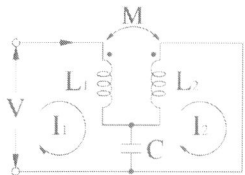

해설　두 코일에서 발생하는 자속이 서로 상쇄되는 방향이 되므로 M < 0 이다.

1차 측 폐로 방정식 : $\dot{V} = j\omega L_1 I_1 - j\omega M I_2 - j\dfrac{1}{\omega C}(I_1 - I_2)$

2차 측 폐로 방정식 : $0 = j\omega L_2 I_2 - j\omega M I_1 - j\dfrac{1}{\omega C}(I_2 - I_1)$ 에서

$I_2 = 0$ 이 되려면 I_1 의 계수가 0이어야 하므로 식을 정리하면

$j\omega M I_1 = j\dfrac{1}{\omega C}I_1$ 가 되어 $C = \dfrac{1}{\omega^2 M}[\mathrm{F}]$

83 그림과 같이 1개의 콘덴서와 2개의 코일이 직렬로 접속된 회로에 300[Hz]의 주파수가 공진한다고 한다. 이때 C = 25[μF], L_1 = 4.3[mH], L_2 = 4.6[mH] 라 하면 코일 간의 상호 인덕턴스[mH]는 얼마인가? (단, 코일은 같은 방향으로 감겨 있고 동일축 상에 놓여 있는 것으로 한다.)

① 2.36

② 1.18

③ 1.91

④ 1.0

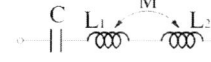

해설 코일이 같은 방향으로 감겨져 있으므로 가극성이 되어 M > 0 가 된다.

코일의 합성인덕턴스 : $L_0 = L_1 + L_2 + 2M$[H]

공진조건은 $\dfrac{1}{\omega C} = \omega(L_1 + L_2 + 2M)$ 이므로

상호인덕턴스 $M = \dfrac{1}{2}\left(\dfrac{1}{\omega^2 C} - L_1 - L_2\right)$

$$= \dfrac{1}{2}\left(\dfrac{1}{(2\pi \times 300)^2 \times 25 \times 10^{-6}} - (4.3 + 4.6) \times 10^{-3}\right)$$

$$= 1.18 \times 10^{-3}[\text{H}] = 1.18[\text{mH}]$$

84 그림과 같은 이상 변압기의 권수비 $n_1 : n_2 = 1 : 3$ 일 때 a, b 단자에서 본 임피던스[Ω]는?

① 50

② 100

③ 200

④ 400

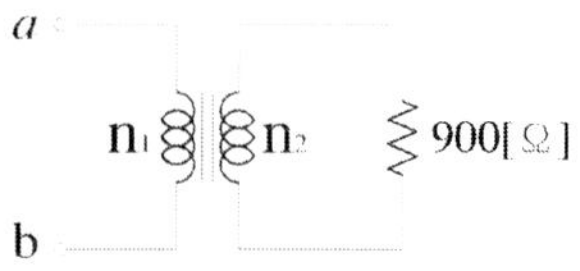

해설 이상적인 변압기의 권수비

$$a = \dfrac{N_1}{N_2} = \dfrac{E_1}{E_2} = \dfrac{I_2}{I_1} = \sqrt{\dfrac{Z_1}{Z_2}} = \sqrt{\dfrac{R_1}{R_2}} = \sqrt{\dfrac{L_1}{L_2}}$$

$$a = \dfrac{n_1}{n_2} = \dfrac{1}{3} = \sqrt{\dfrac{Z_1}{Z_2}} = \sqrt{\dfrac{Z_1}{900}}$$

$$Z_1 = \left(\dfrac{1}{3}\right)^2 \times 900 = 100[\Omega]$$

Chapter 06

벡터 궤적

1. 임피던스 궤적

(1) R – L 직렬회로

합성 임피던스 : $\dot{Z} = R + j\omega L [\Omega]$ 에서

R을 일정하게 하고 $\omega[\mathrm{rad/sec}]$를 0에서 ∞까지 변화시키면 $\omega[\mathrm{rad/sec}]$가 커질수록 합성 임피던스의 크기는 점점 커지므로 그림과 같은 벡터 궤적이 나타난다.

허수축을 가변시키면 가변한 축에 나란한 반직선이며 1상한에만 존재한다.

(2) R – C 직렬회로

합성 임피던스 : $\dot{Z} = R - j\dfrac{1}{\omega C}[\Omega]$ 에서

R을 일정하게 하고 $\omega[\mathrm{rad/sec}]$를 0에서 ∞까지 변화시키면 $\omega[\mathrm{rad/sec}]$가 작아질수록 합성 임피던스의 크기는 점점 커지므로 그림과 같은 벡터 궤적이 나타난다.

허수축을 가변시키면 가변한 축에 나란한 반직선이며 4상한에만 존재한다.

$\dot{Y} = \dfrac{1}{\dot{Z}}$ 에서 전류를 구하면 $\dot{I} = \dfrac{\dot{V}}{\dot{Z}} = \dot{Y}\,\dot{V}\,[\text{A}]$ 이므로 어드미턴스 궤적은 전류 궤적과 같다.

중심이 $\left(\dfrac{1}{2R}, \ 0 \right)$ 이고 반지름이 $\dfrac{1}{2R}$ 인 원이 된다.

(1) 직렬회로의 어드미턴스 궤적

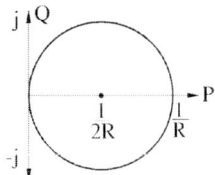

가변하지 않은 축에 원의 중심을 두고 반드시 원점을 통과하는 원의 궤적을 이룬다.

원의 중심: $\left(\dfrac{1}{2R}, \ 0 \right)$

(2) R – L 직렬회로

합성 임피던스 : $\dot{Z} = R + j\omega L\,[\Omega]$

합성 어드미턴스 : $\dot{Y} = \dfrac{1}{R + j\omega L} = \dfrac{R}{R^2 + (\omega L)^2} - j\dfrac{\omega L}{R^2 + (\omega L)^2}\,[\text{℧}]$

R을 일정하게 하고 ω[rad/sec]를 0에서 ∞까지 변화시키면 ω[rad/sec]가 커질수록 합성 어드미턴스의 크기는 허수부의 부호가 – j 이므로 가변하지 않은 실수축에 원의 중심을 두고 원점을 통과하는 반원이 되며, 4상한에 존재한다.

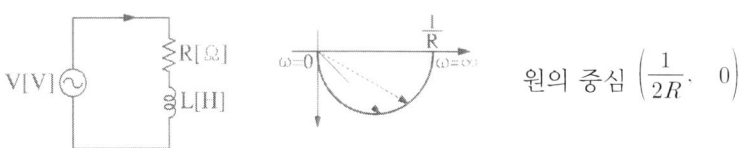

원의 중심 $\left(\dfrac{1}{2R}, \ 0 \right)$

(3) R – C 직렬회로

합성 임피던스 : $\dot{Z} = R - j\dfrac{1}{\omega C}\,[\Omega]$

합성 어드미턴스 : $\dot{Y} = \dfrac{1}{R - j\dfrac{1}{\omega C}} = \dfrac{1}{R - jX_C} = \dfrac{R}{R^2 + X_C^{\,2}} + j\dfrac{X_C}{R^2 + X_C^{\,2}}\,[\text{℧}]$

R을 일정하게 하고 ω[rad/sec]를 0에서 ∞까지 변화시키면 ω[rad/sec]가 커질수록 합성 어드미턴스의 크기는 허수부의 부호가 + j 이므로 가변하지 않은 실수축에 원의 중심을 두고 원점을 통과하는 반원이 되며 1상한에 존재한다.

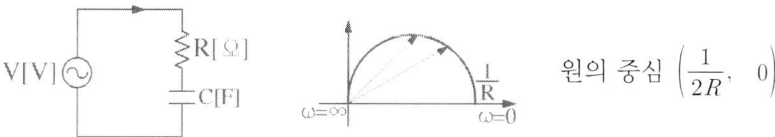

원의 중심 $\left(\dfrac{1}{2R}, \ 0 \right)$

【정리】 벡터궤적 요약

구분 / 종류	임피던스 궤적	어드미턴스 궤적 (전류 궤적)
R – L 직렬회로	가변한 축에 나란한 반직선 (1 상한)	가변하지 않는 축에 원의 중심을 둔 반원 (4 상한)
R – C 직렬회로	가변한 축에 나란한 반직선 (4상한)	가변하지 않는 축에 원의 중심을 둔 반원 (1상한)
R – L 병렬회로	가변하지 않는 축에 원의 중심을 둔 반원 (1상한)	가변한 축에 나란한 반직선 궤적 (4상한)
R – C 병렬회로	가변하지 않는 축에 원의 중심을 둔 반원 (4상한)	가변한 축에 나란한 반직선 궤적 (1상한)

출제예상핵심문제

85 임피던스 궤적이 직선일 때 이의 역수인 어드미턴스 궤적은?

① 원점을 통하는 직선

② 원점을 통하지 않는 직선

③ 원점을 통하는 원

④ 원점을 통하지 않는 원

해설 임피던스와 어드미턴스는 역의 관계이므로 임피던스 궤적이 직선 형태인 경우 어드미턴스 궤적은 원점을 통하는 원의 형태가 된다.

86 R − L 직렬 회로에서 주파수가 변화할 때 임피던스 궤적은?

① 4사분면 내의 직선

② 2사분면내의 직선

③ 1사분면 내의반원

④ 1 사분면 내의 직선

해설 R − L 직렬 회로의 임피던스 궤적은 1사분면에 존재하면서 가변하는 허수축에 평행한 반직선 형태가 된다.

87 그림과 같은 R − C 직렬 회로에서 R 을 고정시키고 X_C 를 0에서 ∞ 까지 변화시킬 때 그 어드미턴스 궤적은? (단, R > 0 이다).

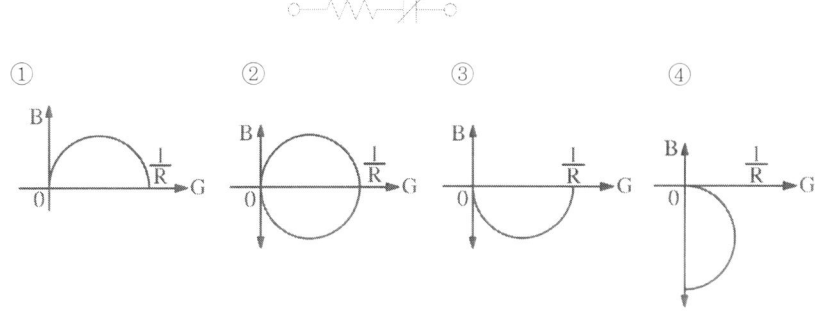

해설 R − C 직렬회로의 어드미턴스 궤적은 1사분면에 존재하면서 가변하지 않는 실수축에 원의 중심을 둔 원점을 통하는 반원 형태가 된다.

88 그림 같은 R과 C의 병렬회로에서 R이 일정하고, C가 0에서∞까지 변화할 때 합성임피던스 Z의 궤적은 어떻게 되는가?

① 원점을 지나는 반직선이다.

② 원점을 지나지 않고 실수축에 평행인 반직선이다.

③ 원점을 지나는 반원이다.

④ 원점을 지나지 않는 반원

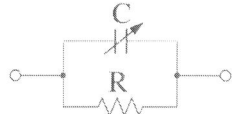

> **해설** 합성 어드미턴스 : $\dot{Y} = \dfrac{1}{R} + j\dfrac{1}{X_c} = \dfrac{1}{R} + j\omega C \ [\mho]$
>
> 어드미턴스 궤적은 반직선(1상한)이고 이의 역궤적인 임피던스 궤적은 원점을 지나는 반원궤적(4상한)이 된다.

Chapter 07 회로망 해석

1. 전압원과 전류원

(1) 전압원

① 이상적인 전압원(정전압원) : $\dot{Z}_g = 0$

- 부하 전류 크기에 관계없이 항상 일정한 전압을 부하에 공급해주는 전원으로서 전원의 E[V]가 부하에 모두 공급되는 전압원(비선형, 시불변 소자)
- 내부임피던스로 인한 전압강하가 전혀 발생하지 않는 전압원

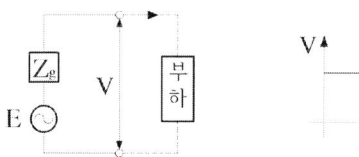
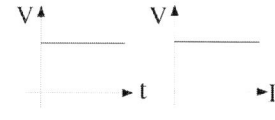

② 실제 전압원 : 내부임피던스 $Z_g \neq 0$

- 부하 전류 크기가 증가하면 그에 비례하여 전압강하가 발생하므로 전압과 전류 관계가 반비례 특성을 갖는 전압원(선형 소자, 시변 소자)
- 내부임피던스로 인한 전압강하가 전류 증가에 비례하여 발생하는 전압원

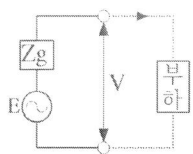
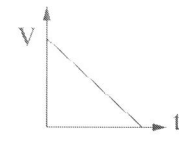

(2) 전류원

⇨ 전압원과 전류원의 등가환산 :

- 전압원 : 기전력 E[V]과 직렬로 구성된 내부임피던스 $Z_g[\Omega]$
- 등가 전류원 : $I = \dfrac{E}{Z_g}$[A] 와 병렬로 구성된 내부임피던스 $Z_g[\Omega]$

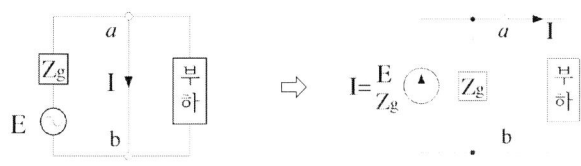

두 회로의 전류 I가 같다는 조건에서 전압원을 전류원으로 등가 변환하는 경우 전류원의 크기는 전압원을 단락시킨 전류가 된다. 또한 실제 내부임피던스 $Z_g[\Omega]$는 전류의 누설에 대한 등가임피던스이므로 병렬로 접속해야 등가 회로가 완성된다.

① 이상적인 전류원(정전류원) : Zg = ∞
- 부하의 크기에 관계없이 항상 일정한 전류를 부하에 공급하는 전원으로서 전원에서 I[A]가 공급되면 부하에 전전류 I[A]가 모두 공급되는 전류원(비선형, 시불변 소자)
- 내부임피던스 Z_g가 무한대가 되어 전류원의 모든 전류가 부하에 흐르는 전류원

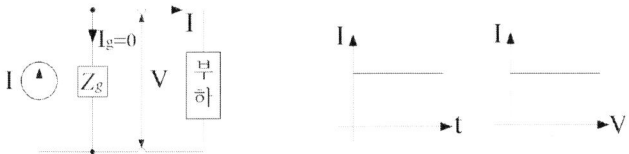

② 실제 전류원 : 내부임피던스 $Z_g \neq \infty$
- 부하 전류 크기가 증가하면 그에 비례하여 전압강하가 발생하므로 전압과 전류 관계가 반비례 특성을 갖는 전압원(선형 소자, 시변 소자)
- 전류원의 전류 일부가 내부임피던스 쪽으로 흐르는 전류원

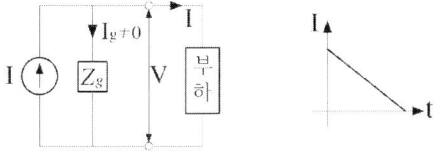

【전압원과 전류원 정리】

이상적인 전압원 조건	이상적인 전류원 조건
내부임피던스 Z_g = 0	내부임피던스 Z_g = ∞
시불변, 비선형 소자	

예제 1) 그림 (a)와 같은 전압원을 그림 (b)와 같은 등가 전류원으로 변환할 때 전류 I[A] 와 저항 R[Ω]은?

① I = 6, R = 2

② I = 3, R = 5

③ I = 4, R = 0.5

④ I = 3, R = 2

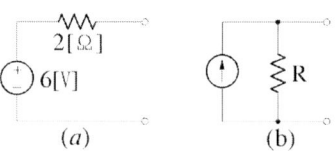

(a)　　　　(b)

해설 전류원의 크기는 전압원을 단락시킨 전류이므로 $I = \dfrac{6}{2} = 3 [\text{A}]$ 전압원에 대해 직렬 접속된 2[Ω]의 저항은 전류원에 대해서 병렬로 접속한다.

정답 ④

2. 회로망 제정리

(1) 중첩의 원리

① 정의 : 다수의 전원(전압원 또는 전류원)을 가진 선형회로망에서 임의의 한 소자에 흐르는 전류(또는 한 소자에 걸리는 전압)는 각각의 전원을 개별적으로 독립시켰을 때 흐르는 전류의 총합(또는 전압의 총합)과 같다는 원리를 이용하여 복잡한 회로를 쉽게 접근하여 계산하는 방법

② 각각의 전원을 독립시키기 위해서는 다른 전원을 제거하는 방법

• 전압원 단락 : 전압원을 제거한 후 그 부분을 그대로 직결한다.

• 전류원 개방 : 전류원을 제거한 후 그 부분을 개로 상태로 열어둔다.

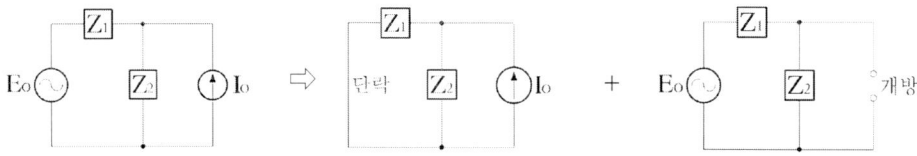

예제 2) 회로에서 I의 값은 몇 [A]인가?

① 1

② 2

③ −1

④ 3

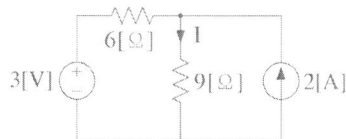

해설 중첩의 원리 : 전압원 단락, 전류원 개방

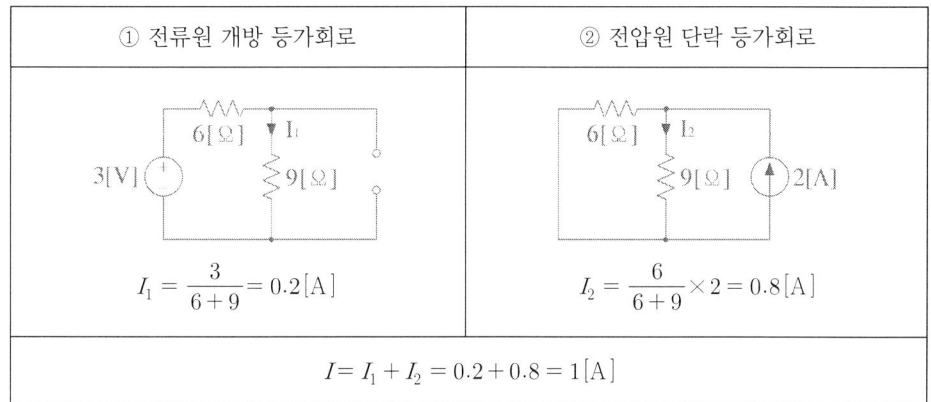

① 전류원 개방 등가회로	② 전압원 단락 등가회로
$I_1 = \dfrac{3}{6+9} = 0.2[A]$	$I_2 = \dfrac{6}{6+9} \times 2 = 0.8[A]$
$I = I_1 + I_2 = 0.2 + 0.8 = 1[A]$	

정답 ①

예제 3) 회로에서 $10[\Omega]$의 저항에 흐르는 전류[A]는 얼마인가 ?

① 5

② 4

③ 2

④ 1

해설 중첩의 원리 : 전압원 단락, 전류원 개방

① 전류원 개방 : 전압원 10[V]가 모두 $10[\Omega]$에 걸리므로 $I_1 = \dfrac{V}{R} = \dfrac{10}{10} = 1[A]$

② 전압원 단락 : 전체 전류가 전압원을 단락시킨 부분으로 모두 흘러서 부하에 흐르는 전류가 없으므로 $I_1 = 0[A]$

따라서, 전 전류 I = 1[A]가 된다.

정답 ④

(2) 데브낭의 정리 (등가 전압원의 정리)

① 정의 : 전압원이나 전류원을 포함한 복잡한 회로망을 등가 전압원과 등가 내부임피던스만 있는 간단한 변환하여 회로를 좀 더 쉽게 해석하는 방법

② 등가전압원과 등가 내부임피던스 계산

• 등가전압원(데브낭 전압), $V_T[V]$: 부하 접속단자를 개방시켰을 때 개방단자에 걸리는 전압

• 등가 내부임피던스, $Z_0[\Omega]$: 부하접속단자에서 전원측을 바라봤을 때의 합성 임피던스 (전원 제거 : 전류원 개방, 전압원 단락)

③ 데브낭의 등가회로 변환

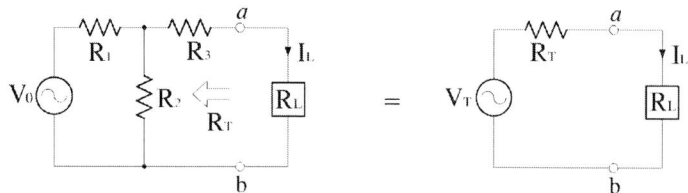

① 등가전압원 $V_T = \dfrac{R_2}{R_1 + R_2} \times E\,[\mathrm{V}]$

② 내부임피던스 R_T : 부하접속부분에서 전원 측을 바라봤을 때 합성 저항(전압원 단락)

$$R_T = R_3 + \dfrac{R_1 R_2}{R_1 + R_2}\,[\Omega]$$

(3) 노튼의 정리(등가전류원 정리)

① 전압원이나 전류원을 포함한 복잡한 회로망을 간단한 등가 전류원과 등가 내부임피던스로 변환하여 회로를 좀 더 쉽게 해석하는 방법

② 등가전류원과 등가 내부임피던스
- 등가전류원, $I_N[\mathrm{A}]$: 부하 접속단자 a, b를 단락시켰을 때 흐르는 전류
- 등가 내부임피던스, $Z_0[\Omega]$: 데브낭과 계산 동일

③ 노튼의 등가회로 변환

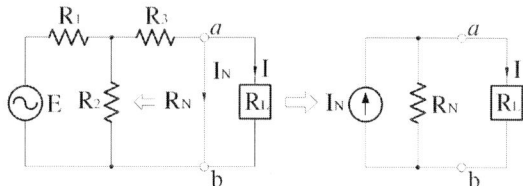

① 등가전류원 $I_N = \dfrac{R_2}{R_2 + R_3} \times \dfrac{E}{R_3 + \dfrac{R_1 R_2}{R_1 + R_2}}\,[\mathrm{A}]$

② 등가 내부저항, $R_N[\Omega]$: 부하 접속단자 ab에서 전원 측을 바라봤을 때의 합성저항(전압원 단락)

$$R_N = R_3 + \dfrac{R_1 R_2}{R_1 + R_2}\,[\Omega]$$

예제 4) 회로 (a)를 (b)와 같이 등가회로 변환시 E[V]와 R[Ω]의 값을 구하여라.

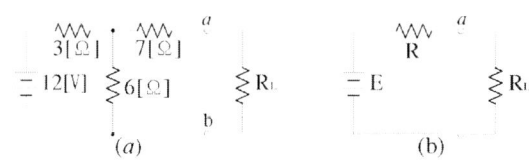

① 4[V], 13[Ω]

② 8[V], 2[Ω]

③ 8[V], 9[Ω]

④ 4[V], 9[Ω]

해설 데브낭 정리

① 개방단자전압 a, b를 개방시키면 6[Ω]에 걸리는 전압이므로

$$E = \frac{6}{3+6} \times 12 = 8[V]$$

② 등가 내부저항은 a, b에서 전원 측 전압원을 단락시킨 상태에서 바라보면 7[Ω]은 직렬, 3[Ω]과 6[Ω]은 병렬접속이므로

$$R = 7 + \frac{3 \times 6}{3+6} = 9[\Omega]$$

정답 ③

예제 5) 회로를 테브낭(Thevenin)의 등가회로로 변환하려고 한다. 이 때 테브낭의 등가저항 [Ω] R_T와 등가전압 V_T[V] 는?

① $R_T = \frac{8}{3}$, $V_T = 8$

② $R_T = 6$, $V_T = 12$

③ $R_T = 8$, $V_T = 16$

④ $R_T = \frac{8}{3}$, $V_T = 16$

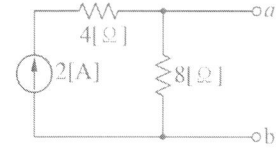

해설 등가저항은 전류원을 개방한 후 a, b 단자에서 바라봤을 때의 합성 저항이므로

$R_T = 8[\Omega]$

등가전압은 a, b 단자를 개방했을 때 걸리는 전압이므로 $V_T = IR = 2 \times 8 = 16[V]$

정답 ③

(4) 회로망 접속

임의의 능동 회로망(전원을 포함한 회로망) a, b에서 두 개의 회로망 a, b를 접속할 경우 접속단자에 흐르는 전류를 구하기 위한 원리로 접속단자 a, b에 각각 전압 V_A, V_B가 나타나고 각각의 단자에서 바라본 합성 임피던스가 Z_A, Z_B 일 경우 접속단자 a, b에 흐르는 전류는 각각의 단자 전압의 합을 임피던스의 합으로 나눈 값과 같다.

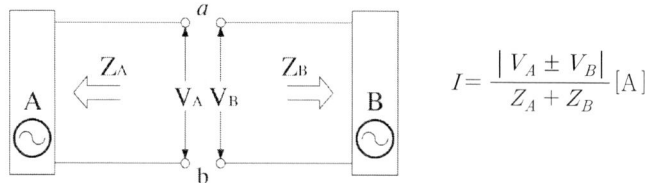

$$I = \frac{|V_A \pm V_B|}{Z_A + Z_B} [\text{A}]$$

예제 6) 다음과 같은 회로에서 접속단자 aa′, bb′ 를 접속할 경우 접속단자에 흐르는 전류는 몇[A]인가?

① 0.67 또는 2.67

② 1.67 또는 2.67

③ 1.67 또는 3.67

④ 2.67 또는 3.67

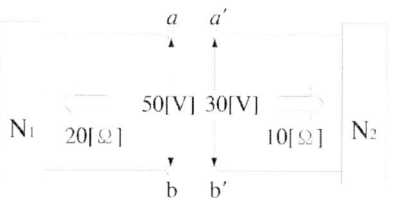

해설 $I = \dfrac{|50 \pm 30|}{20 + 10} = 0.67[\text{A}]\, or\, 2.67[\text{A}]$

정답 ①

【참고】 각각의 단자에 화살표 방향이 동일한 경우는 감극성(−), 반대 방향인 경우는 가극성(+)을 의미한다.

(5) 밀만의 정리

내부 임피던스를 갖는 여러 개의 전압원이 병렬로 접속되어 있을 때 그 병렬 접속점에 나타나는 합성 전압은, 각각의 전압원을 단락했을 때 흐르는 전류의 대수합을 각각의 전원의 내부 어드미턴스의 대수합으로 나눈 것과 같다는 원리이다.

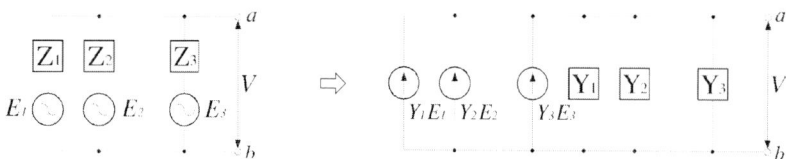

$$I_o = I_1 + I_2 + I_3 + \cdots\cdots + I_n$$

$$Y_o = Y_1 + Y_2 + Y_3 + \cdots\cdots + Y_n$$

$$V_{ab} = \frac{I_o}{Y_o} = \frac{I_1 + I_2 + I_3 + \cdots\cdots + I_n}{Y_1 + Y_2 + Y_3 + \cdots\cdots + Y_n} = \frac{\dfrac{E_1}{Z_1} + \dfrac{E_2}{Z_2} + \dfrac{E_3}{Z_3} + \cdots\cdots + \dfrac{E_n}{Z_n}}{\dfrac{1}{Z_1} + \dfrac{1}{Z_2} + \dfrac{1}{Z_3} + \cdots\cdots + \dfrac{1}{Z_n}}$$

예제 8) 그림의 회로에서 E_1 = 110[V], E_2 = 120[V], R_1 = 1[Ω], R_2 = 2[Ω] 일 때 a, b 단자에 5[Ω]의 저항 R_3[Ω]를 접속하였을 때 a, b간의 전압 V_{ab}[V]은?

① 85

② 90

③ 100

④ 105

해설 $V_{ab} = \dfrac{\dfrac{V_1}{Z_1} + \dfrac{V_2}{Z_2} + \dfrac{V_3}{Z_3}}{\dfrac{1}{Z_1} + \dfrac{1}{Z_2} + \dfrac{1}{Z_3}} = \dfrac{\dfrac{110}{1} + \dfrac{120}{2} + \dfrac{0}{5}}{\dfrac{1}{1} + \dfrac{1}{2} + \dfrac{1}{5}} = 100[\text{V}]$

정답 ③

(6) 가역의 정리

임의의 선형 수동회로망(전원이 없는 회로망)에서 회로망의 한 지로에 전원 전압 V_1을 삽입할 때 다른 임의의 지로에 흐르는 전류 I_2와 후자의 지로에 임의의 전압 V_2을 삽입할 때 전자의 지로에 흐르는 전류 I_1간에는 $V_1 I_1 = V_2 I_2$ 성립한다.

$$V_1 I_1 = V_2 I_2$$

예제 9) 그림에서 Z_a 지로에 흐르는 전류는?

① 20

② 30

③ 40

④ 50

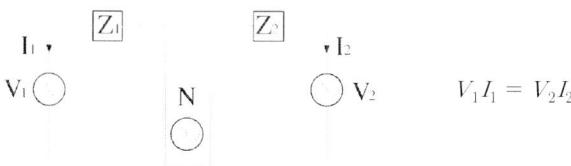

해설 가역의 정리

$V_a I_a = V_b I_b$ 에서 $I_a = \dfrac{V_b}{V_a'} I_b = \dfrac{200}{300} \times 30 = 20[\text{A}]$

(7) 쌍대회로(雙對回路)

임의의 전기회로에서 성립되는 한 관계식에 대하여 서로 대응적인 양이나 상태로 치환하여 얻는 동일형식의 관계식을 만족하는 또 다른 전기회로

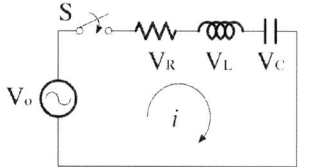 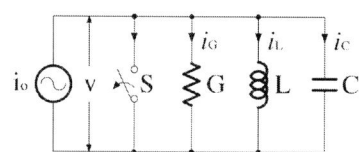

전압원 V	전류원 I	직렬회로	병렬회로
저항 R	컨덕턴스 G	개방회로	단락회로
인덕턴스 L	커패시턴스 C	키르히호프의 전압법칙	키르히호프의 전류법칙
리액턴스 X	서셉턴스 B	폐로방정식	절점 방정식
Y 형	△ 형	데브낭의 정리	노튼의 정리

출제예상핵심문제

89 이상적인 전압원, 전류원에 관하여 옳은 것은?

① 전압원의 내부 저항은 ∞이고 전류원의 내부 저항은 0이다.

② 전압원의 내부 저항은 0이고 전류원의 내부 저항은 ∞이다.

③ 전압원, 전류원의 내부 저항은 흐르는 전류에 따라 변한다.

④ 전압원의 내부 저항은 일정이고 전류원의 내부 저항은 일정하지 않다.

해설 이상적인 전압원, 전류원
- 이상적인 전압원 : 내부임피던스 = 0
- 이상적인 전류원 : 내부임피던스 = ∞

90 그림 ⒜, ⒝와 같은 특성을 갖는 전압원은 어느 것에 속하는가?

① 시변, 선형 소자

② 시불변, 선형 소자

③ 시변, 비선형 소자

④ 시불변, 비선형 소자

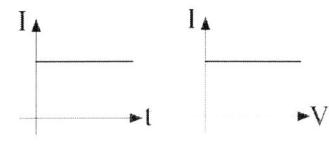

해설 이상적인 전압원(정전압원) : $\dot{Z}_g = 0$
부하 전류 크기에 관계없이 항상 일정한 전압을 부하에 공급해주는 전원으로서 전원의 E[V]
가 부하에 모두 공급되는 전압원(시불변, 비선형 소자)

91 키르히호프 전압 법칙의 적용에 대한 서술 중 옳지 않은 것은?

① 이 법칙은 집중 정수 회로에 적용된다.

② 이 법칙은 회로 소자의 선형, 비선형의 관계에 구애받지 않고 적용된다.

③ 이 법칙은 회로 소자의 시변, 시불변성의 구애를 받지 않는다.

④ 이 법칙은 선형 소자로만 이루어진 회로에 적용된다.

해설 키르히호프의 법칙은 선형, 비선형 소자에 모두 적용되는 법칙이다.

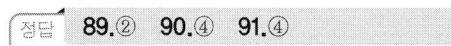

정답 89.② 90.④ 91.④

92 그림의 (a), (b)가 등가가 되기 위한 I_0[A], R_s[Ω]의 값은?

① 0.5, 10

② 0.5, $\dfrac{1}{10}$

③ 5, 10

④ 10, 10

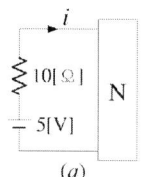 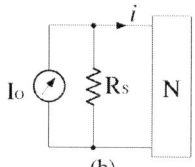

(a)　　　　(b)

해설 전류원의 크기 $I_0 = \dfrac{E}{r} = \dfrac{5}{10} = 0.5$[A], 내부저항 $R_s = r = 10$[Ω]

93 그림과 같은 회로에서 단자 a, b 사이의 전압[V]은?

① −j160

② 40

③ j160

④ 80

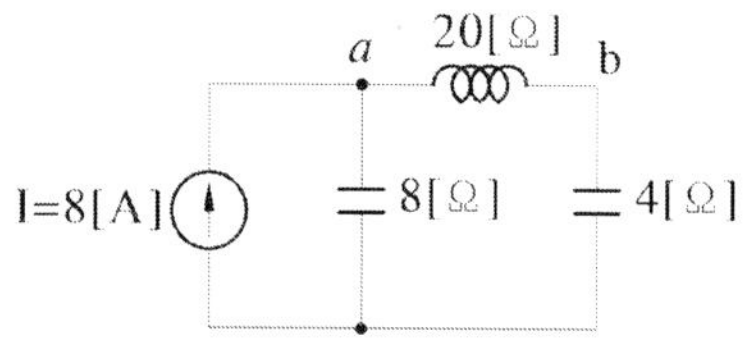

해설 $\dot{V}_{ab} = I_{ab} \times j20$ 에서 $\dot{I}_{ab} = \dfrac{-j8}{j16 + (-j8)} \times 8$

$$\dot{V}_{ab} = \dfrac{-j8}{j16 + (-j8)} \times 8 \times j20 = -j160$$

94 그림과 같은 회로의 콘덕턴스 G_2에 흐르는 전류[A]는?

① 5

② 3

③ 10

④ 15

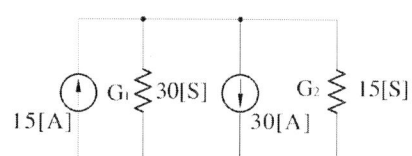

해설 15[A] 전류원 전류와 30[A] 전류원 전류 방향이 반대이므로 컨덕턴스에 흐르는 전류는 아래 방향에서 상 방향으로 흐르는 15[A]가 된다.

$$I_{15} = \dfrac{G_2}{G_1 + G_2} = \dfrac{15}{30 + 15} \times 15 = 5[A]$$

95 그림과 같은 회로에서 υ – i 관계식은?

① $υ = 0.8i$

② $υ = i_s R_s - 2i$

③ $υ = 3 + 2i$

④ $υ = 2i$

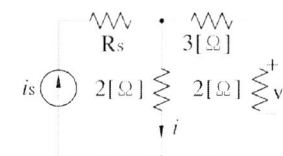

해설 가운데 있는 2[Ω]과 직렬 접속된 3[Ω] + 2[Ω]은 병렬이므로 가운데 있는 2[Ω]에 인가되는 전압 2i[V]와 동일한 전압이 걸린다. 따라서 직렬 접속된 3[Ω], 2[Ω]에서 2[Ω]에 걸리는 전압은 비례분배 된다.

$$V = \frac{2}{3+2} \times 2i = 0.8i\,[\mathrm{V}]$$

96 그림에서 저항 1[Ω]에서 흐르는 전류 I[A]를 구하면 얼마인가?

① 2[A]

② −2[A]

③ 1[A]

④ −1[A]

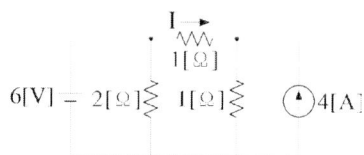

해설 중첩의 원리

① 전류원 개방

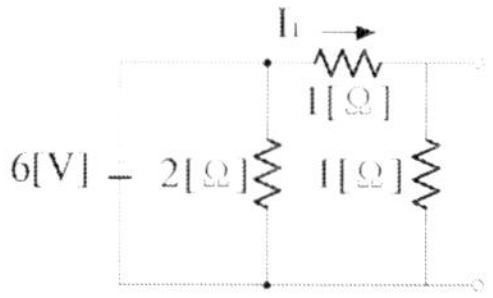

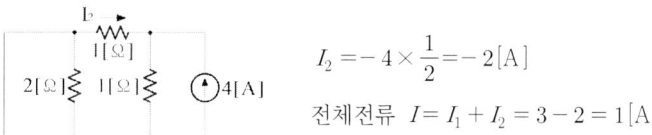

합성저항 $R_0 = \frac{2 \times 2}{2+2} = 1[\Omega]$

전 전류 $I_0 = \frac{6}{1} = 6[\mathrm{A}]$

$I_1 = 6 \times \frac{1}{2} = 3[\mathrm{A}]$

② 전압원 단락 : 병렬로 접속된 2[Ω] 저항에는 전류가 흐르지 않는다.

$I_2 = -4 \times \frac{1}{2} = -2[\mathrm{A}]$

전체전류 $I = I_1 + I_2 = 3 - 2 = 1[\mathrm{A}]$

97 다음 회로에서 10[Ω]의 저항에 흐르는 전류는?

① 15[A]

② 14[A]

③ 12[A]

④ 11[A]

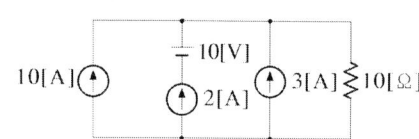

해설 중첩의 원리

① 전압원을 단락하면 전체 전류가 모두 부하 측 10[Ω]에 흐르므로

$I_1 = 10 + 2 + 3 = 15[\text{A}]$

② 전류원을 개방하면 회로가 구성되지 않으므로 $I_2 = 0[\text{A}]$

전체 전류 $I = I_1 + I_2 = 15[\text{A}]$

98 회로에서 20[Ω]의 저항이 소비하는 전력[W]은?

① 14

② 27

③ 40

④ 80

해설 중첩의 원리

① 전류원 개방

합성 저항 $R = 1 + \dfrac{4 \times 25}{4 + 25}[\Omega]$

전체 전류 $I = \dfrac{27}{1 + \dfrac{4 \times 25}{4 + 25}}[\text{A}]$

$I_1 = \dfrac{4}{4 + (20 + 5)} \times I = \dfrac{4}{4 + (20 + 5)} \times \dfrac{27}{1 + \dfrac{4 \times 25}{4 + 25}} = 0.83[\text{A}]$

② 전압원 단락

$I_2 = \dfrac{5}{\left(\dfrac{1 \times 4}{1 + 4} + 20\right) + 5} \times 6 = 1.17[\text{A}]$

전 전류 $I = I_1 + I_2 = 0.83 + 1.17 = 2[\text{A}]$

소비전력 $P = I^2 R = 2^2 \times 20 = 80[\text{W}]$

99 그림에서 a, b 단자의 전압이 50[V], a, b 단자에서 본 능동회로망의 임피던스가 $Z = 6 + j8[\Omega]$일 때, a, b 단자에서 임피던스 $Z = 2 - j2[\Omega]$을 접속하면 이 임피던스에 흐르는 전류는?

① $4 - j3$

② $4 + j3$

③ $3 - j4$

④ $3 + j4$

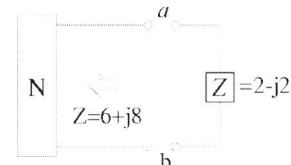

해설 회로망에서 부하임피던스와 a, b 단자에서 바라본 합성 임피던스는 직렬이므로

$$I = \frac{50}{6 + j8 + 2 - j2} = \frac{50}{8 + j6} \times \frac{8 - j6}{8 - j6} = 4 - j3 [A]$$

100 데브낭의 정리를 써서 그림(a)의 회로를 그림 (b)와 같은 등가 회로로 만들고자 한다. E와 R을 구하면 얼마인가?

① $3[V], 2[\Omega]$

② $5[V], 2[\Omega]$

③ $5[V], 5[\Omega]$

④ $3[V], 1.2[\Omega]$

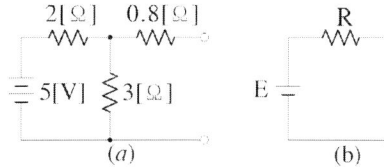

해설 데브낭의 정리

① 개방 단자전압은 3[Ω]에 걸리는 전압이므로 $V_T = \dfrac{3}{2+3} \times 5 = 3[V]$

② 등가 내부저항은 전원 측 전압원을 단락시킨 상태에서 바라보면 0.8[Ω]은 직렬, 2[Ω]과 3[Ω]은 병렬접속이므로 $R_T = 0.8 + \dfrac{2 \times 3}{2+3} = 2[\Omega]$

101 그림 (a)와 같은 회로를 (b)와 같은 등가 전압원과 직렬 저항으로 변환 시켰을 때 $E_s[V]$ 및 $R_s[\Omega]$의 값은?

① 12, 7

② 8, 9

③ 36, 7

④ 12, 13

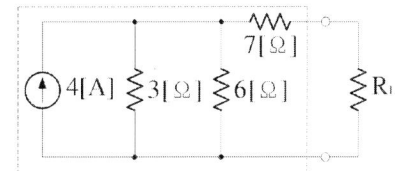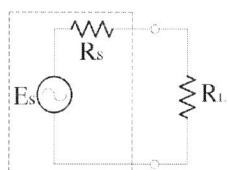

해설 데브낭의 정리

① 개방 단자전압은 3[Ω]과 6[Ω]에 걸리는 전압이므로 먼저 합성저항을 구하면

$$R_0 = \frac{3 \times 6}{3+6} = 2[\Omega]$$ 이므로 $E_s = R_0 I_0 = 2 \times 4 = 8[\text{V}]$

② 등가 내부저항은 전원 측 전압원을 단락시킨 상태에서 바라보면 7[Ω]은 직렬, 3[Ω]과 6[Ω]은 병렬접속이므로 $R_s = 7 + \frac{3 \times 6}{3+6} = 9[\Omega]$

102 불평형 Y결선의 부하 회로에 평형 3상전압을 가할 경우 중성점의 전위 $V_{n'n}$[V]는? (단, Z_1, Z_2, Z_3는 각 상의 임피던스(Ω)이고, Y_1, Y_2, Y_3는 각 상의 임피던스에 대한 어드미턴스(℧)이다.)

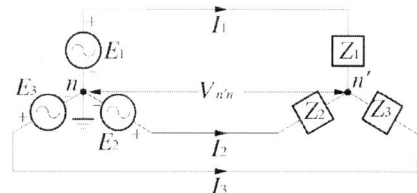

① $\dfrac{E_1 + E_2 + E_3}{Z_1 + Z_2 + Z_3}$

② $\dfrac{Z_1 E_1 + Z_2 E_2 + Z_3 E_3}{Z_1 + Z_2 + Z_3}$

③ $\dfrac{E_1 + E_2 + E_3}{Y_1 + Y_2 + Y_3}$

④ $\dfrac{Y_1 E_1 + Y_2 E_2 + Y_3 E_3}{Y_1 + Y_2 + Y_3}$

해설 밀만의 정리에 의한 중성점 전위

$$V_{n'n} = \frac{\dfrac{E_1}{Z_1} + \dfrac{E_2}{Z_2} + \dfrac{E_3}{Z_3}}{\dfrac{1}{Z_1} + \dfrac{1}{Z_2} + \dfrac{1}{Z_3}} = \frac{Y_1 E_1 + Y_2 E_2 + Y_3 E_3}{Y_1 + Y_2 + Y_3}[\text{V}]$$

103 그림과 같은 회로에서 a–b 사이의 전위차 [V]는?

① 10
② 8
③ 6
④ 4

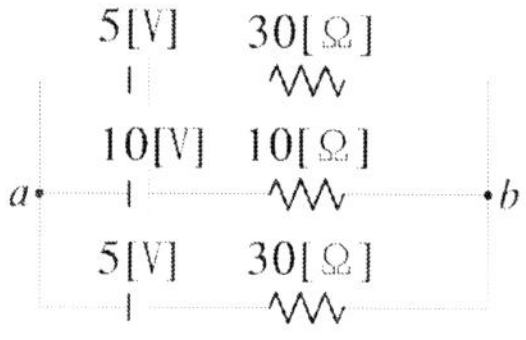

```
        5[V]    30[Ω]
         |      WWW
        10[V]   10[Ω]
a•------ | ------WWW------•b
        5[V]    30[Ω]
         |      WWW
```

해설 $V_{ab} = \dfrac{\dfrac{V_1}{Z_1} + \dfrac{V_2}{Z_2} + \dfrac{V_3}{Z_3}}{\dfrac{1}{Z_1} + \dfrac{1}{Z_2} + \dfrac{1}{Z_3}} = \dfrac{\dfrac{5}{30} + \dfrac{10}{10} + \dfrac{5}{30}}{\dfrac{1}{30} + \dfrac{1}{10} + \dfrac{1}{30}} = \dfrac{40}{5} = 8[\text{V}]$

정답 | 102.④ 103.②

104 그림과 같은 선형 회로망에서 단자 a, b 간에 100[V]의 전압을 가할 때 단자 c, d에 흐르는 전류가 5[A]이었다 반대로 같은 회로에서 c,d 간에 50[V]를 가하면 a, b에 흐르는 전류[A]는 얼마인가?

① 2.5

② 10

③ 25

④ 50

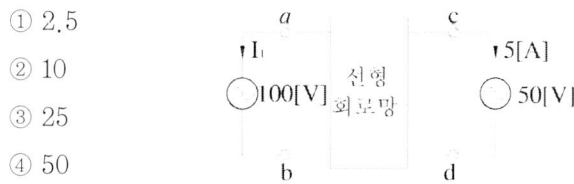

해설 가역의 정리 : $V_1 I_1 = V_2 I_2$ 이므로
$100 \times I_1 = 50 \times 5$ 에서 $I_1 = 2.5$[A]

105 그림의 회로에서 $E_1 = 1$[V], $E_2 = 0$[V]일 때의 i_2와 $E_1 = 0$[V], $E_2 = 1$[V]일 때의 i_1을 비교하였을 때 맞는 것은?

① $i_1 > i_2$

② $i_1 < i_2$

③ $i_1 = i_2$

④ $i_1 < i_2 < i_3$

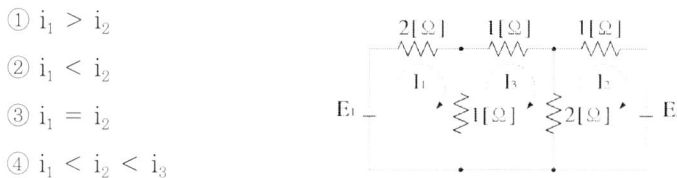

해설 가역의 정리 : $E_1 I_1 = E_2 I_2$ 이므로
$1 \times I_1 = 1 \times I_2$ 에서 $I_1 = I_2$

Chapter 08 대칭 3상 교류

1. 평형 3상 교류 회로

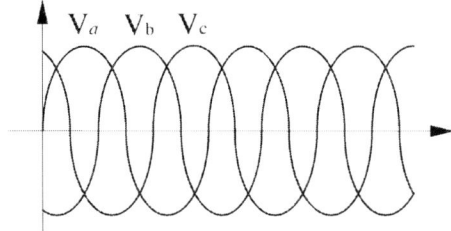

대칭 3상 교류 회로는 각 상간에 위상차 $\dfrac{2\pi}{3}\left(\dfrac{360\,°}{3}=120\,°\right)$ 가 발생하도록 만든 교류로서   3개

의 대칭 3상전압을 순시값으로 표현하면 다음과 같다.

$v_a = \sqrt{2}\,V\sin\omega t\,[\mathrm{V}]$ $\rightarrow$ $\dot{V}_a = V\angle\,0\,°\,[\mathrm{V}]$

$v_b = \sqrt{2}\,V\sin\left(\omega t - \dfrac{2}{3}\pi\right)[\mathrm{V}]$ $\rightarrow$ $\dot{V}_b = V\angle -\dfrac{2}{3}\pi\,[\mathrm{V}]$

$v_c = \sqrt{2}\,V\sin\left(\omega t - \dfrac{4}{3}\pi\right)[\mathrm{V}]$ $\rightarrow$ $\dot{V}_c = V\angle -\dfrac{4}{3}\pi\,[\mathrm{V}]$

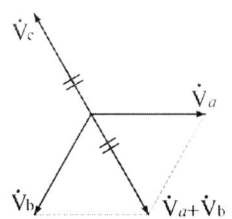

3상평형(대칭)일 경우 3상 전압의 벡터합

$\dot{V}_a + \dot{V}_b + \dot{V}_c = 0$

2. Y결선(성형 결선)

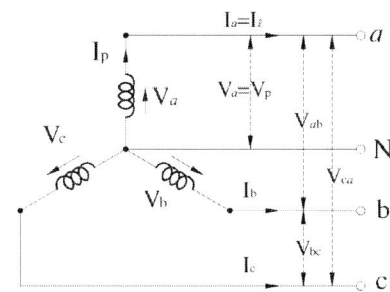

- 선간 전압 : $\dot{V}_\ell = \sqrt{3}\, V_P \angle 30°\,[\text{V}]$
- 선전류 : $\dot{I}_\ell = I_P[\text{A}]$

(1) 선간 전압 ($V_\ell[\text{V}]$)

한 상과 다른 한 상 사이에 걸리는 전압으로 상전압의 벡터 차(전위 차)

- $V_{ab} = V_{bc} = V_{ca} = V_\ell\,[\text{V}]$

(2) 상전압 ($V_P[\text{V}]$)

한 상과 중성선 사이에 걸리는 전압

- $V_a = V_b = V_c = V_P[\text{V}]$

(3) 선전류와 상전류 관계

- $I_a = I_b = I_c = I_\ell = I_P[\text{A}]$

(4) 선간전압과 상전압과의 벡터도

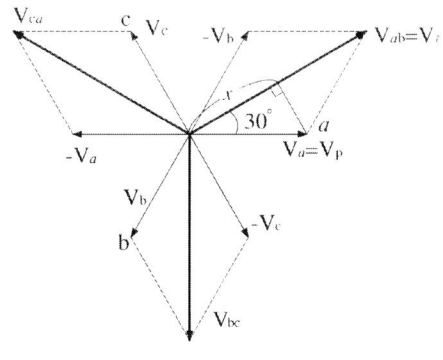

ab사이의 선간전압 $\dot{V}_{ab} = \dot{V}_a + (-\dot{V}_b)[\text{V}]$

bc사이의 선간전압 $\dot{V}_{bc} = \dot{V}_b + (-\dot{V}_c)[\text{V}]$

ca사이의 선간전압 $\dot{V}_{ca} = \dot{V}_c + (-\dot{V}_a)[\text{V}]$

벡터도에서 선간 전압은 상전압의 벡터차로서 상전압보다 30° 앞서는 위상 관계가 된다.

크기는 2x이므로 x를 구하면

$\cos 30° = \dfrac{x}{V_a}$ 이므로 $x = V_a \cos 30°$

$$\begin{aligned}
\text{선간 전압 } V_{ab} = V_\ell &= 2x = 2 \times V_a \cos 30° \\
&= \sqrt{3}\, V_a = \sqrt{3}\, V_P[\text{V}]
\end{aligned}$$

(5) Y 결선의 특징

① 선간 전압과 상전압 관계식 $V_\ell = \sqrt{3}\, V_P \angle 30°\,[\mathrm{V}]$

② 선전류와 상전류 관계식 $I_\ell = I_P \angle 0\,[\mathrm{A}]$

(6) Y 결선의 3상 교류 전력

① 유효 전력 $P = 3 V_P I_P \cos\theta = 3 I_P^{\,2} R = \sqrt{3}\, V_\ell I_\ell \cos\theta\,[\mathrm{W}]$

② 무효 전력 $P_r = 3 V_P I_P \sin\theta = 3 I_P^{\,2} X = \sqrt{3}\, V_\ell I_\ell \sin\theta\,[\mathrm{Var}]$

③ 피상 전력 $P_a = 3 V_P I_P = 3 I_P^{\,2} Z = \sqrt{3}\, V_\ell I_\ell\,[\mathrm{VA}]$

예제 1) 각 상의 임피던스가 $\dot{Z} = 16 + j12\,[\Omega]$인 평형 3상 Y부하에 평형 3상전압 $V = 200\sqrt{3}\,[\mathrm{V}]$를 인가한 경우 선전류[A] 및 소비전력[W]은?

① 20, 2400   ② 10, 4800   ③ 30, 2400   ④ 30, 4800

해설 한상의 임피던스 크기 $Z_P = \sqrt{16^2 + 12^2} = 20\,[\Omega]$

① 상전압 $V_P = \dfrac{V_\ell}{\sqrt{3}} = \dfrac{200\sqrt{3}}{\sqrt{3}} = 200\,[\mathrm{V}]$

② 선전류 $I_\ell = I_P = \dfrac{V_P}{Z_P} = \dfrac{200}{20} = 10\,[\mathrm{A}]$

③ 유효전력 $P = 3 I_P^{\,2} R = 3 \times 10^2 \times 16 = 4800\,[\mathrm{W}]$

【참고】3상 유효전력 계산 시 저항 R을 알 수 있으면 $P = 3 I_P^{\,2} R\,[\mathrm{W}]$ 식을, 역률 $\cos\theta$를 알 수 있으면 $P = \sqrt{3}\, VI \cos\theta\,[\mathrm{W}]$ 식을 이용하는 것이 편리하다.

정답 ②

예제 2) 그림과 같은 대칭 3상 회로가 있다. I_a 의 크기 및 I_c 의 위상각은?

(단, $\dot{E}_a = 120 \angle 0°$, $\dot{Z}_l = 4 + j6\,[\Omega]$, $\dot{Z} = 20 + j12\,[\Omega]$ 이다.)

① 4, $\tan^{-1}\dfrac{3}{4}$

② 4, $-\tan^{-1}\dfrac{3}{4} + 120°$

③ 8, $-\tan^{-1}\dfrac{4}{3}$

④ 8, $\tan^{-1}\dfrac{4}{3} - 120°$

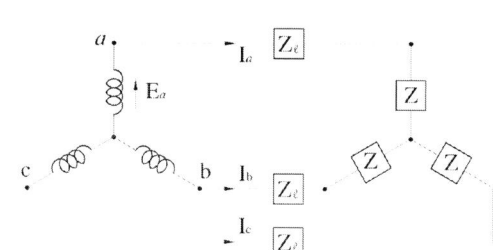

해설 상전압 $\dot{E}_a = 120 \angle 0[\text{V}]$

한상의 임피던스 $\dot{Z}_P = \dot{Z}_\ell + \dot{Z} = 4 + j6 + 20 + j12 = 24 + j18[\Omega]$

$$\dot{I}_a = \frac{120 \angle 0}{24 + j18} = \frac{120 \angle 0}{30 \angle \tan^{-1} \frac{3}{4}} = 4 \angle - \tan^{-1} \frac{3}{4}[\text{A}]$$

따라서, c상의 위상은 $\theta_c = \theta_a + 120\degree = -\tan^{-1}\frac{3}{4} + 120\degree$

정답 ②

CHAPTER
08

3. △결선(환형 결선)

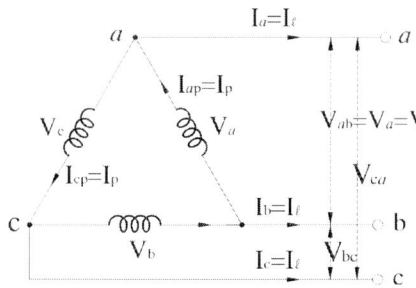

• 선간 전압 : $\dot{V}_\ell = V_P \angle 0\degree[\text{V}]$
• 선전류 : $I_\ell = \sqrt{3}\,I_P \angle -30\degree[\text{A}]$

(1) 선전류 ($I_\ell[\text{A}]$)

변압기 상에서 흘러나온 전류가 선으로 흐르는 전류(상전류의 벡터 차)

• $I_a = I_b = I_c = I_\ell[\text{A}]$

(2) 상전류 ($I_P[\text{A}]$)

• $I_{aP} = I_{bP} = I_{cP} = I_P[\text{A}]$

(3) 선간전압(상전압)

• $V_{ab} = V_{bc} = V_{ca} = V_\ell = V_P$

(4) 상전류와 선전류의 벡터도

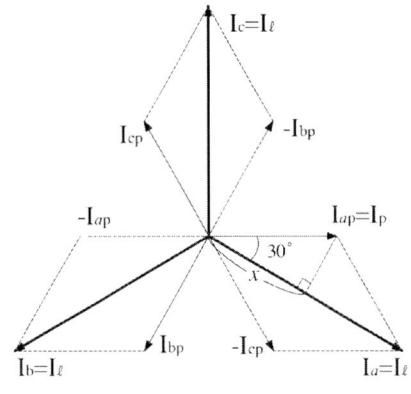

키르히호프의 전류법칙을 적용

$$\dot{I}_{aP}= \dot{I}_a+ \dot{I}_{cP} \ \rightarrow \ \dot{I}_a= \dot{I}_{aP}+ (- \dot{I}_{cP})$$

$$\dot{I}_{bP}= \dot{I}_b+ \dot{I}_{aP} \ \rightarrow \ \dot{I}_b = \dot{I}_{bP}+ (- \dot{I}_{aP})$$

$$\dot{I}_{cP}= \dot{I}_c+ \dot{I}_{bP} \ \rightarrow \ \dot{I}_c = \dot{I}_{cP}+ (- \dot{I}_{bP})$$

벡터도에서 선전류는 상전류의 벡터 차로서
상전류보다 30° 뒤지는 위상 관계가 된다.
크기는 2x이므로 x를 구하면

$\cos 30\,° = \dfrac{x}{I_{aP}}$ 이므로 $x = I_{aP}\cos 30\,°$

$$I_a = I_\ell = 2x = 2I_{aP}\cos 30\,° = 2\times I_{aP}\times \frac{\sqrt{3}}{2}= \sqrt{3}\,I_{aP} = \sqrt{3}\,I_{P}[\text{A}]$$

(5) △결선의 특징

① 선전류와 상전류 관계식 : $I_\ell = \sqrt{3}\,I_P\angle -30\,°\,[\text{A}]$

　선전류는 상전류보다 $\sqrt{3}$ 배가 크고 위상은 30°뒤진다.

② 선간 전압과 상전압 관계식 : $V_\ell = V_P\angle 0°[\text{V}]$

　선간 전압은 상전압과 크기 및 위상이 같다.

(6) △결선의 3상 교류 전력

① 유효 전력 $P= 3V_PI_P\cos\theta = 3I_P{}^2R = \sqrt{3}\,V_\ell I_\ell \cos\theta\,[\text{W}]$

② 무효 전력 $P_r = 3V_PI_P\sin\theta = 3I_P{}^2X = \sqrt{3}\,V_\ell I_\ell\sin\theta\,[\text{Var}]$

③ 피상 전력 $P_a = 3V_PI_P = 3I_P{}^2Z = \sqrt{3}\,V_\ell I_\ell\,[\text{VA}]$

【정리】Y, △ 결선의 특징

Y 결선	△ 결선
• 선간 전압 : $\dot{V}_\ell = \sqrt{3}\,V_P\angle\dfrac{\pi}{6}[\text{V}]$ • 선전류 : $\dot{I}_\ell = I_P\angle 0\,°\,[\text{A}]$	• 선간 전압 : $\dot{V}_\ell= V_P\angle 0\,°\,[\text{V}]$ • 선전류 : $I_\ell = \sqrt{3}\,I_P\angle -\dfrac{\pi}{6}[\text{A}]$
• 유효 전력 : $P= 3I_P{}^2R = \sqrt{3}\,VI\cos\theta\,[\text{W}]$ • 무효 전력 : $P_r = 3I_P{}^2X = \sqrt{3}\,VI\sin\theta\,[\text{Var}]$ • 피상 전력 : $P_a = 3I_P{}^2Z = \sqrt{3}\,VI[\text{VA}]$	

※ 3상 교류전력 계산식은 Y결선이나 △결선 구분없이 같으며 선간전압, 선전류 V_ℓ, I_ℓ은 편의상 첨자를 생략하고 V, I 로 쓰기도 한다.

예제 3) 3상에서 각 상 임피던스가 각각 $\dot{Z} = 6 + j8[\Omega]$ 인 평형 △부하에 선간 전압 220[V]인 대칭 3상전압을 인가할 때의 선전류는 약 몇 [A]인가?

① 27.2　　　　② 38.1　　　　③ 22　　　　④ 12.7

해설 한상의 임피던스 크기 $Z_P = \sqrt{6^2 + 8^2} = 10[\Omega]$

① 상전류 $I_P = \dfrac{V_p}{Z_p} = \dfrac{220}{10} = 22[\text{A}]$

② 선전류 $I_\ell = \sqrt{3}\,I_p = \sqrt{3} \times 22 = 38.1[\text{A}]$

정답 ②

예제 4) △결선 상전류가 $\dot{I}_{ab} = 4\angle -36°$, $\dot{I}_{bc} = 4\angle -156°$, $\dot{I}_{ca} = 4\angle -276°$ 이다.
선전류 $\dot{I}_c[\text{A}]$는 약 얼마인가?

① $4\angle -306°$　　　　② $6.93\angle -306°$

③ $6.93\angle -276°$　　　　④ $4\angle -276°$

해설 선전류 $I_\ell = \sqrt{3}\,I_p = \sqrt{3} \times 4 = 6.93[\text{A}]$

c상의 선전류는 c상의 상전류보다 30° 뒤지므로 다음과 같다.

$\theta_c = \theta_{ca} - 30° = -276° - 30° = -306°$

$\dot{I}_c = 6.93\angle -306°[\text{A}]$

정답 ②

4. 대칭 n상 교류 회로

(1) 성형 결선 (Y형) 회로의 전압과 전류 관계식

① $\dot{V}_\ell = 2\sin\dfrac{\pi}{n}\,V_P \angle \dfrac{\pi}{2}\left(1 - \dfrac{2}{n}\right)[\text{V}]$

② $I_\ell = I_P[\text{A}]$

(2) 환형 결선 (△형) 회로의 전압과 전류 관계식

① $V_\ell = V_P[\text{V}]$

② $I_\ell = 2\sin\dfrac{\pi}{n} I_P \angle -\dfrac{\pi}{2}\left(1-\dfrac{2}{n}\right)$ [A]

(3) 대칭 n상 교류 회로의 소비전력

$$P = \dfrac{n}{2\sin\dfrac{\pi}{n}} V_\ell I_\ell \cos\theta \,[\mathrm{W}]$$

예제 5) 대칭 12상 기전력의 상전압이 100[V] 라면 선간 전압[V]은 얼마인가?

① 86.6　　　　　② 51.76　　　　　③ 25.9　　　　　④ 28.8

해설 성형 결선 시 선간전압

$$V_\ell = 2\sin\dfrac{\pi}{n} V_P = 2 \times \left(\sin\dfrac{\pi}{12}\right) \times 100 = 51.76\,[\mathrm{V}]$$

정답 ②

5. V 결선

Δ 결선된 3상 회로에서 전원 변압기의 1상을 제거한 상태 즉 2대의 단상 변압기로 3상 전원을 공급하여 운전하는 결선 법.

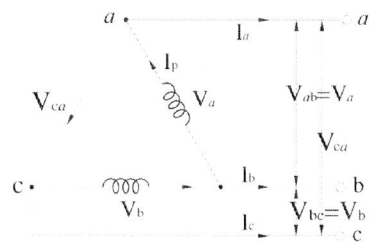 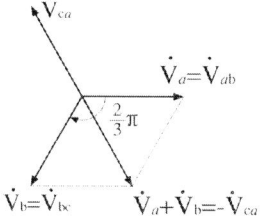

$\dot{V}_a = V_{ab} \angle 0$ [V], $\quad \dot{V}_b = V_{bc} \angle -\dfrac{2}{3}\pi$ [V]

$\dot{V}_{ca} = -(\dot{V}_a + \dot{V}_b)$ [V]

$V_{ab} = V_{bc} = V_{ca} = V_P = V_\ell$

$I_a = I_b = I_c = I_P = I_\ell$

① V 결선 변압기용량(출력)

$$P_V = \sqrt{3}\, V_p I_p \cos\theta = \sqrt{3}\, P_{\triangle 1}\,[\mathrm{VA}] \quad (\mathrm{P}_{\triangle 1}\ \text{고장 전 } \triangle \text{결선 1대 용량})$$

② 이용률 $= \dfrac{V결선\ 허용용량}{2대\ 허용용량} = \dfrac{\sqrt{3}\,P_1}{2P_1} = 0.866 = 86.6[\%]$

③ 출력비 $= \dfrac{V결선\ 출력}{\Delta결선\ 출력} = \dfrac{\sqrt{3}\,P_1}{3P_1} = 0.577 = 57.7[\%]$

6. Y↔Δ 변환 등가 임피던스

Y, Δ 결선에서 동일한 선간전압을 인가하여 부하 임피던스에 동일한 선전류가 흐른다는 조건하에서의 임피던스 변환 관계를 의미한다.

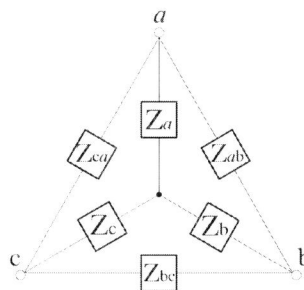

$$Z_a + Z_b = \frac{Z_{ab}(Z_{bc} + Z_{ca})}{Z_{ab} + (Z_{bc} + Z_{ca})} \rightarrow \text{①式}$$

$$Z_b + Z_c = \frac{Z_{bc}(Z_{ca} + Z_{ab})}{Z_{bc} + (Z_{ca} + Z_{ab})} \rightarrow \text{②式}$$

$$Z_c + Z_a = \frac{Z_{ca}(Z_{ab} + Z_{bc})}{Z_{ca} + (Z_{ab} + Z_{bc})} \rightarrow \text{③式}$$

(1) Δ → Y 변환

• $Z_a = \dfrac{Z_{ca}Z_{ab}}{Z_{ab} + Z_{bc} + Z_{ca}}\,[\Omega]$

• $Z_b = \dfrac{Z_{ab}Z_{bc}}{Z_{ab} + Z_{bc} + Z_{ca}}\,[\Omega]$

• $Z_c = \dfrac{Z_{bc}Z_{ca}}{Z_{ab} + Z_{bc} + Z_{ca}}\,[\Omega]$

(2) Y → Δ 변환

• $Z_{ab} = \dfrac{Z_aZ_b + Z_bZ_c + Z_cZ_a}{Z_c}\,[\Omega]$

• $Z_{bc} = \dfrac{Z_aZ_b + Z_bZ_c + Z_cZ_a}{Z_a}\,[\Omega]$

• $Z_{ca} = \dfrac{Z_aZ_b + Z_bZ_c + Z_cZ_a}{Z_b}\,[\Omega]$

(3) 3상 평형일 경우 임피던스 환산

각 상의 임피던스 크기가 모두 같을 경우 다음과 같은 관계가 성립한다.

① △→Y 변환 : $Z_Y = \dfrac{1}{3} Z_\triangle$

② Y→△ 변환 : $Z_\triangle = 3 Z_Y$

예제 6) 그림과 같은 순저항 회로에서 대칭 3상전압을 가할 때 각 선에 흐르는 전류가 같으려면 R의 값은 몇 [Ω]인가?

① 4
② 8
③ 12
④ 16

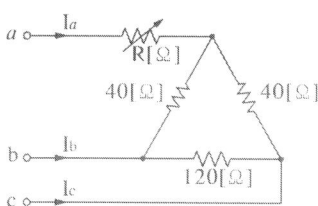

해설 그림에서 △결선을 Y 결선으로 바꾸면

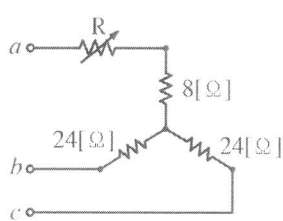

$R_a = \dfrac{40 \times 40}{40 + 120 + 40} = 8\,[\Omega]$

$R_b = \dfrac{40 \times 120}{40 + 120 + 40} = 24\,[\Omega]$

$R_c = \dfrac{40 \times 120}{40 + 120 + 40} = 24\,[\Omega]$

$R + 8 = 24\,[\Omega]$이면 되므로 $R = 24 - 8 = 16\,[\Omega]$

정답 ④

예제 7) 대칭 3상전압을 그림과 같은 평형 부하에 가할 때 부하 역률은 얼마인가?

(단, $R = 9[\Omega]$, $\dfrac{1}{\omega C} = 4[\Omega]$ 이다.)

① 1
② 0.96
③ 0.8
④ 0.6

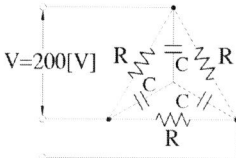

해설 △결선을 Y결선으로 변환한 경우 각상의 저항 $R_Y = \dfrac{1}{3} R_\triangle = \dfrac{1}{3} \times 9 = 3\,[\Omega]$ 이 된다.

한상의 어드미턴스 $\dot{Y} = \dfrac{1}{R} + j\dfrac{1}{X_c} = \dfrac{1}{3} + j\dfrac{1}{4}[\mho]$

역률 $\cos\theta = \dfrac{G}{Y} = \dfrac{\dfrac{1}{R}}{\sqrt{\left(\dfrac{1}{R}\right)^2 + \left(\dfrac{1}{X_C}\right)^2}}$

$= \dfrac{X_C}{\sqrt{R^2 + {X_C}^2}} = \dfrac{4}{\sqrt{3^2 + 4^2}} = 0.8$

정답 ③

7. 선전류와 소비전력 Y ↔ △ 관계식

선간전압과 부하 임피던스가 동일한 경우 △ 결선과 Y 결선 비교한 것이다.

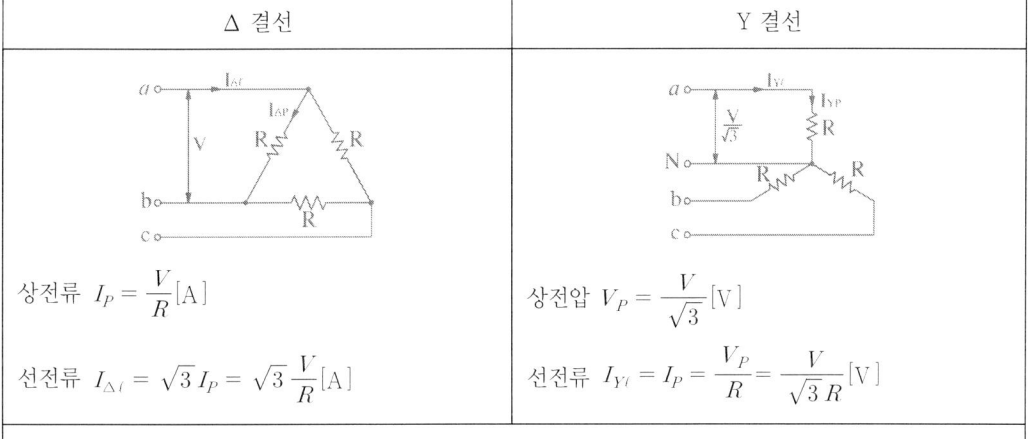

△ 결선	Y 결선
상전류 $I_P = \dfrac{V}{R}[\text{A}]$ 선전류 $I_{\Delta\ell} = \sqrt{3}\,I_P = \sqrt{3}\,\dfrac{V}{R}[\text{A}]$	상전압 $V_P = \dfrac{V}{\sqrt{3}}[\text{V}]$ 선전류 $I_{Y\ell} = I_P = \dfrac{V_P}{R} = \dfrac{V}{\sqrt{3}\,R}[\text{V}]$

선전류 비율 $\dfrac{I_{Y\ell}}{I_{\Delta\ell}} = \dfrac{\dfrac{1}{\sqrt{3}}\dfrac{V}{R}}{\sqrt{3}\dfrac{V}{R}} = \dfrac{1}{3}$ 이므로 $I_{Y\ell} = \dfrac{1}{3}I_{\Delta\ell}[\text{A}]$

소비전력 : △ 결선 전력 : $P_\triangle = 3 \times \dfrac{V^2}{R}[\text{W}]$,

Y 결선 전력 : $P_Y = 3 \times \dfrac{{V_P}^2}{R} = 3 \times \dfrac{(\dfrac{V}{\sqrt{3}})^2}{R} = \dfrac{V^2}{R}[\text{W}]$

따라서 $P_Y = \dfrac{1}{3}P_\triangle[\text{W}]$

① 선전류 관계식 : $I_{Y\ell} = \dfrac{1}{3}I_{\Delta\ell}$ ② 소비전력 관계식 : $P_Y = \dfrac{1}{3}P_\triangle[\text{W}]$

3상 교류 전력을 전력계 2개를 선간에 접속하여 전력량계의 지시값 P_1, P_2를 이용하여 유효전력, 무효전력, 피상전력, 역률을 계산하는 방법

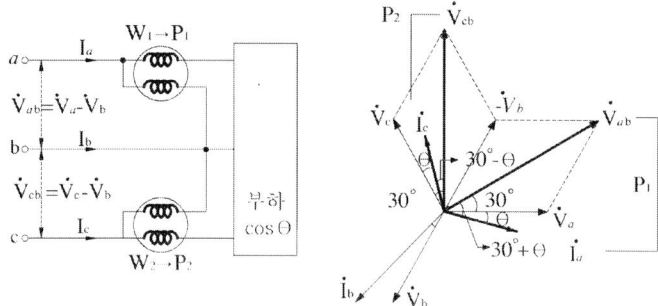

(1) 유효전력 P_1의 지시값

전력량계 W_1의 지시값 P_1은 선간 전압 $\dot{V}_{ab}$와 선전류 $\dot{I}_a$의 유효전력이므로 전압 $\dot{V}_{ab}$와 전류 $\dot{I}_a$ 의 위상차를 θ'라 하면, 실제 부하의 역률각 θ(상전압 V_a와 전류 $\dot{I}_a$의 위상차)와 위상 관계 벡터도를 이용하여 정리하면 $\theta' = 30° + \theta[\text{rad}]$이 된다.

$$P_1 = V_{ab}I_a\cos\theta' = VI\cos(30° + \theta)$$
$$= VI(\cos30°\cos\theta - \sin30°\sin\theta)[\text{W}]$$

(2) 유효전력 P_2의 지시값

전력량계 W_2의 지시값 P_2는 선간 전압 $\dot{V}_{cb}$와 선전류 $\dot{I}_c$의 유효전력이므로 전압 $\dot{V}_{cb}$와 전류 $\dot{I}_c$ 의 위상차를 θ''라 하면, 실제 부하의 역률각 θ(상전압 $\dot{V}_c$와 전류 $\dot{I}_c$의 위상차)와 위상관계를 벡터도를 이용하여 정리하면 $\theta'' = 30° - \theta[\text{rad}]$이 된다.

$$P_2 = V_{cb}I_c\cos\theta'' = VI\cos(30° - \theta)$$
$$= VI(\cos30°\cos\theta + \sin30°\sin\theta)[\text{W}]$$

(3) 3상 교류 전력

① 3상 유효전력

$$P_1 = VI(\cos30°\cos\theta - \sin30°\sin\theta)[\text{W}]$$
$$P_2 = VI(\cos30°\cos\theta + \sin30°\sin\theta)[\text{W}] \text{ 에서}$$
$$P = P_1 + P_2 = VI[\cos(30° + \theta) + \cos(30° - \theta)] = VI \times 2\cos30\cos\theta$$
$$= \sqrt{3}\ VI\cos\theta[\text{W}] \text{ 이므로 3상 유효전력은 전력계 2개 지시 값의 합이 된다.}$$

• 2전력계법에 의한 유효전력 $P = P_1 + P_2 = \sqrt{3}\ VI\cos\theta[\text{W}]$

② 무효전력

$$P_2 - P_1 = VI[\cos(30° - \theta) - \cos(30° + \theta)] = VI2\sin 30 \sin\theta = VI \times 2 \times \frac{1}{2} \times \sin\theta$$

$$= VI\sin\theta [\mathrm{Var}] \ \text{이므로}$$

3상 무효전력은 전력계 2개 지시 값의 차에 $\sqrt{3}$ 배를 하면 된다.

• 2전력계법에 의한 무효전력 $P_r = \sqrt{3}(P_2 - P_1) = VI\sin\theta [\mathrm{Var}]$

③ 피상전력

$$P_a = \sqrt{P^2 + P_r{}^2} = \sqrt{(P_1 + P_2)^2 + \left[\sqrt{3}(P_2 - P_1)\right]^2}$$

$$= \sqrt{4(P_1{}^2 + P_2{}^2 - P_1 P_2)} = 2\sqrt{P_1{}^2 + P_2{}^2 - P_1 P_2} [\mathrm{VA}]$$

• 2전력계법에 의한 피상전력 $P_a = 2\sqrt{P_1{}^2 + P_2{}^2 - P_1 P_2} = \sqrt{3} \, VI [\mathrm{VA}]$

④ 역률 $\cos\theta = \dfrac{P}{P_a} = \dfrac{P_1 + P_2}{2\sqrt{P_1{}^2 + P_2{}^2 - P_1 P_2}}$

ⓐ $P_1 = P_2 \rightarrow \cos\theta = 1$ (R 만의 회로)

ⓑ $P_1 = 0$ 또는 $P_2 = 0 \rightarrow \cos\theta = 0.5$

ⓒ $P_1 = 2P_2$ 또는 $P_2 = 2P_1 \rightarrow \cos\theta = \dfrac{\sqrt{3}}{2} = 0.866$

예제 8) 선간 전압 V[V] 의 3상평형 전원에 대칭 3상 저항 부하 R[Ω]이 그림과 같이 접속되었을 때 a, b 두 상간에 접속된 전력계 지시값이 W[W]라 하면 c상의 전류[A]는?

① $\dfrac{\sqrt{3} \, W}{V}$

② $\dfrac{3W}{V}$

③ $\dfrac{W}{\sqrt{3} \, V}$

④ $\dfrac{2W}{\sqrt{3} \, V}$

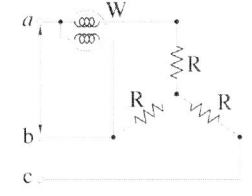

해설) 2전력계법 그림에서 부하가 R만의 부하이므로 역률 $\cos\theta = 1$ 이 된다.

따라서 3상 유효전력 $P = 2W = \sqrt{3} \, VI [\mathrm{W}]$ 이므로

전류 $I = \dfrac{2W}{\sqrt{3} \, V} [\mathrm{A}]$ 가 된다.

정답 ④

예제 9) 2전력계법으로 평형 3상 전력을 측정하였더니 한쪽의 지시가 800[W], 다른 쪽의 지시가 1600[W]이었다. 피상 전력은 얼마[VA]인가?

① 2971   ② 2871   ③ 2771   ④ 2671

해설 2전력계법에서 전력계 한 개 지시 값이 다른 전력계 지시 값의 2배이므로

$\cos\theta = \dfrac{\sqrt{3}}{2} = 0.866$ 역률 이 된다.

3상 유효전력 $P = P_1 + P_2 = 800 + 1600 = 2400[\mathrm{W}]$

3상 피상전력 $P_a = \dfrac{P}{\cos\theta} = \dfrac{2400}{0.866} = 2771[\mathrm{W}]$

정답 ③

출제예상핵심문제

106 대칭 6상 기전력의 선간전압과 상전압의 위상차는?

① 120°   ② 60°   ③ 30°   ④ 15°

해설 선간전압과 상전압 간 위상차가 발생하는 것은 성형결선이다.

$$\theta = \frac{\pi}{2}\left(1 - \frac{2}{n}\right) = \frac{\pi}{2}\left(1 - \frac{2}{6}\right) = \frac{\pi}{3} = 60°$$

107 다상 교류 회로의 설명 중 잘못된 것은 ? (단, n = 상수이다.)

① 평형 3상 교류에서 Δ결선의 상전류는 선전류의 $\frac{1}{\sqrt{3}}$ 과 같다.

② n상 전력 $P = \dfrac{1}{2\sin\dfrac{\pi}{n}} V_l I_l \cos\theta$ 이다.

③ 성형 결선에서 선간 전압과 상전압과의 위상차는 $\frac{\pi}{2}(1 - \frac{2}{n})$[rad]이다.

④ 비대칭 다상 교류가 만드는 회전 자계는 타원 회전 자계이다.

해설 소비전력 $P = \dfrac{n}{2\sin\dfrac{\pi}{n}} V_l I_l \cos\theta$ [W]

108 각 상의 임피던스가 Z = 16 + j12[Ω] 인 평형 3상 Y부하에 정현파 상전류10[A]가 흐를 때 이 부하의 선간 전압의 크기[V]는?

① 200   ② 600   ③ 220   ④ 346

해설 한상의 임피던스 크기 $Z_P = \sqrt{16^2 + 12^2} = 20[\Omega]$ 이므로

상전압 $V_P = I_P Z_P = 10 \times 20 = 200[\text{V}]$

선간전압 $V_l = \sqrt{3}\ V_P = \sqrt{3} \times 200 = 346[\text{V}]$

정답   **106.**②   **107.**②   **108.**④

109 변압비 33:1의 단상 변압기 3개를 1차는 Δ, 2차는 Y로 결선하고 1차 선간에 3300[V]를 가할 때의 무부하 2차 선간 전압은 몇[V]인가?

① 100 　　　　　② 120 　　　　　③ 141.4 　　　　　④ 173.2

> **해설** 변압기 권수비는 상전압 비를 의미한다.
>
> 변압비 $33:1 = 3300:V_{P2}$ 에서 2차 상전압 $V_{P2} = \dfrac{3300}{33} = 100[\mathrm{V}]$
>
> 선간전압 $V_\ell = \sqrt{3}\,V_P = \sqrt{3} \times 100 = 173.2[\mathrm{V}]$

110 그림과 같은 성형 평형부하가 선간전압 220[V]의 대칭 3상 전원에 접속되어 있다. 이 접속선 중에 한 선이 X점에서 단선되었다고 하면 이 단선 점 X의 양단에 나타나는 전압은?.
(단, 전원전압은 변화하지 않는 것으로 한다.)

① $110\sqrt{3}$

② 110

③ $\dfrac{220}{\sqrt{3}}$

④ 220

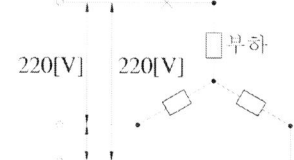

> **해설** X점에서 단선되면 양단에 걸리는 전압은 a전압선과 b, c상 사이에 걸리는 선간전압 V_{bc}의 2등분한 지점을 N이라 하면 X점 양단에 걸리는 전압은 선간전압 정삼각형 형태의 벡터도를 해석하여 구하면 다음과 같다.
>
> $V_{aN} = V_\ell \sin 60^\circ = 220 \times \dfrac{\sqrt{3}}{2} = 110\sqrt{3}[\mathrm{V}]$

111 각 상의 임피던스가 Z = 6 + j8[Ω] 인 평형 Y부하에 선간전압 220[V]인 대칭 3상전압이 가해졌을 때 선전류는 약 몇 A인가?

① 11.7 　　　　　② 12.7 　　　　　③ 7.5 　　　　　④ 14.7

> **해설** 한상의 임피던스 $\dot{Z}_P = 6 + j8[\Omega]$ 이므로 $Z_P = \sqrt{6^2 + 8^2} = 10[\Omega]$
>
> 상전류 $I_P = \dfrac{V_P}{Z_P} = \dfrac{\frac{220}{\sqrt{3}}}{10} = 12.7[\mathrm{A}]$
>
> Y 결선 경우 선전류 $I_\ell = I_P = 12.7[\mathrm{A}]$

112 평형 3상 3선식 회로가 있다. 부하는 Y결선이고 $\dot{V}_{ab}=100\sqrt{3}\angle 0^\circ[\mathrm{V}]$ 일 때 $\dot{I}_a=20\angle-120^\circ[\mathrm{A}]$ 이었다. Y결선된 부하 한 상의 임피던스는 몇[Ω]인가 ?

① $5\angle 60^\circ$ ② $5\sqrt{3}\angle 60^\circ$

③ $5\angle 90^\circ$ ④ $5\sqrt{3}\angle 90^\circ$

해설 선간전압 $\dot{V}_{ab}=100\sqrt{3}\angle 0$ 이므로

a상전압 $\dot{V}_a=\dfrac{V_\ell}{\sqrt{3}}\angle-30^\circ=\dfrac{100\sqrt{3}}{\sqrt{3}}\angle-30=100\angle-30^\circ$ 이고

Y 결선 시 $I_\ell=I_P$ 이므로 한 a상 전류 $I_a=20\angle-120^\circ$

a상 임피던스 $\dot{Z}_a=\dfrac{\dot{V}_a}{\dot{I}_a}=\dfrac{100\angle-30^\circ}{20\angle-120^\circ}=5\angle 90^\circ[\Omega]$

113 전원과 부하가 다같이 △ 결선 된 3상 평형회로가 있다. 전원 전압이 400[V], 부하 한 상의 임피던스가 4 + j3[Ω] 인 경우 선전류[A]는?

① $80[\mathrm{A}]$ ② $\dfrac{80}{3}$ ③ $\dfrac{80}{\sqrt{3}}$ ④ $80\sqrt{3}$

해설 한상의 임피던스 $Z_P=\sqrt{4^2+3^2}=5[\Omega]$

한 상 전류 $I_P=\dfrac{V_P}{Z_P}=\dfrac{400}{5}=80[\mathrm{A}]$ 이므로

선전류 $I_\ell=\sqrt{3}\times I_P=80\sqrt{3}[\mathrm{A}]$

114 그림과 같은 평형 3상 회로에 선간전압 100[V]를 가했을 때 흐르는 선전류는 얼마인가?

① $3.6[\mathrm{A}]$

② $3.6\sqrt{3}[\mathrm{A}]$

③ $5[\mathrm{A}]$

④ $5\sqrt{3}[\mathrm{A}]$

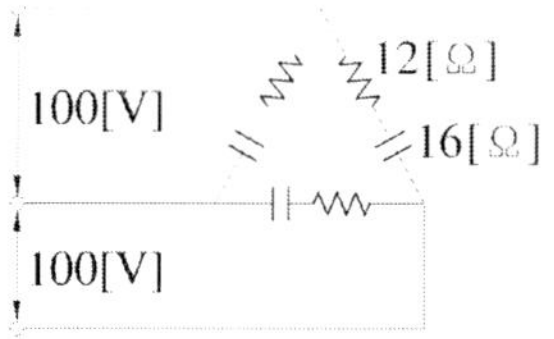

해설 한상의 임피던스 $\dot{Z}_P=12-j16[\Omega]$ 이므로 $Z_P=\sqrt{12^2+16^2}=20[\Omega]$

상전류 $I_P=\dfrac{100}{20}=5[\mathrm{A}]$ 이므로

선전류 $I_\ell=\sqrt{3}\times I_P=5\sqrt{3}[\mathrm{A}]$

정답   **112.**③   **113.**④   **114.**④

115 전원과 부하가 $\Delta - \Delta$ 결선인 평형 3상회로의 선간전압이 200[V], 선전류 30[A]이었다면 부하 1상의 임피던스[Ω]는 ?

① 9.7   ② 10.7   ③ 11.7   ④ 12.7

해설 한 상 임피던스 $Z_P = \dfrac{V_P}{I_P} = \dfrac{V_P}{\dfrac{I_\ell}{\sqrt{3}}} = \dfrac{200}{\dfrac{30}{\sqrt{3}}} = 11.7[\Omega]$

116 그림과 같은 Y결선 회로와 등가인 Δ 결선인 회로의 A, B, C값은?

① $A = \dfrac{11}{3}$, $B = 11$, $C = \dfrac{11}{2}$

② $A = \dfrac{7}{3}$, $B = 7$, $C = \dfrac{7}{2}$

③ $A = 11$, $B = \dfrac{11}{2}$, $C = \dfrac{11}{3}$

④ $A = 7$, $B = \dfrac{7}{2}$, $C = \dfrac{7}{3}$

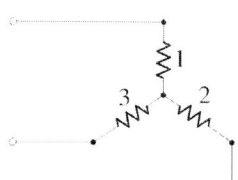 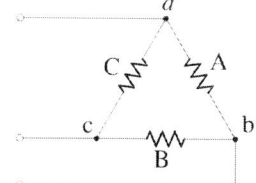

해설 임피던스 등가 변환값

- $A = \dfrac{1 \times 2 + 2 \times 3 + 1 \times 3}{3} = \dfrac{11}{3}$

- $B = \dfrac{1 \times 2 + 2 \times 3 + 1 \times 3}{1} = 11$

- $C = \dfrac{1 \times 2 + 2 \times 3 + 1 \times 3}{2} = \dfrac{11}{2}$

117 R[Ω]의 저항 3개를 Y결선하여 대칭 3상 200[V]의 전원에 연결할 때 선전류가 10[A]라면 3개의 저항을 Δ 결선하여 동일 전원에 연결할 때 선전류[A]는?

① 30   ② 57   ③ 114   ④ 300

해설 동일 부하에 동일 선간전압을 인가한 경우이므로

$I_Y = \dfrac{1}{3} I_\Delta$ 에서 $I_Y = \dfrac{1}{3} I_\Delta$ **에서** $I_\Delta = 3 I_Y = 3 \times 10 = 30[\mathrm{A}]$

118 10[kV], 3[A]의 3상 교류 발전기는 Y결선이다. 이것을 △결선으로 변경하면 그 정격 전압 및 전류는 얼마인가?

① $\dfrac{10}{\sqrt{3}}$[kV], $3\sqrt{3}$[A]

② $10\sqrt{3}$[kV], $3\sqrt{3}$[A]

③ $10\sqrt{3}$[kV], $\sqrt{3}$[A]

④ $\dfrac{10}{\sqrt{3}}$[kV], $\sqrt{3}$[A]

해설 그림 상으로 보면

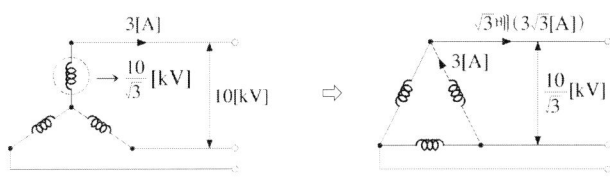

정격전압 $V = \dfrac{10}{\sqrt{3}}$[V], 정격전류 $I = 3\sqrt{3}$[A]

119 다음 그림과 같이 접속된 회로에 평형 3상전압 E[V]를 가할 때의 전류 I_1[A] 및 I_2[A]는 얼마인가?

① $I_1 = \dfrac{\sqrt{3}}{4E}$, $I_2 = \dfrac{rE}{4}$

② $I_1 = \dfrac{4E}{\sqrt{3}}$, $I_2 = \dfrac{4r}{E}$

③ $I_1 = \dfrac{\sqrt{3}E}{4}$, $I_2 = \dfrac{E}{4r}$

④ $I_1 = \dfrac{\sqrt{3}E}{4r}$, $I_2 = \dfrac{E}{4r}$

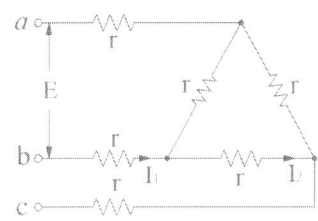

해설 그림에서 △결선을 Y결선으로 바꾸면

선전류 $I_1 = \dfrac{\dfrac{E}{\sqrt{3}}}{\dfrac{4}{3}r} = \dfrac{\sqrt{3}E}{4r}$[A]

상전류 $I_2 = \dfrac{I_1}{\sqrt{3}} = \dfrac{E}{4r}$[A]

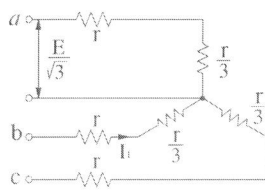

정답 **118.**① **119.**④

120 그림과 같이 △로 접속된 부하에서 각 선로의 저항은 r = 1 [Ω]이고 부하 임피던스는 Z = 6 + J12 [Ω]이다. 단자 a, b, c간에 200[V]의 평형 3상전압을 가할 때 부하의 상전류[A]는?

① 23.09

② 40.26

③ 13.33

④ 69.28

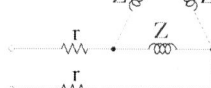

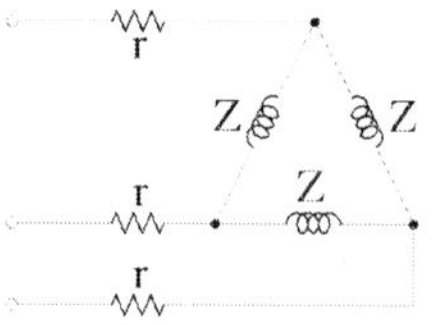

해설   그림에서 △결선을 Y결선으로 변환하면 한상의 임피던스는 $\frac{1}{3}$ 이므로

$Z_Y = \frac{1}{3}(6 + j12) = 2 + j4[\Omega]$ 이며 그림과 같다.

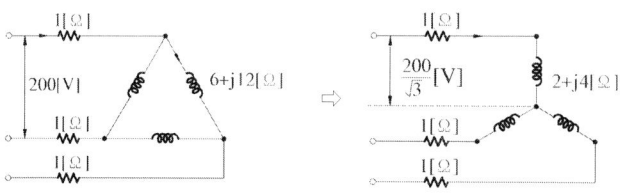

Y결선 상에서 $I_\ell = I_P = \dfrac{V_P}{Z_P} = \dfrac{200/\sqrt{3}}{\sqrt{3^2 + 4^2}} = 23.09[\text{A}]$

그러므로 △결선 상에서 상전류 $I_P = \dfrac{23.09}{\sqrt{3}} = 13.33[\text{A}]$

121 그림과 같은 부하에 전압 V = 100[V] 대칭 3상전압을 가할 때 선전류 I[A]는?

① $\dfrac{100}{\sqrt{3}}\left(\dfrac{1}{R} + j3\omega C\right)$

② $100\left(\dfrac{1}{R} + j\sqrt{3}\,\omega C\right)$

③ $\dfrac{100}{\sqrt{3}}\left(\dfrac{1}{R} + j\omega C\right)$

④ $100\left(\dfrac{1}{R} + j\omega C\right)$

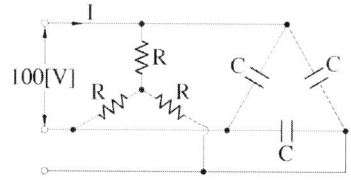

해설   그림에서 △결선을 Y결선으로 변환하면 다음과 같은 등가회로가 된다.

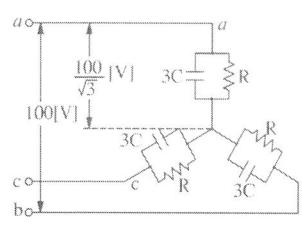

어드미턴스 $\dot{Y}_P = \dfrac{1}{R} + j3\omega C[\mho]$

상전압 $\dot{V}_P = \dfrac{\dot{V}_\ell}{\sqrt{3}} = \dfrac{100}{\sqrt{3}}[\text{V}]$

선전류 $\dot{I} = \dot{Y}_P \dot{V}_P = \dfrac{100}{\sqrt{3}}\left(\dfrac{1}{R} + j3\omega C\right)[\text{A}]$

정답   **120.**③   **121.**①

122 선간전압 200[V], 부하 임피던스 24 + j7[Ω] 인 3상 Y결선의 3상 전력[W]은?

① 1536   ② 512   ③ 4608   ④ 192

> **해설** 3상 전력 $P = 3I_P^2R = \sqrt{3}\,VI\cos\theta[\text{W}]$ 에서
>
> 1상 전류 $I_P = \dfrac{\frac{200}{\sqrt{3}}}{\sqrt{24^2+7^2}} = 4.62[\text{A}]$ 이므로
>
> 3상 전력 $P = 3I_P^2R = 3\times(4.62)^2\times24 = 1536[\text{W}]$

123 한 상의 임피던스가 3 + j4[Ω] 인 평형 △부하에 대칭 선간전압 200[V]를 인가할 때 3상 전력[kW]은 얼마인가?

① 9.6   ② 12.5   ③ 14.4   ④ 20.5

> **해설** 3상 전력 $P = 3I_P^2R = \sqrt{3}\,VI\cos\theta[\text{W}]$ 에서
>
> 상전류 $I_P = \dfrac{200}{\sqrt{3^2+4^2}} = 40[\text{A}]$ 이므로
>
> 3상 전력 $P = 3I_P^2R = 3\times40^2\times3 = 14,400[\text{W}] = 14.4[\text{kW}]$

124 한 상의 임피던스 Z = 6 + j8[Ω] 인 평형 Y 부하에 평형 3상전압 200[V]를 인가할 때 무효 전력[Var]은?

① 1330   ② 1848   ③ 2381   ④ 3200

> **해설** 무효전력 $P_r = 3I_P^2X = \sqrt{3}\,VI\sin\theta[\text{Var}]$ 에서
>
> 한 상 전류 $I_P = \dfrac{\frac{200}{\sqrt{3}}}{10} = \dfrac{20}{\sqrt{3}}[\text{A}]$
>
> 3상 무효전력 $P_r = 3I_P^2X = 3\times\left(\dfrac{20}{\sqrt{3}}\right)^2\times8 = 3200[\text{Var}]$

125 Δ결선된 부하를 Y결선으로 바꾸면 소비 전력은 어떻게 되겠는가? (단, 선간 전압은 일정하다.)

① 3배   ② 9배   ③ $\frac{1}{9}$배   ④ $\frac{1}{3}$배

> **해설** 동일부하에 동일 선간전압을 인가한 경우 소비전력
>
> 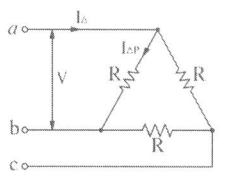 ⇨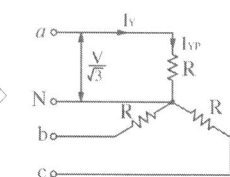
>
> $$P_Y = 3\frac{V^2}{R}[\text{W}], \quad P_\triangle = 3\frac{\left(\frac{V}{\sqrt{3}}\right)^2}{R} = \frac{V^2}{R}[\text{W}] \ , \ \text{이므로} \ P_Y = \frac{1}{3}P_\triangle$$

126 그림에서 저항 R이 접속되고, 여기에 3상 평형 전압 V[V] 가 인가되어 있다. 지금 ×표의 곳에서 1선이 단선되었다고 하면 소비 전력은 몇 배로 되는가?

① 1

② 0.5

③ $\frac{1}{4}$

④ $\frac{1}{\sqrt{2}}$

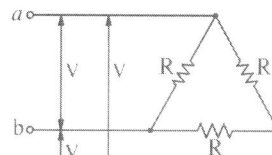

> **해설** 단선 전 소비전력 : $P_1 = 3\frac{V^2}{R}[\text{W}]$, 단선 후 소비전력 : $P_2 = \frac{V^2}{R} + \frac{V^2}{2R} = \frac{3}{2}\frac{V^2}{R}[\text{W}]$
>
> 단선 전과 단선 후의 소비 전력비 $\frac{P_2}{P_1} = 0.5$

127 3상 유도전동기 출력이 5[HP], 전압 200[V], 효율 90[%], 역률 85[%]일 때 이 전동기에 유입되는 선전류는 약 몇 [A]인가?

① 4   ② 6   ③ 8   ④ 14

> **해설** 3상 전력 $P = \sqrt{3}\,VI\cos\theta\,\eta\,[\text{W}]$
>
> 선전류 $I = \frac{P}{\sqrt{3}\,V\cos\theta\eta} = \frac{5 \times 746}{\sqrt{3} \times 200 \times 0.85 \times 0.9} = 14[\text{A}]$

128 부하 단자전압 220[V]인 15[kW]의 3상 대칭 부하에, 3상전력을 공급하는 선로 임피던스가 3 + J2[Ω] 일 때 부하가 뒤진 역률 80[%]이면 선전류는 몇 [A]인가?

① 약 $26.2 - j19.7$

② 약 $39.36 - j52.48$

③ 약 $39.39 - j29.54$

④ 약 $19.7 - j26.4$

해설 3상 전력 $P = \sqrt{3}\, VI\cos\theta\,[W]$

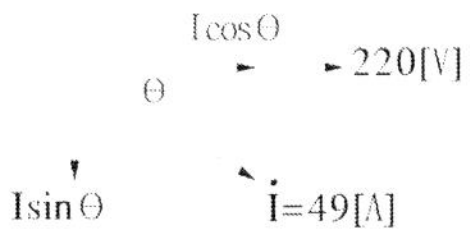

전전류 $I = \dfrac{P}{\sqrt{3}\, V\cos\theta} = \dfrac{15 \times 10^3}{\sqrt{3} \times 220 \times 0.8} = 49[A]$

유효분 전류와 무효분 전류(지상)로 분해하면

$\dot{I} = I\cos\theta - jI\sin\theta = 49 \times 0.8 - j\,49 \times 0.6 = 39.39 - j29.54[A]$

129 △결선 변압기의 한 대가 고장으로 제거되고 V결선으로 한 경우의 공급할 수 있는 전력과 고장 전 전력과의 비율[%]은?

① 86.6

② 75.0

③ 66.7

④ 57.7

해설 V 결선 출력비 : 고장전 출력에 대한 고장후 출력의 비율

출력비 $= \dfrac{\sqrt{3}\, VI}{3\, VI} \times 100 = 57.7[\%]$

130 단상 변압기 3대 (50[kVA]×3)를 △결선으로 운전 중 한 대가 고장이 발생하여 V결선으로 한 경우 출력은 몇[kVA]인가?

① $30\sqrt{3}$

② $50\sqrt{3}$

③ $100\sqrt{3}$

④ $200\sqrt{3}$

해설 $P_V = \sqrt{3} \times P_1 = \sqrt{3} \times 50 = 50\sqrt{3}\,[kVA]$

131 평형 3상 저항 부하가 3상 4선식 회로에 접속되어 있을 때 단상 전력계를 그림과 같이 접속하였더니 그 지시 값이 W[W]이었다. 이 부하의 3상 전력[W]은?

① $\sqrt{2}\, W$

② 2W

③ $\sqrt{3}\, W$

④ 3W

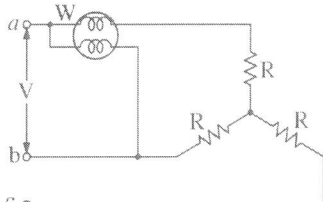

해설 2전력계법에 의한 3상 전력

$$P = W + W = 2W[\text{W}]$$

132 2전력계법을 사용하여 대칭 평형 3상 전력을 측정하였더니 각 전력계가 +500[W], +300[W]를 지시하였다. 전체 전력[W]은 얼마인가? (단, 부하의 위상각은 60°보다 크며 90˚보다 작다고 한다)

① 200　　　　　　② 300　　　　　　③ 500　　　　　　④ 800

해설　$P = P_1 + P_2 = 500 + 300 = 800[\text{W}]$

133 단상전력계 2개로써 평형 3상 부하의 전력을 측정하였더니 각각 300[W]와 600[W]가 측정되었다. 부하 역률을 구하여라. (단, 전압과 전류는 정현파이다.)

① 0.5　　　　　　② 0.577　　　　　　③ 0.637　　　　　　④ 0.867

해설　역률　$\cos\theta = \dfrac{P}{P_a} = \dfrac{P_1 + P_2}{2\sqrt{P_1^2 + P_2^2 - P_1 P_2}}$ 에서

$P_1 = 2P_2$ 　or　 $P_2 = 2P_1$ 이므로　$\cos\theta = 0.867$

134 2전력계법을 이용한 평형 3상회로의 전력이 각각 500[W] 및 300[W]로 측정되었을 때, 부하의 역률은 약 몇 [%]인가?

① 70.7　　　　　　② 87.7　　　　　　③ 89.2　　　　　　④ 91.8

해설　2전력계법에 의한 역률　$\cos\theta = \dfrac{P}{P_a} = \dfrac{P_1 + P_2}{2\sqrt{P_1^2 + P_2^2 - P_1 P_2}} \times 100[\%]$

$\cos\theta = \dfrac{500 + 300}{2\sqrt{500^2 + 300^2 - 500 \times 300}} \times 100 = 91.8[\%]$

135 2전력계법으로 평형 3상 전력을 측정하였더니 한쪽의 지시가 500[W], 다른 한쪽의 지시가 1500[W]이었다. 피상전력은 약 몇 [VA] 인가?

① 2000　　　　　　② 2310　　　　　　③ 2646　　　　　　④ 2771

정답 **132.**④　**133.**④　**134.**④　**135.**③

132 << 전기(산업)기사 시리즈 – 회로이론

해설 2전력계법에 의한 피상 전력

$$P_a = 2\sqrt{P_1^2 + P_2^2 - P_1 P_2} = 2\sqrt{500^2 + 1500^2 - 500 \times 1500} = 2646[\text{VA}]$$

136 대칭 3상전압을 공급한 유도 전동기가 있다. 전동기에 그림과 같이 2개의 전력계 W_1 및 W_2 전압계 Ⓥ, 전류계 Ⓐ를 접속하니 각 계기의 지시가 다음과 같다. $W_1 = 5.96[\text{kW}]$, $W_2 = 1.31[\text{kW}]$, $V = 200[\text{V}]$, $A = 30[\text{A}]$ 일 때 전동기의 역률은 몇[%] 인가?

① 60

② 70

③ 80

④ 90

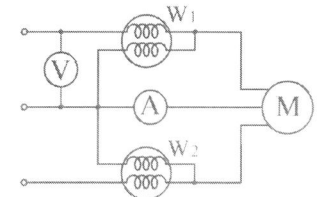

해설 유효전력 $P = P_1 + P_2 = 5.96 + 1.31 = 7.27\,[\text{kW}]$

역률 $\cos\theta = \dfrac{P}{P_a} = \dfrac{P_1 + P_2}{2\sqrt{P_1^2 + P_2^2 - P_1 P_2}} = \dfrac{P_1 + P_2}{\sqrt{3}\,VI} = \dfrac{7.27 \times 10^3}{\sqrt{3} \times 200 \times 30} = 0.7 = 70\%$

대칭 좌표법

대칭좌표법이란 불평형 3상 회로의 전압 및 전류를 쉽게 해석하고 분석하기 위하여 불평형 3상 전압이나 전류를 대칭 성분(영상분, 정상분, 역상분)으로 분해하여 해석하는 방법으로서 주로 선로고장이나 회전기기를 포함한 3상 회로, 송전선로의 유도장해 등을 해석하는데 유용하게 계산되는 방법이다.

1. 벡터 연산자 a

(1) 허수와 벡터 연산자

① 허수 j : j는 크기는 1이면서 위상이 $90°$ 앞선 것을 의미하는 벡터 연산자로서 교류 전압 및 전류를 벡터 해석할 때 이용하는 벡터 연산자이다.

$j = 1 \angle 90°$, $-j = 1 \angle -90°$

② a : 벡터연산자 a는 크기는 1이면서 위상 $120°$ 앞선 것을 의미하는 벡터 연산자로서 3상 대칭일 때 각각의 위상차 $120°$ 또는 $240°$ 를 표현하기 위한 벡터 연산자이다.

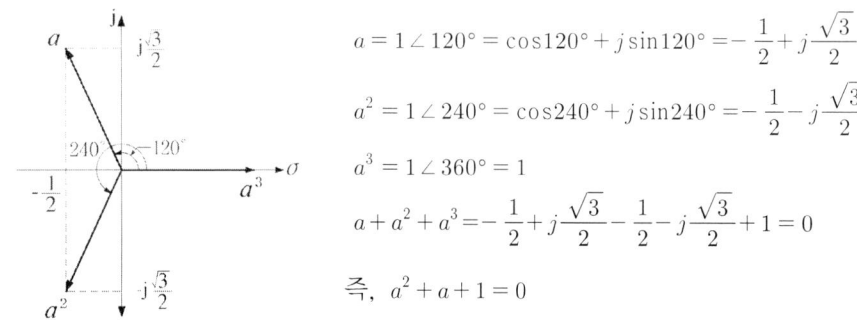

$$a = 1 \angle 120° = \cos 120° + j \sin 120° = -\frac{1}{2} + j\frac{\sqrt{3}}{2}$$

$$a^2 = 1 \angle 240° = \cos 240° + j \sin 240° = -\frac{1}{2} - j\frac{\sqrt{3}}{2}$$

$$a^3 = 1 \angle 360° = 1$$

$$a + a^2 + a^3 = -\frac{1}{2} + j\frac{\sqrt{3}}{2} - \frac{1}{2} - j\frac{\sqrt{3}}{2} + 1 = 0$$

즉, $a^2 + a + 1 = 0$

(2) 3상 평형회로의 벡터연산자 a 적용

만약 3상평형(대칭)이라면 각 상전압의 벡터도와 기준전압 V_a로 통일하여 환산한 값은 다음과 같다.

기준전압

$$\dot{V}_a = V_a \angle 0° \ [\text{V}]$$

$$\dot{V}_b = V_a \angle 240° = a^2 V_a [\text{V}]$$

$$\dot{V}_c = V_a \angle 120° = a V_a [\text{V}]$$

각 상의 전압을 모두 합하면

$$\dot{V}_a + \dot{V}_b + \dot{V}_c = \dot{V}_a + a^2 \dot{V}_a + a \dot{V}_a$$

$$= \dot{V}_a (1 + a^2 + a) = 0$$

2. 불평형 3상 회로 대칭 성분 해석

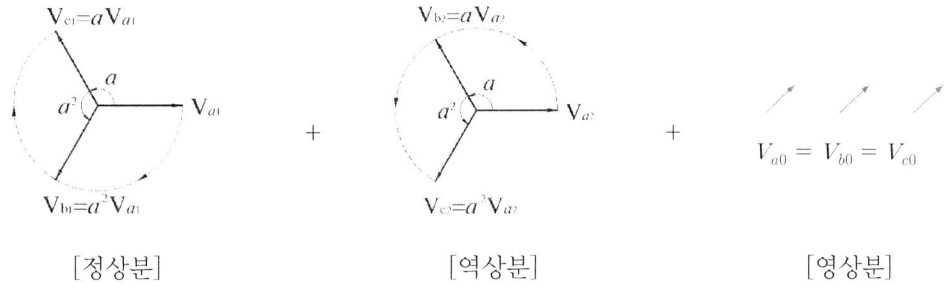

[정상분]   [역상분]   [영상분]

각 상전압 V_a, V_b, V_c를 영상분, 정상분, 역상분으로 표현하면 다음과 같다.

$$\dot{V}_a = \dot{V}_{ao} + \dot{V}_{a1} + \dot{V}_{a2} = \dot{V}_o + \dot{V}_1 + \dot{V}_2 \qquad \rightarrow \quad ①$$

$$\dot{V}_b = \dot{V}_{bo} + \dot{V}_{b1} + \dot{V}_{b2} = \dot{V}_o + a^2 \dot{V}_1 + a \dot{V}_2 \qquad \rightarrow \quad ②$$

$$\dot{V}_c = \dot{V}_{co} + \dot{V}_{c1} + \dot{V}_{c2} = \dot{V}_o + a \dot{V}_1 + a^2 \dot{V}_2 \qquad \rightarrow \quad ③$$

(1) 영상분

불평형 3상 회로인 경우 각 상전압을 벡터적으로 합성시킨 성분으로 각 상에 존재하는 영상분은 $\dot{V}_a$, $\dot{V}_b$, $\dot{V}_c$ 3벡터 합을 3등분하면 된다.

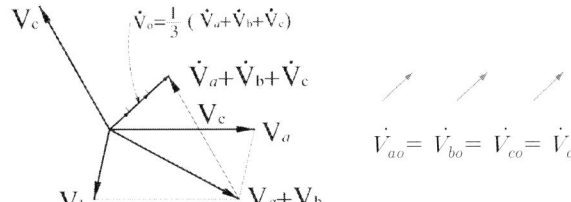

① 크기가 같고 동위상의 특성을 갖는 각 상의 공통 성분

② 3상평형일 경우 영상분은 존재하지 않는다.

③ 3상 불평형일 경우 전로가 비접지식이면 전류 통로가 형성되지 않으므로 영상분이 존재하지 않는다.

④ 3상 불평형 전선로에서 영상분 전류는 유도장해의 원인이 된다.

(2) 정상분

① 전원과 상회전 방향이 같고 각각의 위상차 120°를 가진 각 상전압 성분

② 3상평형과 동일 특성을 가지므로 전동기 운전 시 정 토크를 발생한다.

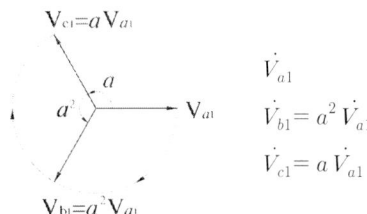

$$\dot{V}_{a1}$$
$$\dot{V}_{b1} = a^2 \dot{V}_{a1}$$
$$\dot{V}_{c1} = a \dot{V}_{a1}$$

(3) 역상분

① 전원과 상회전 방향이 반대 방향이며 각각의 위상차 120°를 가진 각 상전압 성분

② 3상평형과 반대 특성을 가지므로 전동기 운전 시 역 토크를 발생한다.

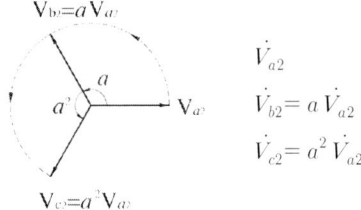

$$\dot{V}_{a2}$$
$$\dot{V}_{b2} = a \dot{V}_{a2}$$
$$\dot{V}_{c2} = a^2 \dot{V}_{a2}$$

(4) 대칭분으로 환산한 불평형 3상전압과 3상전류

① 불평형 3상전압

$$\dot{V}_a = \dot{V}_o + \dot{V}_1 + \dot{V}_2$$
$$\dot{V}_b = \dot{V}_o + a^2 \dot{V}_1 + a \dot{V}_2$$
$$\dot{V}_c = \dot{V}_o + a \dot{V}_1 + a^2 \dot{V}_2$$

② 불평형 3상 전류

$$\dot{I}_a = \dot{I}_o + \dot{I}_1 + \dot{I}_2$$
$$\dot{I}_b = \dot{I}_o + a^2 \dot{I}_1 + a \dot{I}_2$$
$$\dot{I}_c = \dot{I}_o + a \dot{I}_1 + a^2 \dot{I}_2$$

3. 불평형 3상 회로 대칭성분 계산

$$\dot{V}_a = \dot{V}_o + \dot{V}_1 + \dot{V}_2 \quad \rightarrow \quad ①$$

$$\dot{V}_b = \dot{V}_o + a^2 \dot{V}_1 + a \dot{V}_2 \quad \rightarrow \quad ②$$

$$\dot{V}_c = \dot{V}_o + a \dot{V}_1 + a^2 \dot{V}_2 \quad \rightarrow \quad ③$$

(1) 영상분 ($\dot{V}_0$, $\dot{I}_0$, $\dot{Z}_0$)

① + ② + ③ 을 계산하면

$$\dot{V}_a + \dot{V}_b + \dot{V}_c = 3\dot{V}_o + \dot{V}_1(1 + a + a^2) + \dot{V}_2(1 + a + a^2) \text{ 이 되므로}$$

영상분 전압 : $\dot{V}_o = \dfrac{1}{3}(\dot{V}_a + \dot{V}_b + \dot{V}_c)[\text{V}]$

(2) 정상분 ($\dot{V}_1$, $\dot{I}_1$, $\dot{Z}_1$)

① + a② + a²③ 을 계산하면

$$\dot{V}_a + a\dot{V}_b + a^2\dot{V}_c = \dot{V}_o(1 + a + a^2) + 3\dot{V}_1 + \dot{V}_2(1 + a + a^2) \text{ 이 되므로}$$

정상분 전압 : $\dot{V}_1 = \dfrac{1}{3}(\dot{V}_a + a\dot{V}_b + a^2\dot{V}_c)[\text{V}]$

(3) 역상분 ($\dot{V}_2$, $\dot{I}_2$, $\dot{Z}_2$)

① + a²② + a③ 을 계산하면

$$\dot{V}_a + a^2\dot{V}_b + a\dot{V}_c = \dot{V}_o(1 + a + a^2) + \dot{V}_1(1 + a + a^2) + 3\dot{V}_2 \text{ 이 되므로}$$

역상분 전압 : $\dot{V}_2 = \dfrac{1}{3}(\dot{V}_a + a^2\dot{V}_b + a\dot{V}_c)[\text{V}]$

(4) 3상 불평형 전압 및 전류

구분	불평형 전압	불평형 전류
영상분	$\dot{V}_o = \dfrac{1}{3}(\dot{V}_a + \dot{V}_b + \dot{V}_c)[\text{V}]$	$\dot{I}_o = \dfrac{1}{3}(\dot{I}_a + \dot{I}_b + \dot{I}_c)[\text{A}]$
정상분	$\dot{V}_1 = \dfrac{1}{3}(\dot{V}_a + a\dot{V}_b + a^2\dot{V}_c)[\text{V}]$	$\dot{I}_1 = \dfrac{1}{3}(\dot{I}_a + a\dot{I}_b + a^2\dot{I}_c)[\text{A}]$
역상분	$\dot{V}_2 = \dfrac{1}{3}(\dot{V}_a + a^2\dot{V}_b + a\dot{V}_c)[\text{V}]$	$\dot{I}_2 = \dfrac{1}{3}(\dot{I}_a + a^2\dot{I}_b + a\dot{I}_c)[\text{A}]$

CHAPTER 09

(5) 3상 평형 부하

불평형 성분인 영상분과 역상분은 0이므로

$$\dot{V}_a = \dot{V}_o + \dot{V}_1 + \dot{V}_2 = \dot{V}_1$$

즉, 3상평형 시 $V_o = V_2 = 0$, $V_1 = V_a$ 가 성립한다.

(6) 불평형률

불평형 회로에서 평형의 이탈 정도를 표시하는 정도로서 평형의 기준이 정상분이고 불평형의 원인이 역상분이므로 정상분에 대한 역상분의 비율이 된다.

- 불평형률 $= \dfrac{\text{역상분}}{\text{정상분}}$

4. 전원을 포함한 3상 회로의 고장 계산

(1) 발전기 기본식

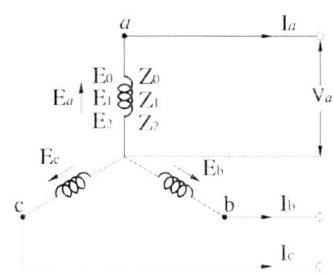

$$\dot{V}_0 = \dot{E}_o - \dot{I}_o \dot{Z}_o$$
$$\dot{V}_1 = \dot{E}_1 - \dot{I}_1 \dot{Z}_1$$
$$\dot{V}_2 = \dot{E}_2 - \dot{I}_2 \dot{Z}_2$$

발전기는 부하가 아니므로 항상 평형상태이며 그러므로 불평형 성분인 영상분과 역상분이 0이다.

$$\dot{E}_o = \dot{E}_2 = 0 \ , \ \dot{E}_1 = \dot{E}_a[\text{V}]$$

따라서 3상 교류발전기의 기본식인 단자전압은 다음과 같다.

① $\dot{V}_o = -\dot{I}_o \dot{Z}_o$　　　　② $\dot{V}_1 = E_a - \dot{I}_1 \dot{Z}_1$　　　　③ $\dot{V}_2 = -\dot{I}_2 \dot{Z}_2$

(2) 1선 지락고장

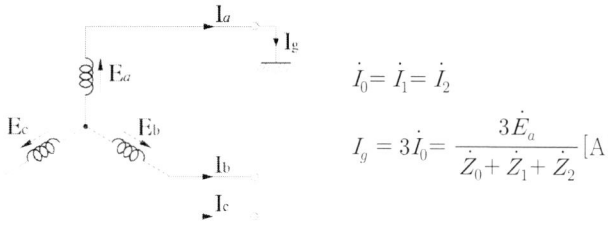

$$\dot{I}_0 = \dot{I}_1 = \dot{I}_2$$

$$I_g = 3\dot{I}_0 = \frac{3\dot{E}_a}{\dot{Z}_0 + \dot{Z}_1 + \dot{Z}_2}[\text{A}]$$

(3) 선간 단락고장

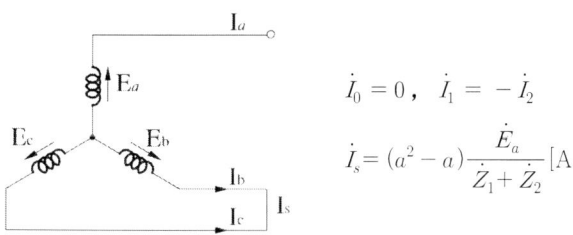

$$\dot{I}_0 = 0 , \quad \dot{I}_1 = -\dot{I}_2$$

$$\dot{I}_s = (a^2 - a)\frac{\dot{E}_a}{\dot{Z}_1 + \dot{Z}_2}[\text{A}]$$

(4) 대칭분 복소 전력(피상전력) 계산

$$\dot{P}_a = P + jP_r = \overline{\dot{V}_a}\dot{I}_a + \overline{\dot{V}_b}\dot{I}_b + \overline{\dot{V}_c}\dot{I}_c$$

$$= (\overline{\dot{V}_0} + \overline{\dot{V}_1} + \overline{\dot{V}_2})\dot{I}_a + (\overline{\dot{V}_0} + \overline{a^2}\ \overline{\dot{V}_1} + \overline{a}\ \overline{\dot{V}_2})\dot{I}_b + (\overline{\dot{V}_0} + \overline{a}\ \overline{\dot{V}_1} + \overline{a^2}\ \overline{\dot{V}_2})\dot{I}_c$$

$$= 3\overline{\dot{V}_0}\dot{I}_o + 3\overline{\dot{V}_1}\dot{I}_1 + 3\overline{\dot{V}_1}\dot{I}_1 + 3\overline{\dot{V}_2}\dot{I}_2$$

① 피상전력 $P_a = 3\overline{\dot{V}_o}\dot{I}_o + 3\overline{\dot{V}_1}\dot{I}_1 + 3\overline{\dot{V}_2}\dot{I}_2[\text{VA}]$

② 같은 성분의 대칭분 전압과 전류에 의해서만 전력이 형성된다.

예제 1) 상순이 a, b, c인 불평형 3상전류 I_a, I_b, I_c 의 대칭 분을 I_0, I_1, I_2 라 하면 이때 대칭
분과의 관계식 중 옳지 못한 것은?

① $\frac{1}{3}(\dot{I}_a + \dot{I}_b + \dot{I}_c)$

② $\frac{1}{3}(I_a + I_b\angle 120° + I_c\angle -120°)$

③ $\frac{1}{3}(I_a + I_b\angle -120° + I_c\angle 120°)$

④ $\frac{1}{3}(\dot{I}_a - \dot{I}_b - \dot{I}_c)$

해설 영상분 : $\dot{I}_o = \frac{1}{3}(\dot{I}_a + \dot{I}_b + \dot{I}_c)[\text{A}]$

정상분 : $\dot{I}_1 = \frac{1}{3}(\dot{I}_a + a\dot{I}_b + a^2\dot{I}_c)[\text{A}]$

역상분 : $\dot{I}_2 = \frac{1}{3}(\dot{I}_a + a^2\dot{I}_b + a\dot{I}_c)[\text{A}]$

정답 ④

CHAPTER 09

예제 2) 각상 전류가 $i_a = 30\sin\omega t$, $i_b = 30\sin(\omega t - 90°)$, $i_c = 30\sin(\omega t + 90°)$ [A]일 때 영상 대칭분 전류[A]는 얼마인가?

① $10\sin\omega t$

② $10\sin\dfrac{\omega t}{3}$

③ $\dfrac{30}{\sqrt{3}}\sin(\omega t - 45°)$

④ $30\sin\omega t$

해설 영상분 전류는 $\dot{I}_0 = \dfrac{1}{3}(i_a + i_b + i_c)$[A]

$i_a = 30\sin\omega t$, $i_b = 30\sin(\omega t - 90°)$, $i_c = 30\sin(\omega t + 90°)$ 에서 $i_b + i_c = 0$ 이므로

영상분 전류 $i_0 = \dfrac{1}{3}30\sin\omega t = 10\sin\omega t$[A]

정답 ①

예제 3) 3상 불평형 전압 V_a, V_b, V_c 가 주어진다면 정상분 전압은? (단, $a = e^{j2\pi/3} = 1 \angle 120°$ 이다.)

① $V_a + a^2 V_b + a V_c$

② $V_a + a V_b + a^2 V_c$

③ $\dfrac{1}{3}(V_a + a^2 V_b + a V_c)$

④ $\dfrac{1}{3}(V_a + a V_b + a^2 V_c)$

정상분 전압 : 정상적인 운전을 할 때 나타나는 성분

$\dot{V}_1 = \dfrac{1}{3}(\dot{V}_a + a \dot{V}_b + a^2 \dot{V}_c)$[V]

정답 ④

예제 4) 3상 불평형 전압에서 역상전압이 50[V], 정상전압이 200[V], 영상전압이 10[V]라고 할 때 전압의 불평형률(%)은?

① 1   ② 5   ③ 25   ④ 50

해설 불평형률 $= \dfrac{\text{역상분}}{\text{정상분}} \times 100 = \dfrac{50}{200} \times 100 = 25[\%]$

정답 ③

출제예상핵심문제

137 3상 4선식에서 중성 선을 제거하여 3상 3선식을 만들기 위한 중성선에서의 조건식은 어떻게 되는가? (단, I_a, I_b, I_c 는 각상의 전류이다.)

① 불평형 3상 $I_a + I_b + I_c = 1$

② 평형 3상 $I_a + I_b + I_c = \sqrt{3}$

③ 불평형 3상 $I_a + I_b + I_c = 3$

④ 평형 3상 $I_a + I_b + I_c = 0$

해설 평형 3상 : $i_a + i_b + i_c = 0$

138 3상 △부하에서 각 선전류를 I_a, I_b, I_c 라 하면 전류의 영상분은? (단, 회로 평형 상태임)

① ∞ ② -1 ③ 1 ④ 0

해설 3상회로가 평형이면 영상분은 존재하지 않는다.

139 비접지 3상 Y부하에서 각 선에 흐르는 선전류를 i_a, i_b, i_c 라 할 때 전류의 영상분 I_0는 얼마인가?

① $i_a + i_b$ ② $i_a + i_b + i_c$

③ $\frac{1}{3}(i_a + i_b + i_c)$ ④ 0

해설 영상분 전류는 동위상의 특성을 가지므로 비접지 방식에서는 전류 통로가 형성되지 않기 때문에 선로에 나타날 수 없다.

140 불평형 3상 전류가 $I_a = 15 + j2[A]$, $I_b = -20 - j14[A]$, $I_c = -3 + j10[A]$ 일 때의 영상전류 $I_0[A]$는?

① $1.57 - j3.25$ ② $2.85 + j0.36$

③ $-2.67 - j0.67$ ④ $12.67 + j2$

해설 영상 전류 $\dot{I}_o = \dfrac{1}{3}(I_a + I_b + I_c)$

$= \dfrac{1}{3}(15 + j2 - 20 - j14 - 3 + j10) = -2.67 - j0.67[A]$

141 불평형 3상 전류가 $\dot{i}_a = 16 + j2[A]$, $\dot{i}_b = -20 - j9[A]$, $\dot{i}_c = -2 + j10[A]$ 일 때 영상분 전류는 어느 것인가?

① $-2+j$ ② $-6+j3$ ③ $-9+j6$ ④ $-18+j9$

해설 $\dot{i}_0 = \dfrac{1}{3}(\dot{i}_a + \dot{i}_b + \dot{i}_c) = \dfrac{1}{3}(16 + j2 - 20 - j9 - 2 + j10) = -2 + j[A]$

142 전류의 대칭분이 $I_0 = -2 + j4(A)$, $I_1 = 6 - j5(A)$, $I_2 = 8 + j10(A)$ 일 때 3상 전류 중 a상 전류 (I_a)의 크기 $(|I_a|)$는 몇 A인가? (단, I_0는 영상분이고, I_1은 정상분이고, I_2는 역상분이다.)

① 9   ② 12   ③ 15   ④ 19

해설 a상 전류 $\dot{I}_a = \dot{I}_o + \dot{I}_1 + \dot{I}_2 = -2 + j4 + 6 - j5 + 8 + j10 = 12 + j9[A]$

절대값 $I_a = \sqrt{12^2 + 9^2} = 15[A]$

143 불평형 3상 전류가 $I_a = 15 + j2(A)$, $I_b = -20 - j14(A)$, $I_c = -3 + j10(A)$ 일 때, 역상분 전류 $I_2(A)$는?

① $1.91 + j6.24$ ② $15.74 - j3.57$

③ $-2.67 - j0.67$ ④ $-8 - j2$

해설 역상분 전류 $\dot{I}_2 = \dfrac{1}{3}(\dot{I}_a + a^2\dot{I}_b + a\dot{I}_c)$

$\dot{I}_2 = \dfrac{1}{3}\left[(15 + j2) + \left(-\dfrac{1}{2} - j\dfrac{\sqrt{3}}{2}\right)(-20 - j14) + \left(-\dfrac{1}{2} + j\dfrac{\sqrt{3}}{2}\right)(-3 + j10)\right]$

$= 1.91 + j6.24[A]$

144 3상 회로에 있어서 대칭분 전압이 $\dot{V}_0 = -8 + j3$[V], $\dot{V}_1 = 6 - j8$[V], $\dot{V}_2 = 8 + j12$[V] 일 때 a상의 전압은 어느 것인가?

① $6 + j7$ ② $-32 + j2.73$

③ $2.3 + j0.73$ ④ $2.3 - j0.73$

해설 a상전압

$$\dot{V}_a = \dot{V}_o + \dot{V}_1 + \dot{V}_2 = -8 + j3 + 6 - j8 + 8 + j12 = 6 + j7\,[V]$$

145 $V_a = 3$[V], $V_b = 2 - j3$[V], $V_c = 4 + j3$[V] 를 3상 불평형 전압이라고 할 때 영상전압[V]은?

① 0   ② 3   ③ 9   ④ 27

해설 영상분 전압

$$\dot{V}_o = \frac{1}{3}(\dot{V}_a + \dot{V}_b + \dot{V}_c) = \frac{1}{3}(3 + 2 - j3 + 4 + j3) = \frac{1}{3}(9 + j0) = 3\,[V]$$

146 각 상전압이 $V_a = 40\sin\omega t$[V], $V_b = 40\sin(\omega t + 90°)$[V], $V_c = 40\sin(\omega t - 90°)$[V] 이라 하면 영상 대칭분의 전압은?

① $40\sin\omega t$ ② $\dfrac{40}{3}\sin\omega t$

③ $\dfrac{40}{3}\sin(\omega t - 90°)$ ④ $\dfrac{40}{3}\sin(\omega t + 90°)$

해설 영상전압 $V_o = \frac{1}{3}(V_a + V_b + V_c) = \frac{40}{3}\sin\omega t\,[V]$

147 대칭 3상전압이 $\dot{V}_a$, $\dot{V}_b = a^2 V_a$, $\dot{V}_c = a V_a$ 일 때 a상을 기준으로 한 대칭분 중 정상분 V_1은?

① 0   ② V_a ③ $a V_a$ ④ $a^2 V_a$

해설 정상분 전압

$$\dot{V}_1 = \frac{1}{3}(\dot{V}_a + a\dot{V}_b + a^2\dot{V}_c)[V] = \frac{1}{3}\dot{V}_a(+ a \times a^2 \dot{V}_a + a^2 \times a \dot{V}_a) = \frac{1}{3}(3\dot{V}_a) = \dot{V}_a$$

3상 평형일 경우 $V_0 = V_2 = 0$ 이므로 $V_1 = V_a$ (기준전압)이다.

148 3상 불평형 전압을 V_a, V_b, V_c 라고 할 때 역상전압 V_2는 얼마인가 ?

① $V_2 = \dfrac{1}{3}(V_a + V_b + V_c)$　　　　　② $V_2 = \dfrac{1}{3}(V + a^2 V_b + a V_c)$

③ $V_2 = \dfrac{1}{3}(V_a + a V_b + a^2 V_c)$　　　　④ $V_2 = \dfrac{1}{3}(V_a + a^2 V_b + V_c)$

해설 　역상분 전압 $\dot{V_2} = \dfrac{1}{3}(\dot{V_a} + a^2 \dot{V_b} + a \dot{V_c})$ [V]

149 3상 불평형 전압에서 역상전압이 35[V]이고 정상전압이 100[V], 영상전압이 10[V]라 할 때, 전압의 불평형률은 ?

① 0.10　　　　　② 0.25　　　　　③ 0.35　　　　　④ 0.45

해설 　불평형률 $= \dfrac{\text{역상분}}{\text{정상분}} = \dfrac{35}{100} = 0.35$

150 전류의 대칭분을 I_0, I_1, I_2 유기기전력을 E_a, E_b, E_c 단자전압의 대칭분을 V_0, V_1, V_2라 할 때 3상 교류발전기의 기본식 중 정상분 V_1 값은? (단, Z_0, Z_1, Z_2 는 영상, 정상, 역상 임피던스이다.)

① $-\dot{Z_0}\dot{I_0}$　　　　　　② $-\dot{Z_2}\dot{I_2}$

③ $\dot{E_a} - \dot{Z_1}\dot{I_1}$　　　　　④ $\dot{E_b} - \dot{Z_2}\dot{I_2}$

해설 　발전기 기본식

$\dot{V_0} = \dot{E_0} - \dot{I_0}\dot{Z_0} \ \Rightarrow \ \dot{V_0} = -\dot{I_0}\dot{Z_0}$

$\dot{V_1} = \dot{E_1} - \dot{I_1}\dot{Z_1} \ \Rightarrow \ \dot{V_1} = \dot{E_a} - \dot{I_1}\dot{Z_1}$

$\dot{V_2} = \dot{E_2} - \dot{I_2}\dot{Z_2} \ \Rightarrow \ \dot{V_2} = -\dot{I_2}\dot{Z_2}$

151 그림과 같이 중성점을 접지한 3상 교류 발전기의 a상이 지락되었을 때의 조건으로 맞는 것은?

① $I_0 = I_1 = I_2$
② $V_0 = V_1 = V_2$
③ $I_1 = -I_2$, $I_0 = 0$
④ $V_1 = -V_2$, $V_0 = 0$

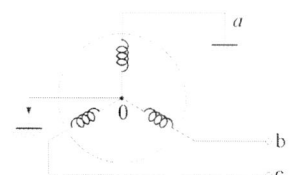

정답　**148.②　149.③　150.③　151.①**

해설 1선 지락사고 : $\dot{I}_0 = \dot{I}_1 = \dot{I}_2$

$$I_g = 3\dot{I}_0 = \frac{3\dot{E}_a}{\dot{Z}_0 + \dot{Z}_1 + \dot{Z}_2}[\text{A}]$$

152 다음 중 단자전압의 각 대칭분 V_0, V_1, V_2 가 0이 아니고 같게 되는 고장의 종류는?

① 1선 지락　　　　② 선간단락　　　　③ 2선 지락　　　　④ 3선 단락

해설 고장 계산
1선 지락사고 : $\dot{V}_0$, $\dot{V}_1$, $\dot{V}_2$ 존재
선간 단락사고 : $\dot{V}_0 = 0$, $\dot{V}_1 = \dot{V}_2$
2선 지락사고 : $\dot{V}_0 = \dot{V}_1 = \dot{V}_2 \neq 0$

153 전압 대칭분을 각각 V_0, V_1, V_2 전류의 대칭분을 각각 I_0, I_1, I_2 라 할 때 대칭분으로 표시되는 전전력[VA]은 얼마인가?

① $V_0 I_1 + V_1 I_2 + V_2 I_0$

② $V_0 I_0 + V_1 I_1 + V_2 I_2$

③ $3V_0 I_1 + 3V_1 I_2 + 3V_2 I_0$

④ $3V_0 I_0 + 3V_1 I_1 + 3V_2 I_2$

해설 대칭분 전력
$$P_a = 3VI = 3V_0 I_0 + 3V_1 I_1 + 3V_2 I_2 [\text{VA}]$$

CHAPTER 09

Chapter 10 비정현파 교류

지금까지 학습한 교류는 일그러짐이 전혀 없는 기본 정현파였지만 실제 교류 회로에서의 전압이나 전류, 변압기 여자 전류 등은 파형이 대부분 일그러짐이 있는 것이 일반적이며 이러한 파형을 비정현파 또는 왜형파라 한다. 따라서 일그러짐이 심한 비정현파의 경우 주파수의 정수배인 고조파로 분해하여 해석하는데 이 장에서는 이러한 비정현파 교류의 표현식, 비정현파 종류별 특성, 비정현파 계산 등에 대해서 학습한다.

1. 비정현파 교류의 발생원인

① 교류 발전기에서의 전기자 반작용에 의한 일그러짐
② 변압기에서의 철심의 자기포화 및 히스테리시스 현상에 의한 여자 전류의 일그러짐
③ 정류인 경우 다이오드의 비직선성에 의한 전류의 일그러짐

2. 비정현파의 푸리에급수에 의한 전개식

푸리에급수란 무수히 많은 주파수 성분을 갖는 비 정현파가 일정한 주기로 같은 파형을 반복하는 경우 이를 무수히 많은 삼각 함수의 집합으로 표현한 식을 말한다.

(1) 비정현파의 푸리에 급수 전개식

• 비정현파 교류 = 직류 분($f = 0$) + 기본파 + 고조파

$$f(t) = a_0 + a_1\cos\omega t + a_2\cos2\omega t + a_3\cos3\omega t + \cdots + a_n\cos n\omega t$$
$$+ b_1\sin\omega t + b_2\sin2\omega t + b_3\sin3\omega t + \cdots + b_n\sin n\omega t$$
$$= a_0 + \sum_{n=1}^{\infty} a_n\cos n\omega t + \sum_{n=1}^{\infty} b_n\sin n\omega t$$

• 비정현파 교류 : $f(t) = a_0 + \sum_{n=1}^{\infty} a_n\cos n\omega t + \sum_{n=1}^{\infty} b_n\sin n\omega t$

(2) 비정현파 계수값

각 종 비정현파에 대한 직류분, cos 성분, sin 성분을 구할 경우 다음 식을 이용한다.

① 직류성분 : 비정현파의 한 주기까지의 평균값

$$a_0 = \frac{1}{2\pi}\int_0^{2\pi} f(\omega t)d(\omega t)$$

② cos 계수 : $a_n = \frac{1}{\pi}\int_0^{2\pi} f(\omega t)\cos n\omega t\, d(\omega t)$

③ sin 계수 : $b_n = \frac{1}{\pi}\int_0^{2\pi} f(\omega t)\sin n\omega t\, d(\omega t)$

(3) 비정현파의 분석

종류	함수 조건	파형	전개식부호		전개항
				고조파	
정현대칭 (기함수)	f(t)=−f(−t) =−f(2π−t)	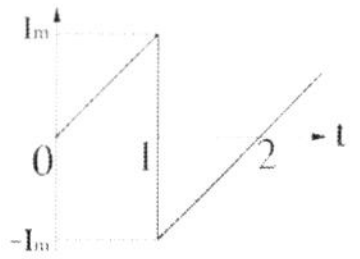	부호 변화	n = 1, 2, 3, 4	sin항
여현대칭 (우함수)	f(t)=f(−t) =f(2π−t)	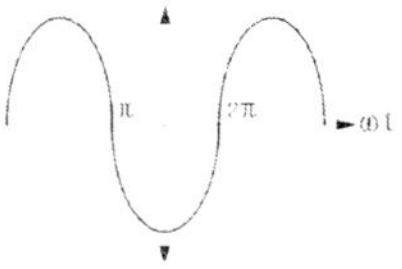	부호 불변	n = 1, 2, 3, 4	직류분 a_0 cos항
반파 정현대칭	f(t)=−f(−t) =−f(π+t)	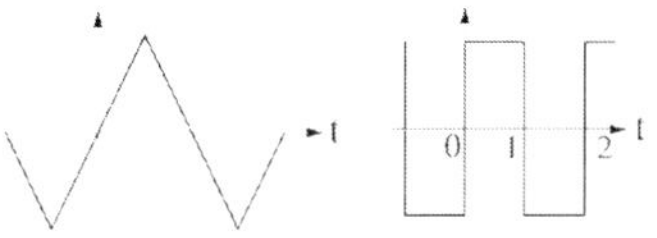	부호 변화	n = 1, 3, 5, …	sin항
반파 여현대칭	f(t)=f(−t) =−f(π+t)	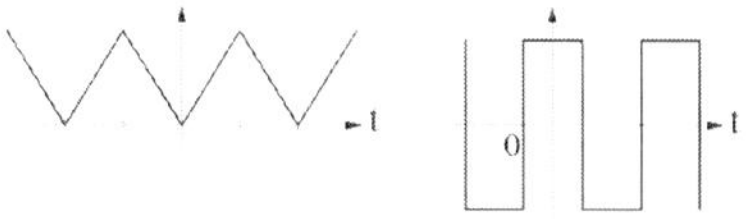	부호 불변	n = 1, 3, 5, …	cos항

예제 1) 그림과 같은 파형을 퓨리에 급수로 전개하면?

① $\frac{A}{\pi} + \frac{\sin 2x}{2} + \frac{\sin 4x}{4} + \cdots\cdots$

② $\frac{4A}{\pi}(\sin\alpha\sin\pi + \frac{1}{9}\sin 3\alpha\sin 3x + \cdots\cdots)$

③ $\frac{4A}{\pi}(\sin x + \frac{1}{3}\sin 3x + \frac{1}{5}\sin 5x \cdots\cdots)$

④ $\frac{4}{\pi}(\frac{\cos 2x}{1\times 3} + \frac{\cos 4x}{3\times 5} + \frac{\cos 6x}{5\times 7}\cdots\cdots)$

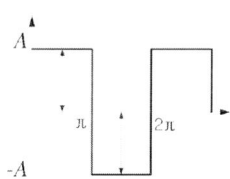

CHAPTER 10

해설 반파 정현 대칭 함수는 직류분은 0이고 홀수항의 sisn 고조파로만 구성된다.

정답 ③

예제 2) $i(t) = \dfrac{4I_m}{\pi}\left(\cos\omega t + \dfrac{1}{3}\cos 3\omega t + \dfrac{1}{5}\cos 5\omega t + \cdots\cdots\right)$ 으로 표시되는 파형은?

①   ②   ③   ④

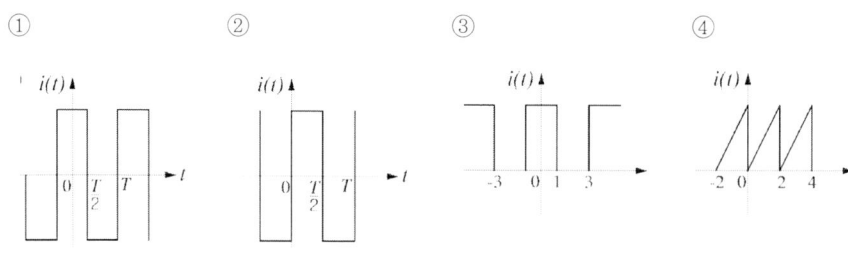

해설 cos 함수이면서 홀수 고조파로만 구성되므로 반파여현대칭 함수가 된다.
따라서 축대칭인 반파구형파이다.

정답 ①

3. 비정현파의 크기 계산

(1) 비정현파의 실효값 : $V = \sqrt{\dfrac{1}{2\pi}\displaystyle\int_0^{2\pi} v^2(t)\,dt}\,[\mathrm{V}]$

$$v(t) = V_0 + V_{m1}\sin\omega t + V_{m2}\sin 2\omega t + \cdots + V_{mn}\sin n\omega t$$

$$= V_0 + \sqrt{2}\,V_1\sin\omega t + \sqrt{2}\,V_2\sin 2\omega t + \cdots + \sqrt{2}\,V_n\sin n\omega t$$

$$V = \sqrt{V_0{}^2 + \left(\dfrac{V_{m1}}{\sqrt{2}}\right)^2 + \left(\dfrac{V_{m2}}{\sqrt{2}}\right)^2 + \cdots + \left(\dfrac{V_{mn}}{\sqrt{2}}\right)^2}$$

$$= \sqrt{V_0{}^2 + V_1{}^2 + V_2{}^2 + \cdots + V_n{}^2}\,[\mathrm{V}]$$

(2) 비정현파의 왜형률

왜형률이란 파형의 일그러진 정도로서 기본파가 기준이 되므로 기본파에 대한 고조파의
비율로 계산된다.

$$왜형률(\epsilon) = \dfrac{전고조파의\ 실효값}{기본파의\ 실효값} = \dfrac{\sqrt{V_2{}^2 + V_3{}^2 + \cdots + V_n{}^2}}{V_1}$$

(3) 비정현파의 교류 전력

$$v(t) = V_0 + \sqrt{2}\,V_1\sin\omega t + \sqrt{2}\,V_2\sin 2\omega t + \cdots + \sqrt{2}\,V_n\sin\omega t\,[\text{V}]$$

$$i(t) = I_0 + \sqrt{2}\,I_1\sin(\omega t + \theta_1) + \sqrt{2}\,I_2\sin(2\omega t + \theta_2) + \cdots + \sqrt{2}\,I_n\sin(n\omega t + \theta_n)\,[\text{A}]$$

① 소비전력 : 주파수가 같은 전압, 전류의 실효값의 곱

$$P = VI\cos\theta = \frac{V_m}{\sqrt{2}} \times \frac{I_m}{\sqrt{2}} \times \cos\theta = \frac{1}{2}V_m I_m \cos\theta$$

$$= V_0 I_0 + V_1 I_1 \cos\theta_1 + V_2 I_2 \cos\theta_2 + \cdots + V_n I_n \cos\theta_n$$

$$= V_0 I_0 + \sum_{n=1}^{\infty} V_n I_n \cos\theta_n\,[\text{W}]$$

② 피상전력 : 전 전압 실효값과 전전류 실효값의 곱

$$P_a = VI = \sqrt{V_0^{\,2} + V_1^{\,2} + V_2^{\,2} + \cdots + V_n^{\,2}} \times \sqrt{I_0^{\,2} + I_1^{\,2} + I_2^{\,2} + \cdots + I_n^{\,2}}$$

③ 역률 : $\cos\theta = \dfrac{P}{P_a}$

예제 3) 비정현파 전류 $i(t) = 100 + 50\sqrt{2}\,\sin\omega t + 20\sqrt{2}\,\sin\left(3\omega t + \dfrac{\pi}{6}\right)[\text{A}]$ 로 표시되는 전류의 실효값과 왜형률을 구하여라.

① 100, 1.0   ② 150, 0.8

③ 114, 0.6   ④ 114, 0.4

해설 전류의 실효값 $I = \sqrt{100^2 + 50^2 + 20^2} = 114[\text{A}]$

왜형률 $= \dfrac{\text{고조파 실효값}}{\text{기본파 실효값}} = \dfrac{20}{50} = 0.4$

정답 ④

예제 4) 다음과 같은 왜형파 교류 전압, 전류의 전력은 몇 [W]인가?

전압 $e = 100\sin\omega t + 50\sin(3\omega t + 60°)[\text{V}]$

전류 $i = 20\cos(\omega t - 30°) + 10\cos(3\omega t - 30°)[\text{A}]$

① 750   ② 1,000   ③ 1,299   ④ 1,732

해설 비 정현파 전압, 전류 파형식이 다르므로 전류 파형을 전압 파형과 일치시킨다.

$\cos(\omega t) = \sin(\omega t + 90°)$ 이므로

$i = 20\cos(\omega t - 30°) + 10\cos(3\omega t - 30°)$

$= 20\sin(\omega t - 30° + 90°) + 10\sin(3\omega t - 30° + 90°)$

$= 20\sin(\omega t + 60°) + 10\sin(3\omega t + 60°)$

$$P = VI\cos\theta = \frac{V_m}{\sqrt{2}} \times \frac{I_m}{\sqrt{2}} \times \cos\theta = \frac{1}{2}V_m I_m \cos\theta$$

$$= \frac{1}{2} \times 100 \times 20\cos60° + \frac{1}{2} \times 50 \times 10\cos0° = 750[\text{W}]$$

정답 ①

4. 비정현파의 임피던스 환산

(1) R – L 직렬 임피던스

$$\dot{Z}_1 = R + j\omega L[\Omega] \Rightarrow Z_1 = \sqrt{R + (\omega L)^2}\,[\Omega]$$

$$\dot{Z}_2 = R + j2\omega L[\Omega] \Rightarrow Z_2 = \sqrt{R^2 + (2\omega L)^2}\,[\Omega]$$

$$\dot{Z}_n = R + jn\omega L[\Omega] \Rightarrow Z_n = \sqrt{R^2 + (n\omega L)^2}\,[\Omega]$$

(2) R – C 직렬 임피던스

$$\dot{Z}_1 = R - j\frac{1}{\omega C}[\Omega] \Rightarrow Z_1 = \sqrt{R^2 + X_C^{\,2}}\,[\Omega]$$

$$\dot{Z}_2 = R - j\frac{1}{2\omega C}[\Omega] \Rightarrow Z_2 = \sqrt{R^2 + \left(\frac{1}{2\omega C}\right)^2}\,[\Omega]$$

$$\dot{Z}_n = R - j\frac{1}{n\omega C}[\Omega] \Rightarrow Z_n = \sqrt{R^2 + \left(\frac{1}{n\omega C}\right)^2}\,[\Omega]$$

(3) R – L – C 직렬회로 공진주파수

① 기본파의 직렬 임피던스 : $\dot{Z}_1 = R + j\left(\omega L - \frac{1}{\omega C}\right)[\Omega]$

직렬 공진 조건 $\omega L = \frac{1}{\omega C}$ 이므로

공진각주파수 $\omega_1 = \frac{1}{n\sqrt{LC}}[\text{rad/sec}]$

공진주파수 $f_1 = \frac{1}{2\pi\sqrt{LC}}[\text{Hz}]$

② n차 고조파의 직렬 임피던스 : $\dot{Z}_n = R + j\left(n\omega L - \frac{1}{n\omega C}\right)[\Omega]$

직렬 공진 조건 $n\omega L = \frac{1}{n\omega C}$ 이므로

• 공진각주파수 $\omega_n = \frac{1}{n\sqrt{LC}}[\text{rad/sec}]$

• 공진주파수 $f_n = \frac{1}{2\pi n\sqrt{LC}}[\text{Hz}]$

예제 5) R − C 직렬 회로의 양단에 $e = 50 + 141.4\sin2\omega t + 212.1\sin4\omega t\,[\mathrm{V}]$ 인 전압을 인가할 때, 제2고조파 전류의 실효값은 몇[A]인가? (단, $R = 8[\Omega]$, $\dfrac{1}{\omega C} = 12[\Omega]$)

① 6　　　　　　② 8　　　　　　③ 10　　　　　　④ 12

해설 제2고조파에 의한 임피던스

$$\dot{Z_2} = R - j\frac{1}{2\omega C} = R - j\frac{1}{2}\frac{1}{\omega C} = 8 - j\frac{1}{2}\times12 = 8 - j6\,[\Omega]\ 에서$$

$$Z_2 = \sqrt{8^2 + 6^2} = 10[\Omega]$$

$$I_2 = \frac{V_2}{Z_2} = \frac{\dfrac{141.4}{\sqrt{2}}}{10} = 10[\mathrm{A}]$$

정답 ③

5. 3상 결선에서의 고조파 특징

(1) 3n 고조파 (3, 6, 9···)의 특징
① 각 상의 크기가 같고 위상차가 $0°$ 인 동위상 특성을 갖는다.
② 위상차가 없으므로 Y결선 시 상전압은 존재할 수 있지만 선간 전압은 나타날 수 없다.
③ 위상차가 없으므로 △결선 시 상전류는 △결선 내에서 순환전류로 흐를 수 있지만 선전류는 나타날 수 없다.

(2) 3n−1 고조파 (2, 5, 8 ···)의 특징
① 각 상의 크기는 같고 상 간 위상차가 $120°$ 인 특성을 갖는다.
② 평형 3상 기본파와 상회전 방향이 반대인 성분으로 3상 전동기 운전 시 역토크가 발생한다.

(3) 3n+1 고조파 (4, 7, 10 ···)의 특징
① 각 상의 크기는 같고 상 간 위상차가 $120°$ 인 특성을 갖는다.
② 평형 3상 기본파와 상회전 방향이 같은 성분으로 3상 전동기 운전 시 정토크를 발생한다.

예제 6) 대칭 3상에서 1상 Y전압 순시값 $v_s = \sqrt{2}\,1000\sin\omega t + \sqrt{2}\,500\sin(3\omega t + 20°)$

$+ \sqrt{2}\,100\sin(5\omega t + 30°)$[V] 일 때 상전압과 선간전압의 비는 얼마인가?

① 약 0.54　　　　② 약 0.64　　　　③ 약 0.75　　　　④ 약 0.85

해설 제3고조파 전압은 위상차가 없으므로 Y결선 시 상전압은 존재할 수 있지만

선간전압은 나타날 수 없다.

상전압의 실효값 $V_P = \sqrt{1000^2 + 500^2 + 100^2} = 1122$[V]

선간전압 실효값 $V_\ell = \sqrt{3}\,V_P = \sqrt{3} \times \sqrt{1000^2 + 100^2} = 1740$[V]

따라서 $\dfrac{V_P}{V_\ell} = \dfrac{1123}{1740} = 0.64$

정답 ②

출제예상핵심문제

154 반파 및 정현대칭이 왜형파의 푸리에 급수에서 옳게 표현된 것은?

(단, $f(t) = a_o + \sum_{n=1}^{\infty} a_n \cos n\omega t + \sum_{n=1}^{\infty} b_n \sin n\omega t$ 임)

① a_n 의 우수항만 존재한다.

② a_n 의 기수항만 존재한다.

③ b_n 의 우수항만 존재한다.

④ b_n 의 기수항만 존재한다.

해설 반파 정현 대칭은 sin 파형의 홀수항(기수항)이 존재하므로 b_n 의 기수항만 존재한다.

155 비정현파 교류를 나타내는 식은 ?

① 기본파 + 고조파 + 직류분

② 기본파 + 직류분 − 고조파

③ 직류분 + 고조파 − 기본파

④ 교류분 + 기본파 + 고조파

해설 비정현파 = 직류분+기본파+고조파

156 다음 함수에서 $F_e(t)$는 우함수, $F_0(t)$는 기함수를 나타낸다. 주기함수 $F(t) = F_e(t) + F_0(t)$에 대한 다음의 서술 중 바르지 못한 것은?

① $F_e(t) = F_e(-t)$

② $F_o(t) = -F_o(-t)$

③ $F_o(t) = \dfrac{1}{2}[F(t) + F(-t)]$

④ $F_o(t) = \dfrac{1}{2}[F(t) - F(-t)]$

해설 $\dfrac{1}{2}[F(t) + F(-t)] = \dfrac{1}{2}[F_e(t) + F_o(t) + F_e(-t) + F_o(-t)]$

$= \dfrac{1}{2}[F_e(t) + F_o(t) + F_e(t) - F_o(t)] = F_e(t)$

정답 154.④ 155.① 156.③

157 그림과 같은 정현파 교류를 푸리에 급수로 전개할 때 직류분은?

① I_m ② $\dfrac{I_m}{2}$

③ $\dfrac{I_m}{\sqrt{2}}$ ④ $\dfrac{I_m}{\pi}$

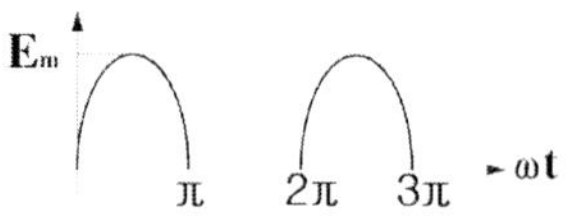

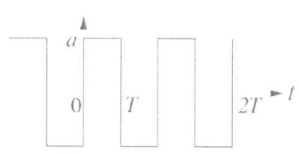

해설 반파정현파의 직류분은 평균값이므로 $\dfrac{I_m}{\pi}$ 이다.

158 그림의 왜형파를 푸리에의 급수로 전개할 때, 옳은 것은?

① 우수파만 포함한다.

② 기수파만 포함한다.

③ 우수파, 기수파 모두 포함한다.

④ 푸리에의 급수로 전개 할 수 없다.

해설 반파 정현 대칭 함수의 특징

• 함수식 $f(t)=-f(-t)=-f(\pi+t)$

• 함수의 홀수항(기수항)만 존재한다.

159 반파 대칭의 왜형파에 포함되는 고조파는?

① 제2고조파   ② 제4고조파   ③ 제5고조파   ④ 제6고조파

해설 반파 대칭 파형은 홀수 고조파면 포함한다.

160 $i(t) = \dfrac{4I_m}{\pi}\left(\sin\omega t + \dfrac{1}{3}\sin3\omega t + \dfrac{1}{5}\sin5\omega t + \cdots\cdots\right)$[A] 으로 표시되는 파형은 어떻게 되는가?

①   ②   ③   ④

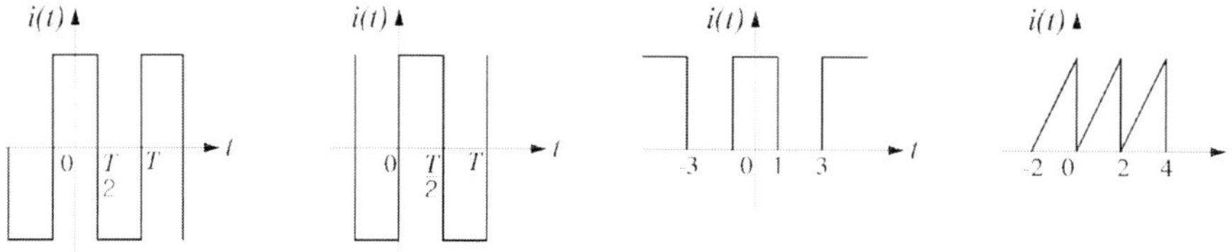

해설 sin 함수이면서 홀수 고조파로만 구성되므로 반파정현대칭 함수이고 원점에 대해서 대칭인 반파구형파이다.

161 전압 $v(t) = 14.14\sin\omega t + 7.07\sin\left(3\omega t + \dfrac{\pi}{6}\right)(\text{V})$ 의 실효값은 약 몇 V인가?

　① 3.87　　　　　　② 11.2　　　　　　③ 15.8　　　　　　④ 21.2

해설　비정현파 전압의 실효값 $V = \dfrac{V_m}{\sqrt{2}} = \dfrac{\sqrt{14.14^2 + 7.07^2}}{\sqrt{2}} = 11.2[\text{V}]$

162 $i = 100 + 50\sqrt{2}\sin\omega t + 20\sqrt{2}\sin\left(3\omega t + \dfrac{\pi}{6}\right)[\text{A}]$ 로 표시되는 비정현파 전류의 실효값은 약 얼마인가?

　① 20[A]　　　② 50[A]　　　③ 114[A]　　　④ 150[A]

해설　$i = 100 + 50\sqrt{2}\sin\omega t + 20\sqrt{2}\sin\left(3\omega t + \dfrac{\pi}{6}\right)$

$I = \sqrt{\dfrac{1}{T}\int_0^T i^2 dt} = \sqrt{I_0^2 + I_1^2 + I_2^2 + I_3^2 + \ldots + I_n^2}$

$I = \sqrt{100^2 + 50^2 + 20^2} = 114[\text{A}]$

163 전류 $I = 30\sin\omega t + 40\sin(3\omega t + 45°)[\text{A}]$ 의 실효값은 약 몇 A인가?

　① 25　　　　　　② 35.4　　　　　　③ 50　　　　　　④ 70.7

해설　비정현파 전류의 실효값

$I = \dfrac{I_m}{\sqrt{2}} = \dfrac{\sqrt{30^2 + 40^2}}{\sqrt{2}} = 25\sqrt{2} = 35.4[\text{A}]$

164 그림과 같은 회로에서 $E_d = 14[\text{V}]$, $E_m = 48\sqrt{2}[\text{V}]$, $R = 20[\Omega]$ 인 전류의 실효값[A]은?

　① 약 2.5
　② 약 2.2
　③ 약 2.0
　④ 약 1.5

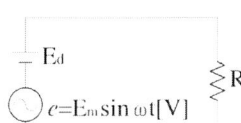

해설　비정현파 전압의 순시값 $v = 14 + 48\sqrt{2}\sin\omega t[\text{V}]$

전압의 실효값 $V = \sqrt{V_0^2 + V_1^2} = \sqrt{14^2 + 48^2} = 50[\text{V}]$

전류의 실효값 $I = \dfrac{V}{R} = \dfrac{50}{20} = 2.5[\text{A}]$

정답　**161.**② **162.**③ **163.**② **164.**①

165 R − L 직렬회로에 전압 $v = 10 + 100\sqrt{2}\sin\omega t + 50\sqrt{2}\sin(3\omega t + 60°) + 60\sqrt{2}$ $\sin(5\omega t + 30°)$[V] 인 전압을 가할 때 제3 고조파 전류의 실효값[A]은? (단, R = 8 [Ω], ωL = 2[Ω] 이다.)

① 1   ② 3   ③ 5   ④ 7

해설 $\dot{Z_3} = R + j3\omega L = 8 + j6[\Omega]$ 이므로 $Z_3 = \sqrt{8^2 + 6^2} = 10[\Omega]$

$I_3 = \dfrac{V_3}{Z_3} = \dfrac{50}{10} = 5[\mathrm{A}]$

166 $e = 100\sqrt{2}\sin\omega t + 75\sqrt{2}\sin 3\omega t + 20\sqrt{2}\sin 5\omega t\,[\mathrm{V}]$ 인 전압을 R − L 직렬회로에 가할 때 제3고조파 전류 실효값은 몇 [A]인가? (단, R = 4[Ω], ωL = 1[Ω] 이다.)

① 15   ② $15\sqrt{2}$ ③ 20   ④ $20\sqrt{2}$

해설 제3고조파의 임피던스 $\dot{Z_3} = R + j3\omega L = 4 + j3[\Omega]$

제3고조파 전압의 실효값 $V_3 = \dfrac{75\sqrt{2}}{\sqrt{2}} = 75[\mathrm{V}]$

제3고조파 전류 $I_3 = \dfrac{V_3}{Z_3} = \dfrac{75}{\sqrt{4^2 + 3^2}} = 15[\mathrm{A}]$

167 RLC 직렬회로에서 n고조파의 공진주파수 f[Hz]는?

① $\dfrac{1}{2\pi\sqrt{LC}}$ ② $\dfrac{1}{2\pi\sqrt{nLC}}$

③ $\dfrac{1}{2\pi n\sqrt{LC}}$ ④ $\dfrac{1}{2\pi n^2\sqrt{LC}}$

해설 n 고조파의 직렬 임피던스 $\dot{Z_n} = R + j\left(n\omega L - \dfrac{1}{n\omega C}\right)[\Omega]$

직렬공진조건 $n\omega L = \dfrac{1}{n\omega C}$

공진각주파수 $\omega = \dfrac{1}{n\sqrt{LC}}[\mathrm{rad/sec}]$

공진주파수 $f_n = \dfrac{1}{2\pi n\sqrt{LC}}[\mathrm{Hz}]$

168 RLC 직렬 공진회로에서 제3고조파의 공진주파수 f[Hz]는?

① $\dfrac{1}{2\pi\sqrt{LC}}$

② $\dfrac{1}{3\pi\sqrt{LC}}$

③ $\dfrac{1}{6\pi\sqrt{LC}}$

④ $\dfrac{1}{9\pi\sqrt{LC}}$

> **해설** 제3고조파의 직렬 임피던스 $\dot{Z}_3 = R + j\left(3\omega L - \dfrac{1}{3\omega C}\right)[\Omega]$
>
> 공진주파수 $f_3 = \dfrac{1}{2\pi \times 3\sqrt{LC}} = \dfrac{1}{6\pi\sqrt{LC}}[\text{Hz}]$

169 비정현파의 일그러짐의 정도를 표시하는 양으로서 왜형률이란?

① $\dfrac{\text{평균치}}{\text{실효치}}$

② $\dfrac{\text{실효치}}{\text{최대치}}$

③ $\dfrac{\text{고조파만의 실효치}}{\text{기본파의 실효치}}$

④ $\dfrac{\text{기본파의 실효치}}{\text{고조파만의 실효치}}$

> **해설** 왜형률 $= \dfrac{\text{고조파의 실효값}}{\text{기본파의 실효값}}$

170 비정현파 전류가 $i(t) = 56\sin\omega t + 20\sin2\omega t + 30\sin(3\omega t + 30°) + 40\sin(4\omega t + 60°)[\text{A}]$ 로 표현될 때, 왜형률은 약 얼마인가?

① 1.0 ② 0.96 ③ 0.55 ④ 0.11

> **해설** 비정현파의 왜형률(ε) : 파형의 일그러짐의 정도
>
> $\epsilon = \dfrac{\text{고조파}}{\text{기본파}} = \dfrac{\sqrt{20^2 + 30^2 + 40^2}}{56} = 0.96$

171 전압 $v = 100\sqrt{2}\sin\omega t + 50\sqrt{2}\sin2\omega t + 30\sqrt{2}\sin3\omega t$ 의 왜형률을 구하면?

① 1.0 ② 0.8 ③ 0.5 ④ 0.3

> **해설** 왜형률 $= \dfrac{\text{고조파의 실효값}}{\text{기본파의 실효값}}$
>
> $\epsilon = \dfrac{\sqrt{V_2^2 + V_3^2}}{V_1} = \dfrac{\sqrt{50^2 + 30^2}}{100} = 0.5$

정답 **168.**③ **169.**③ **170.**② **171.**③

172 기본파의 20[%]인 제 3고조파와 30[%]인 제 5고조파를 포함하는 전류의 왜형률은?

① 0.5　　　　　　② 0.36　　　　　　③ 0.33　　　　　　④ 0.26

해설 　기본파 실효값을 1로 보면 20[%]는 0.2, 30[%]는 0.3이므로

비정현파의 왜형률 $\epsilon = \sqrt{0.2^2 + 0.3^2} = 0.36$

173 전압 $v = V\sin\omega t[\text{V}]$, 전류 $i = I(\sin3\omega t - \sin5\omega t)[\text{A}]$의 교류의 평균전력은?

① 0　　　　　　② $\dfrac{1}{2}VI$　　　　　　③ $\dfrac{1}{2}VI\cos\theta$　　　　　　④ 5

해설 　$P = V_0 I_0 + \sum_{n=1}^{\infty} V_n I_n \cos\theta\,[\text{W}]$ 에서 같은 성분이 존재하지 않으므로 $P = 0$ 이다.

174 5[Ω]의 저항에 흐르는 전류가 $i = 5 + 14.14\sin100t + 7.07\sin200t[\text{A}]$ 일 때 저항에서 소비되는 평균 전력[W]은?

① 150　　　　　　② 250　　　　　　③ 625　　　　　　④ 750

해설 　전류의 실효값 $I = \sqrt{5^2 + 10^2 + 5^2} = \sqrt{150}\,[\text{A}]$

$P = I^2 R = (\sqrt{150})^2 \times 5 = 750\,[\text{W}]$

175 $R = 4[\Omega]$, $\omega L = 3[\Omega]$ 의 직렬 회로에 $v = 100\sqrt{2}\,\sin\omega t + 50\sqrt{2}\,\sin3\omega t[\text{V}]$ 를 가할 때 이 회로의 소비 전력[W]은?

① 1000　　　　　　② 1414　　　　　　③ 1560　　　　　　④ 1703

해설 　$\dot{Z}_1 = R + j\omega L = 4 + j3 = \sqrt{4^2 + 3^2} = 5[\Omega]$ 이므로 $I_1 = \dfrac{V_1}{Z_1} = \dfrac{100}{5} = 20[\text{A}]$

$\dot{Z}_3 = R + j3\omega L = 4 + j9 = \sqrt{4^2 + 9^2} = \sqrt{97}[\Omega]$ 이므로 $I_3 = \dfrac{V_3}{Z_3} = \dfrac{50}{\sqrt{97}} = 5.077[\text{A}]$

$P = I_1^2 R + I_3^2 R = 20^2 \times 4 + 5.077^2 \times 4 = 1703\,[\text{W}]$

【별해】 전류 실효값 $I = \sqrt{I_1^2 + I_3^2} = \sqrt{20^2 + 5.077^2} = 20.63\,[\text{A}]$

$P = I^2 R = 20.63^2 \times 4 = 1703\,[\text{W}]$

176 그림과 같은 파형의 교류 전압 v와 전류 i간의 등가 역률은?

(단, $v = V_m \sin\omega t$, $i = I_m \left(\sin\omega t - \frac{1}{\sqrt{3}} \sin 3\omega t\right)$ 이다.)

① $\dfrac{\sqrt{3}}{2}$

② $\dfrac{1}{2}$

③ 0.8

④ 0.9

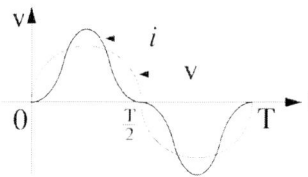

해설   소비전력 $P = \dfrac{V_m}{\sqrt{2}} \times \dfrac{I_m}{\sqrt{2}} \cos 0° = \dfrac{1}{2} V_m I_m \,[\text{W}]$

피상전력 $P_a = VI = \dfrac{1}{2} V_m I_m \sqrt{1^2 + \left(\dfrac{1}{\sqrt{3}}\right)^2} = \dfrac{1}{2} \dfrac{2}{\sqrt{3}} V_m I_m = \dfrac{1}{\sqrt{3}} V_m I_m \,[\text{VA}]$

역률 $\cos\theta = \dfrac{P}{P_a} = \dfrac{\dfrac{1}{2} V_m I_m}{\dfrac{1}{\sqrt{3}} V_m I_m} = \dfrac{\sqrt{3}}{2}$

177 3상 교류 대칭 전압에 포함되는 고조파 중에서 상회전이 기본파에 대하여 같은 방향인 것은?

① 제3고조파   ② 제5고조파   ③ 제7고조파   ④ 제9고조파

해설   3상 결선 시 고조파의 특징
- 3n 고조파 (3, 6, 9, 12, …) : 동상
- 3n+1 고조파 (4, 7, 10, 13, …) : 상회전방향이 기본파와 같은 방향
- 3n−1 고조파 (2, 5, 8, 11, …) : 상회전방향이 기본파와 반대 방향

178 3상 교류 대칭전압에 포함되는 고조파 중에서 상회전이 기본파에 대하여 반대인 것은?

① 제 3고조파   ② 제 5고조파   ③ 제 7고조파   ④ 제9고조파

해설   3상 결선 시 고조파의 특징
- 3n 고조파 (3, 6, 9, 12, …) : 동상
- 3n+1 고조파 (4, 7, 10, 13, …) : 상회전방향이 기본파와 같은 방향
- 3n−1 고조파 (2, 5, 8, 11, …) : 상회전방향이 기본파와 반대 방향

정답   **176.**①   **177.**③   **178.**②

179 성형결선으로 된 대칭 6상 전원이 있다. 상전압과 선간전압을 측정한 결과 각각 117[V] 및 105[V]였다. 상전압에 포함된 제3고조파 전압은? (단, 각상의 기전력에는 제3고조파 이외의 고조파는 없는 것으로 한다.)

① 약 7[V]   ② 약 12[V]   ③ 약 20[V]   ④ 약 52[V]

해설 대칭 6상 성형 결선 시 기본파 전압 $V_\ell = V_P$. 제3고조파 전압은 위상차가 없으므로 상전압은 존재하지만 선간전압은 나타날 수 없다.

선간 전압 $V_\ell = V_1 = 105\,[\mathrm{V}]$

상전압 $V_P = \sqrt{V_1^2 + V_3^2}$ 에서 $117 = \sqrt{105^2 + V_3^2}$ 이므로

$V_3 = \sqrt{117^2 - 105^2} = 51.6\,[\mathrm{V}]$

Chapter 11

2단자망

2단자망의 정의 : 임의의 전압원이나 전류원이 존재하지 않는 선형수동 회로망에서 외부로 나온 단자가 2개인 회로망. 임피던스 계산 시 복소수의 허수부 jω대신 복소변수 s(라플라스 변수)를 이용하여 임피던스를 계산하기도 하며 필터 설계의 기본이 되는 회로이다.

1. 2단자 회로의 임피던스

입력(전원) 측 단자에서 부하 측을 바라봤을 때의 합성 임피던스를 구동점 임피던스라 하며 전원을 제외한 전체 임피던스라고 생각하면 된다.

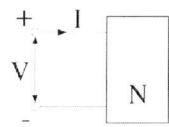

(1) 일반화된 2단자망 회로의 임피던스

복소수의 허수부 jω를 s로 변환하여 임피던스를 계산한다.

① $R \rightarrow Z_R(s) = R[\Omega]$

② $L \rightarrow \dot{Z}_L(s) = j\omega L = sL[\Omega]$

③ $C \rightarrow \dot{Z}_C(s) = -j\dfrac{1}{\omega C} = \dfrac{1}{j\omega C} = \dfrac{1}{sC}[\Omega]$

예제 1) 다음 그림과 같은 회로의 구동점 임피던스 Z_{ab}는?

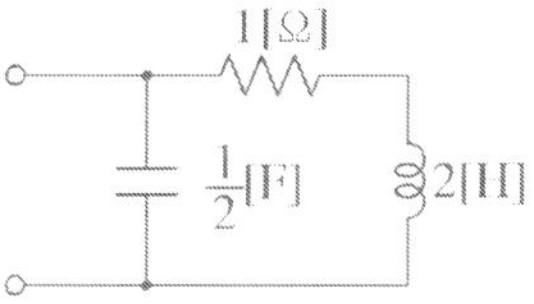

① $\dfrac{2(2s+1)}{2s^2+s+2}$ ② $\dfrac{2s+1}{2s^2+s+2}$ ③ $\dfrac{2(2s-1)}{2s^2+s+2}$ ④ $\dfrac{2s^2+s+2}{2(2s+1)}$

$R = 1$, $2[\mathrm{H}]$ 는 $2s$, $\dfrac{1}{2}[\mathrm{F}]$ 은 $\dfrac{2}{s}$ 이므로

$$Z_{ab}(s) = \frac{(2s+1) \times \dfrac{2}{s}}{(2s+1) + \dfrac{2}{s}} = \frac{2(2s+1)}{2s^2 + s + 2}$$

정답 ①

(2) 구동점 임피던스의 영점과 극점

2단자 망 회로의 임피던스가 다음과 같은 분모와 분자가 있는 분수식을 표현될 경우 영점과 극점의 의미는 다음과 같다.

$$Z(s) = \frac{Q(s)}{P(s)} = \frac{(s + Z_1)(s + Z_2)(s + Z_3) \dots}{(s + P_1)(s + P_2)(s + P_3) \dots} [\Omega]$$

① 영점 (Zero) : 구동점 임피던스의 Z(s)가 0이 되는 s의 값(분자 = 0)

- 영점좌표 : $s = -Z_1,\ -Z_2,\ -Z_3,\ \cdots$
- 좌표로 표시하는 방법 : ○
- 회로망 해석 시 단락 점을 의미한다.

② 극점 (Pole) : 회로망 함수 Z(s)가 ∞가 되는 s의 값(분모 = 0)

- 극점 좌표 : $s = -P_1,\ -P_2,\ -P_3,\ \cdots$
- 좌표 표시 방법 : ×
- 회로망은 개방 점을 의미한다.

【보기】 구동점 임피던스의 영점과 극점 표시

2단자망 회로 임피던스 식 : $Z(s) = \dfrac{(s+1)(s+3)}{s(s+2)(s+1-j)(s+1+j)} [\Omega]$

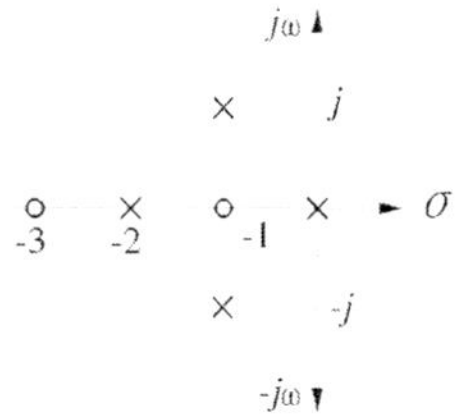

① 영점 :

$Z_1 = -1,\ Z_2 = -3$

② 극점 :

$P_1 = 0,\ P_2 = -2,\ P_3 = -1+j,\ P_4 = -1-j$

(3) 구동점 임피던스를 이용한 2단자망 회로의 구성

구동점 임피던스가 주어질 경우 이 임피던스 식을 이용하여 회로를 구성시키는 방법

① R-L-C 직렬회로의 임피던스

$$Z(s) = R + Ls + \frac{1}{Cs} [\Omega]$$

- 임피던스 식에서 +는 직렬구성을 의미한다.
- 임피던스 식의 상수 : R[Ω]인 저항을 의미한다.
- ○s의 계수 : ○ 값은 인덕턴스 L[H]를 의미한다.
- $\dfrac{1}{○s}$ 의 계수 : ○ 값은 정전용량 C[F]을 의미한다.

② R-L-C 병렬회로의 임피던스

$$Z(s) = \frac{1}{Y\text{합}} = \frac{1}{\dfrac{1}{R} + \dfrac{1}{Ls} + Cs}\,[\Omega]$$

- 모든 구동점 임피던스 식의 분자식을 1로 변형한다.
- 구동점 임피던스에서 분모 안의 +는 병렬구성을 의미한다.
- 분모 안의 상수 : 컨덕턴스 G[℧]를 의미한다.
- ○s의 계수 : ○ 값은 정전용량 C[F]을 의미한다.
- $\dfrac{1}{○s}$ 의 계수 : ○ 값은 인덕턴스 L[H]를 의미한다.

예제 2) 임피던스함수 $Z(s) = \dfrac{s+50}{s^2+3s+2}[\Omega]$ 으로 주어지는 2단자 회로망에 직류 100[V]전압을 가했다면 회로의 전류는 몇[A]인가?

① 4　　　　　　② 6　　　　　　③ 8　　　　　　④ 10

해설 직류는 $j\omega = s = 0$ 이므로 $Z = \dfrac{50}{2} = 25[\Omega]$

전류 $I = \dfrac{100}{25} = 4[A]$

정답 ①

예제 3) 구동점 임피던스 $Z(s) = \dfrac{8s+7}{s}$ 로 표시되는 2단자 회로는?

①

8[Ω]　1[H]　$\frac{1}{7}$[F]

②

$\frac{8}{7}$[Ω]　$\frac{7}{8}$[℧]

③

8[Ω]　$\frac{1}{7}$[F]

④

1[H]　7[F]

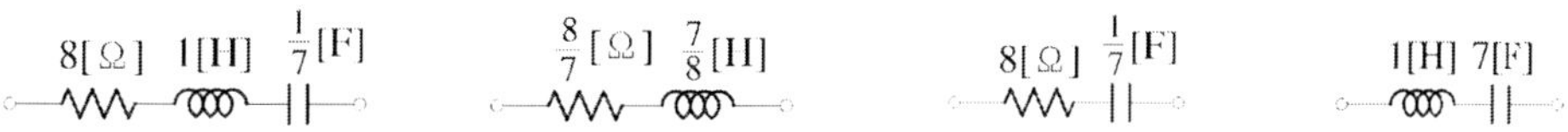

해설 $Z(s) = \dfrac{8s+7}{s} = 8 + \dfrac{7}{s} = 8 + \dfrac{1}{\dfrac{1}{7}s}$

8[Ω]의 저항과 $\dfrac{1}{7}$[F] 정전용량이 직렬 연결된 회로이다.

정답 ③

예제 4) 리액턴스 함수가 $Z(s) = \dfrac{3s}{s^2 + 15}$ 표시되는 리액턴스 2단자망은 어느 것인가?

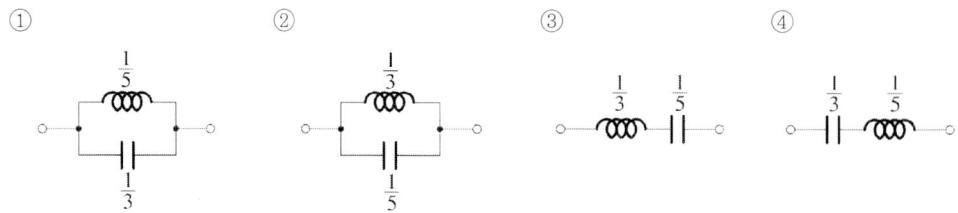

① ② ③ ④

해설 2단자 임피던스 $Z(s) = \dfrac{3s}{s^2 + 15}$ 에서 분자를 1로 만들기 위해 분자 분모를 3s로 나눠 준 후 정리한다.

$$Z(s) = \frac{3s}{s^2 + 15} = \frac{1}{\dfrac{s^2}{3s} + \dfrac{15}{3s}} = \frac{1}{\dfrac{1}{3}s + \dfrac{5}{s}} = \frac{1}{\dfrac{1}{3}s + \dfrac{1}{\dfrac{1}{5}s}}$$ 이므로

$L = \dfrac{1}{5}[\text{H}]$와 $C = \dfrac{1}{3}[\text{F}]$이 $L - C$ 병렬 연결된 회로와 같다.

정답 ①

2. 정저항 회로

L과 C로 구성된 주파수 함수인 2단자 임피던스의 회로에 저항을 접속하여 합성임피던스가 실수가 되면서 주파수와 무관하도록 하는 회로로서 필터 설계 시 정 K형 필터의 상수값이 되며 이러한 임피던스를 공칭임피던스라 한다.

(1) L – C 병렬회로

$$\text{(a)} \quad \Rightarrow \quad \text{(b)}$$

그림 (a)의 L – C 병렬회로는 그 자체 소자로는 절대 허수나 주파수가 상쇄가 안 되지만 그림 (b)와 같이 저항 R을 각각의 소자에 직렬로 접속하여 양단의 합성임피던스가 R이 되도록 한다면 정 저항 회로를 만족하며 이 조건을 만족하기 위한 R을 구하면 다음 식과 같다.

• 합성임피던스

$$Z_0 = \frac{(R+Z_1)(R+Z_2)}{(R+Z_1)+(R+Z_2)} = \frac{R(R+Z_1+Z_2+\frac{Z_1 Z_2}{R})}{2R+Z_1+Z_2} = R$$

$$R+Z_1+Z_2+\frac{Z_1 Z_2}{R} = 2R+Z_1+Z_2$$

$Z_1 Z_2 = R^2$ 에서 $R^2 = j\omega L \cdot \frac{1}{j\omega C} = \frac{L}{C}$ 이므로 $R = \sqrt{\frac{L}{C}} [\Omega]$

• 공칭임피던스 $R = \sqrt{\frac{L}{C}} [\Omega]$

(2) L – C 직렬회로

(a)   (b)

병렬 회로와 마찬가지로 L – C 직렬로 구성된 회로의 그림 (a)는 그 자체 소자로는 절대 허수나 주파수가 상쇄가 안 되지만 그림 (b)와 같이 저항 R을 각 소자에 병렬로 접속하여 양단의 합성임피던스가 R이 되도록 한다면 정 저항 회로를 만족하며 이 조건을 만족하기 위한 R을 구하면 다음 식과 같다.

• 합성임피던스 : $Z_0 = \frac{(R \times Z_1)}{(R+Z_1)} + \frac{(R \times Z_2)}{(R+Z_2)} = R$

$Z_1 Z_2 = R^2$ (정저항 회로 조건)

• 공칭임피던스 : $R = \sqrt{\frac{L}{C}} [\Omega]$

예제 5) 그림과 같은 회로에서 L = 4[mH], C = 0.1[μF] 일 때 이 회로가 정저항 회로가 되려면 R[Ω]의 값은 얼마이어야 하는가?

① 100

② 400

③ 300

④ 200

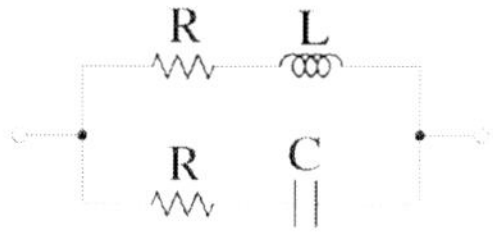

해설 $R = \sqrt{\frac{L}{C}} = \sqrt{\frac{4 \times 10^{-3}}{0.1 \times 10^{-6}}} = 200[\Omega]$

정답 ④

예제 6) 그림의 회로가 주파수에 관계없이 일정한 임피던스를 갖도록 하는 C값은?

① $20[\mu F]$

② $10[\mu F]$

③ $2.45[\mu F]$

④ $0.24[\mu F]$

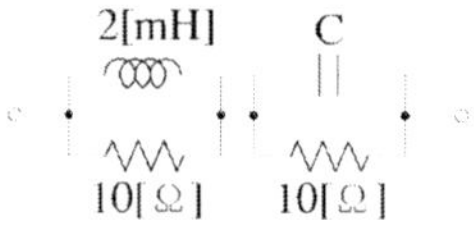

$$2[mH] \quad\quad C$$

$$10[\Omega] \quad\quad 10[\Omega]$$

해설 $R^2 = \dfrac{L}{C}$ 에서 $C = \dfrac{L}{R^2} = \dfrac{2 \times 10^{-3}}{10^2} = 20[\mu F]$

정답 ①

출제예상핵심문제

180 그림과 같은 회로의 2단자 임피던스 Z(s)는 얼마인가? (단, s = jω 이다)

① $\dfrac{s}{s(s^2+1)}$

② $\dfrac{0.5s}{s^2+1}$

③ $\dfrac{3s}{s^2+1}$

④ $\dfrac{2s}{s^2+1}$

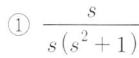

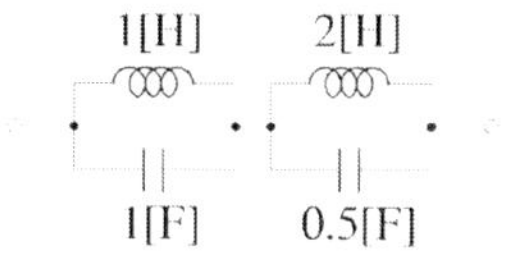

해설 1[H]는 1s, 1[F]은 $\dfrac{1}{s}$, 2[H]는 2s, 0.5[F]은 $\dfrac{2}{s}$ 이므로

$$Z(s) = \frac{s \times \dfrac{1}{s}}{s + \dfrac{1}{s}} + \frac{2s \times \dfrac{2}{s}}{2s + \dfrac{2}{s}} = \frac{3s}{s^2+1}\,[\Omega]$$

181 2단자 임피던스 함수 Z(s)가 $Z(s) = \dfrac{(s+2)(s+3)}{(s+4)(s+5)}$ 일 때 극점은?

① −2, −3

② −3, −4

③ −1, −2, −3

④ −4, −5

해설 극점은 임피던스 Z(s)가 ∞가 되는 값이므로 분모가 0이 되는 점을 말한다.
따라서 극점은 −4, −5 이다.

182 그림과 같은 회로의 임피던스가 R이 되기 위한 조건은?

① $Z_1 Z_2 = R$

② $\dfrac{Z_1}{Z_2} = R^2$

③ $Z_1 Z_2 = R^2$

④ $\dfrac{Z_2}{Z_1} = R^2$

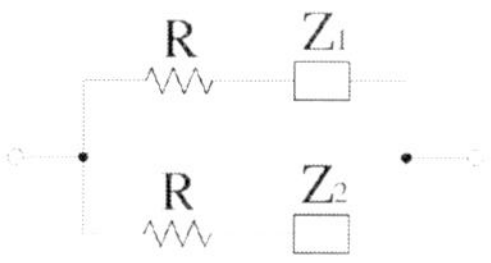

해설 정 저항 회로 조건 $Z_0 = \dfrac{RZ_1}{R+Z_1} + \dfrac{RZ_2}{R+Z_2} = R$ 에서 $R^2 = Z_1 Z_2$

정답 **180.**③ **181.**④ **182.**③

183 그림과 같은 회로에서 스위치 S를 닫았을 때 과도분을 포함하지 않기 위한 R의 값[Ω]은?

① 100

② 200

③ 300

④ 400

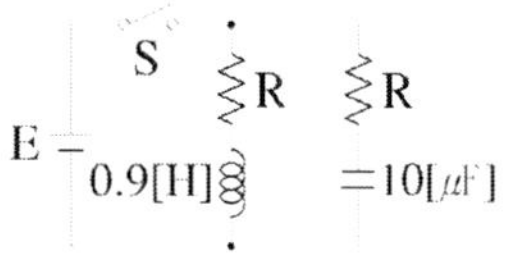

해설 정 저항 회로 조건 $R^2=\dfrac{L}{C} \Rightarrow R=\sqrt{\dfrac{L}{C}}=\sqrt{\dfrac{0.9}{10\times10^{-6}}}=300[\Omega]$

184 그림과 같은 고역 여파기에서 공칭 임피던스 K[Ω] 및 차단 주파수 f_c[kHz]는 얼마인가?

① 400, 약 25.9
② 460, 약 20.9
③ 480, 약 18.9
④ 500, 약 15.9

해설 K형 고역 여파기의 공칭 임피던스와 차단 주파수

$$K=\sqrt{\frac{L}{C}}=\sqrt{\frac{2.5\times10^{-3}}{0.01\times10^{-6}}}=500[\Omega]$$

$$f_c=\frac{1}{4\pi KC}=\frac{1}{4\pi\times500\times0.01\times10^{-6}}=15,915[\text{Hz}]=15.9[\text{kHz}]$$

정답 183.③ 184.④

4단자망(4端子網)

4단자망이란 한 쌍의 입력단자와 한 쌍의 출력단자로 이루어진 회로망을 말하며 변압기나 장거리 송전선로의 선로정수, 증폭기, 전화케이블, 유선방송 중계기 등이 4단자망의 좋은 예이다. 즉 전원과 부하 사이에 매개변수(parameter, 파라미터)가 구성되어 있는 회로망이다.

1. 4단자 정수(전송 파라미터)

1차(입력) 측 양 단자에서의 전압과 전류를 2차(출력) 측 양 단자에서의 전압과 전류의 합으로 나타내기 위한 매개변수로서 1차에서 2차로 순차적으로 전송되는 회로망이어서 행렬식을 이용하여 계산하는 것이 용이하다.

(1) 4단자 정수 기본 방정식

입력 측 전압과 전류를 출력 측 전압과 전류로 표현한 식을 4단자 기본 방정식이라고 하며 이때 입력 측 전압과 전류를 출력 측 전압과 전류로 표현하는 매개 변수를 4단자 정수라고 한다.

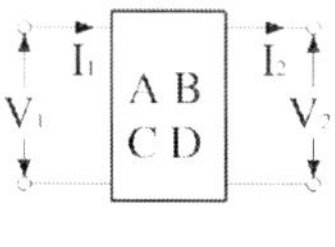

$$\dot{V}_1 = A\dot{V}_2 + B\dot{I}_2 [\text{V}]$$
$$\dot{I}_1 = C\dot{V}_2 + D\dot{I}_2 [\text{A}]$$

- 행렬식 $\begin{bmatrix} \dot{V}_1 \\ \dot{I}_1 \end{bmatrix} = \begin{bmatrix} \dot{A} & \dot{B} \\ \dot{C} & \dot{D} \end{bmatrix} \begin{bmatrix} \dot{V}_2 \\ \dot{I}_2 \end{bmatrix}$

① $\dot{A} = \dfrac{\dot{V}_1}{\dot{V}_2} \bigg|_{\dot{I}_2 = 0}$: 출력 개방 전압비, 상수 차원

② $\dot{B} = \dfrac{\dot{V}_1}{\dot{I}_2} \bigg|_{\dot{V}_2 = 0}$: 출력 단락 임피던스비, 단위 $[\Omega]$

③ $\dot{C} = \dfrac{\dot{I}_1}{\dot{V}_2} \bigg|_{\dot{I}_2 = 0}$: 출력 개방 어드미턴스비, 단위 $[\mho]$

④ $\dot{D} = \dfrac{\dot{I_1}}{\dot{I_2}}\bigg|\ \dot{V_2}=0$: 출력 단락 전류비, 상수 차원

⑤ 4단자 정수 관계식 : $\dot{A}\dot{D} - \dot{B}\dot{C} = 1$

⑥ 좌우 대칭 회로망은 $\dot{A} = \dot{D}$, 단일소자인 경우 $\dot{A} = \dot{D} = 1$이 성립한다.

(2) 직렬 Z 단일소자의 4단자 정수

$$\dot{V_1} = A\dot{V_2} + B\dot{I_2}\,[\text{V}]$$
$$\dot{I_1} = C\dot{V_2} + D\dot{I_2}\,[\text{A}]$$

$\dot{A} = \dfrac{\dot{V_1}}{\dot{V_2}}\bigg|\ \dot{I_2}=0\ = 1$ 　　　　　 $\dot{B} = \dfrac{\dot{V_1}}{\dot{I_2}}\bigg|\ \dot{V_2}=0\ = Z$

$\dot{C} = \dfrac{\dot{I_1}}{\dot{V_2}}\bigg|\ \dot{I_2}=0\ = 0$ 　　　　　 $\dot{D} = \dfrac{\dot{I_1}}{\dot{I_2}}\bigg|\ \dot{V_2}=0\ = 1$

• 행렬식 $\begin{bmatrix} A & B \\ C & D \end{bmatrix} = \begin{bmatrix} 1 & Z \\ 0 & 1 \end{bmatrix}$

(3) 병렬 Y 단일소자의 4단자 정수

$$\dot{V_1} = A\dot{V_2} + B\dot{I_2}\,[\text{V}]$$
$$\dot{I_1} = C\dot{V_2} + D\dot{I_2}\,[\text{A}]$$

$\dot{A} = \dfrac{\dot{V_1}}{\dot{V_2}}\bigg|\ \dot{I_2}=0\ = 1$ 　　　　　 $\dot{B} = \dfrac{\dot{V_1}}{\dot{I_2}}\bigg|\ \dot{V_2}=0\ = 0$

$\dot{C} = \dfrac{\dot{I_1}}{\dot{V_2}}\bigg|\ \dot{I_2}=0\ = \dfrac{1}{Z} = Y$ 　　　　　 $\dot{D} = \dfrac{\dot{I_1}}{\dot{I_2}}\bigg|\ \dot{V_2}=0\ = 1$

• 행렬식 표현 $\begin{bmatrix} A & B \\ C & D \end{bmatrix} = \begin{bmatrix} 1 & 0 \\ \dfrac{1}{Z} & 1 \end{bmatrix}$

(4) T형 회로의 4단자 정수

T형 회로망에서 각각 단일소자로 분리하면 다음과 같다.

$$\begin{bmatrix} \dot{A} & \dot{B} \\ \dot{C} & \dot{D} \end{bmatrix} = \begin{bmatrix} 1 & Z_1 \\ 0 & 1 \end{bmatrix} \times \begin{bmatrix} 1 & 0 \\ \dfrac{1}{Z_3} & 1 \end{bmatrix} \times \begin{bmatrix} 1 & Z_2 \\ 0 & 1 \end{bmatrix} = \begin{bmatrix} 1 + \dfrac{Z_1}{Z_3} & Z_1 + Z_2 + \dfrac{Z_1 Z_2}{Z_3} \\ \dfrac{1}{Z_3} & 1 + \dfrac{Z_2}{Z_3} \end{bmatrix}$$

$$\dot{A} = 1 + \frac{Z_1}{Z_3} = \frac{Z_1 + Z_3}{Z_3} \qquad\qquad \dot{B} = Z_1 + Z_2 + \frac{Z_1 Z_2}{Z_3} = \frac{Z_1 Z_2 + Z_2 Z_3 + Z_3 Z_1}{Z_3}\,[\Omega]$$

$$\dot{C} = \frac{1}{Z_3}\,[\mho] \qquad\qquad \dot{D} = 1 + \frac{Z_2}{Z_3} = \frac{Z_2 + Z_3}{Z_3}$$

(5) π형 회로의 4단자 정수

$$\dot{V}_1 = A\dot{V}_2 + B\dot{I}_2\,[\mathrm{V}]$$
$$\dot{I}_1 = C\dot{V}_2 + D\dot{I}_2\,[\mathrm{A}]$$

행렬식으로 계산하면 다음과 같다. 단, 임피던스 Z_1, Z_3는 어드미턴스 부분에 존재하므로 역수를 취하여 어드미턴스로 환산하여 대입한다.

$$\begin{bmatrix} \dot{A} & \dot{B} \\ \dot{C} & \dot{D} \end{bmatrix} = \begin{bmatrix} 1 & 0 \\ \dfrac{1}{Z_1} & 1 \end{bmatrix} \begin{bmatrix} 1 & Z_2 \\ 0 & 1 \end{bmatrix} \begin{bmatrix} 1 & 0 \\ \dfrac{1}{Z_3} & 1 \end{bmatrix} = \begin{bmatrix} 1 + \dfrac{Z_2}{Z_3} & Z_2 \\ \dfrac{1}{Z_1} + \dfrac{1}{Z_3} + \dfrac{Z_2}{Z_1 Z_3} & 1 + \dfrac{Z_2}{Z_1} \end{bmatrix}$$

예제 1) 회로망의 4단자 상수 A는 얼마인가? (단, $\omega = 10^4\,[\mathrm{rad/s}]$이다)

① 1

② $-j2$

③ 3

④ $-j4$

해설 그림에서 $\dot{X}_C[\Omega]$ 과 $\dot{X}_C[\Omega]$ 을 구하여 등가회로를 그리면 다음과 같다.

유도성 리액턴스 $\dot{X}_L = j\omega L = j \times 10^4 \times 10 \times 10^{-3} = j100\,[\Omega]$

용량성 리액턴스 $\dot{X}_C = -j\dfrac{1}{\omega C} = -j\dfrac{1}{10^4 \times 2 \times 10^{-6}} = -j50\,[\Omega]$

합성임피던스 $\dot{Z} = \dfrac{j100 \times (-j50)}{j100 + (-j50)} = \dfrac{-5000}{j50} = -j100\,[\Omega]$

따라서 $A = \dfrac{-j100 - j50}{-j50} = 3$

예제 2) 그림과 같은 회로에서 $\dfrac{V_2}{V_1}$는? (단, 저항은 모두 1[Ω]이다.)

① $\dfrac{1}{13}$ ② $\dfrac{1}{10}$

③ $\dfrac{1}{7}$ ④ $\dfrac{1}{4}$

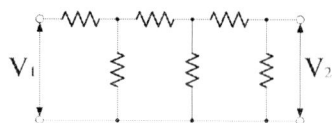

해설 그림의 회로를 분해하여 해석하면 다음과 같다.

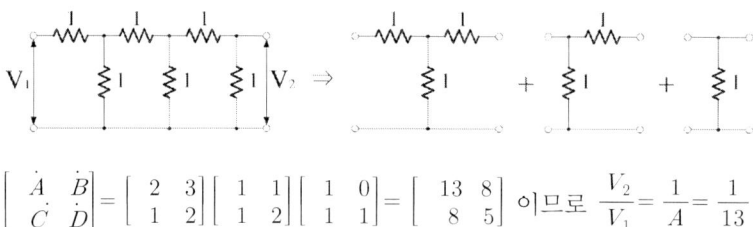

$$\begin{bmatrix} \dot{A} & \dot{B} \\ \dot{C} & \dot{D} \end{bmatrix} = \begin{bmatrix} 2 & 3 \\ 1 & 2 \end{bmatrix} \begin{bmatrix} 1 & 1 \\ 1 & 2 \end{bmatrix} \begin{bmatrix} 1 & 0 \\ 1 & 1 \end{bmatrix} = \begin{bmatrix} 13 & 8 \\ 8 & 5 \end{bmatrix}$$ 이므로 $\dfrac{V_2}{V_1} = \dfrac{1}{A} = \dfrac{1}{13}$

정답 ①

2. 변압기에서의 4단자 정수

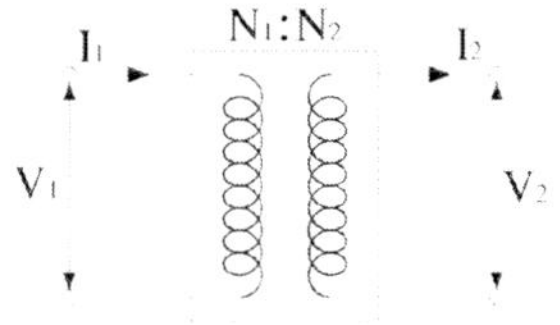

변압기의 권수비 $a = \dfrac{V_1}{V_2} = \dfrac{I_2}{I_1}$ 이므로

$\dot{V_1} = a\dot{V_2} = a\dot{V_2} + 0 \cdot \dot{I_2}[V]$

$\dot{I_1} = \dfrac{1}{a}\dot{I_2} = 0 \cdot \dot{V_2} + \dfrac{1}{a}\dot{I_2}[A]$

변압기의 4단자 정수 $\begin{bmatrix} A & B \\ C & D \end{bmatrix} = \begin{bmatrix} a & 0 \\ 0 & \dfrac{1}{a} \end{bmatrix}$

예제 3) 그림과 같이 10[Ω]의 저항에 변압기의 권수비가 10 : 1 의 결합 회로를 연결했을 때 4단자정수 A, B, C, D 는?

① $A = 10, B = 1, C = 0, D = \dfrac{1}{10}$

② $A = 1, B = 10, C = 0, D = 10$

③ $A = 10, B = 1, C = 0, D = 10$

④ $A = 10, B = 0, C = 0, D = \dfrac{1}{10}$

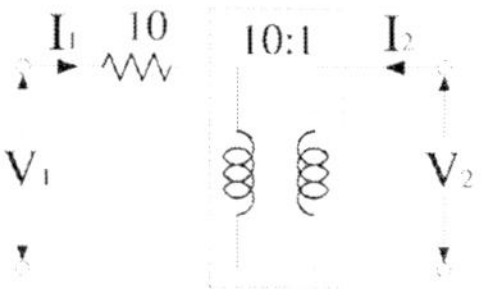

해설 권수비 10인 변압기 1차 측에 직렬로 10[Ω]의 임피던스가 있으므로

변압기의 4단자 정수 $\begin{bmatrix} A & B \\ C & D \end{bmatrix} = \begin{bmatrix} a & 0 \\ 0 & \dfrac{1}{a} \end{bmatrix} = \begin{bmatrix} 10 & 0 \\ 0 & \dfrac{1}{10} \end{bmatrix}$ 에서

직렬접속된 10[Ω]의 임피던스를 고려하여 4단자 정수를 구하면 다음과 같다.

$$\begin{bmatrix} A & B \\ C & D \end{bmatrix} = \begin{bmatrix} 1 & 10 \\ 0 & 1 \end{bmatrix} \begin{bmatrix} 10 & 0 \\ 0 & \dfrac{1}{10} \end{bmatrix} = \begin{bmatrix} 10 & 1 \\ 0 & \dfrac{1}{10} \end{bmatrix}$$

정답 ①

3. 임피던스(Z) 파라미터

입력 측 전압과 출력 측 전압을 입력 측 전류와 출력 측 전류의 합으로 표현하기 위한 관계식의 매개 변수

(1) 정의식

$\dot{V_1} = \dot{Z_{11}}\dot{I_1} + \dot{Z_{12}}\dot{I_2}$

$\dot{V_2} = \dot{Z_{21}}\dot{I_1} + \dot{Z_{22}}\dot{I_2}$

① $\dot{Z_{11}} = \dfrac{\dot{V_1}}{\dot{I_1}}\bigg|\ \dot{I_2} = 0$: 출력개방 구동점 임피던스

② $\dot{Z_{12}} = \dfrac{\dot{V_1}}{\dot{I_2}}\bigg|\ \dot{I_1} = 0$: 입력 개방 역방향 전달 임피던스

③ $\dot{Z_{21}} = \dfrac{\dot{V_2}}{\dot{I_1}}\bigg|\ \dot{I_2} = 0$: 출력개방 순방향 전달 임피던스

④ $\dot{Z_{22}} = \dfrac{\dot{V_2}}{\dot{I_2}}\bigg|\ \dot{I_1} = 0$: 입력개방 구동점 임피던스

⑤ 선형회로망 : $\dot{Z_{12}} = \dot{Z_{21}}$, 대칭회로망 : $\dot{Z_{11}} = \dot{Z_{22}}$

(2) T 형 회로의 Z – 파라미터

$\dot{V_1} = \dot{Z_{11}}\dot{I_1} + \dot{Z_{12}}\dot{I_2}$

$\dot{V_2} = \dot{Z_{21}}\dot{I_1} + \dot{Z_{22}}\dot{I_2}$

$$\dot{Z}_{11} = \frac{\dot{V}_1}{\dot{I}_1} \bigg|_{\dot{I}_2 = 0} = \frac{(Z_1 + Z_3)I_1}{I_1} = Z_1 + Z_3$$

$$\dot{Z}_{12} = \frac{\dot{V}_1}{\dot{I}_2} \bigg|_{\dot{I}_1 = 0} = \frac{Z_3 I_2}{I_2} = Z_3$$

$$\dot{Z}_{21} = \frac{\dot{V}_2}{\dot{I}_1} \bigg|_{\dot{I}_2 = 0} = \frac{Z_3 I_1}{I_1} = Z_3$$

$$\dot{Z}_{22} = \frac{\dot{V}_2}{\dot{I}_2} \bigg|_{\dot{I}_1 = 0} = \frac{(Z_2 + Z_3)I_2}{I_2} = Z_2 + Z_3$$

4. 어드미턴스 파라미터(Y) 파라미터

입력 측 전류와 출력 측 전류를 입력 측 전압과 출력 측 전압의 합으로 표현하기 위한 관계식의 매개변수

(1) 정의식

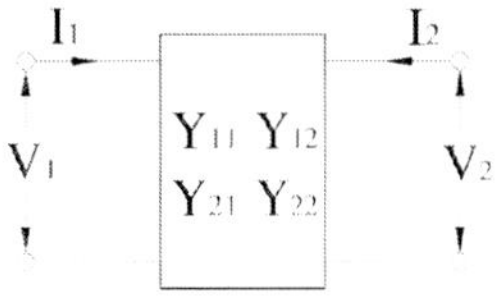

$$\dot{I}_1 = \dot{Y}_{11}\dot{V}_1 + \dot{Y}_{12}\dot{V}_2 [\text{A}]$$

$$\dot{I}_2 = \dot{Y}_{21}\dot{V}_1 + \dot{Y}_{22}\dot{V}_2 [\text{A}]$$

① $\dot{Y}_{11} = \dfrac{\dot{I}_1}{\dot{V}_1} \bigg|_{\dot{V}_2 = 0}$: 출력 단락 구동점 어드미턴스

② $\dot{Y}_{12} = \dfrac{\dot{I}_1}{\dot{V}_2} \bigg|_{\dot{V}_1 = 0}$: 단락 역방향 전달 어드미턴스

③ $\dot{Y}_{21} = \dfrac{\dot{I}_2}{\dot{V}_1} \bigg|_{\dot{V}_2 = 0}$: 단락 순방향 전달 어드미턴스

④ $\dot{Y}_{22} = \dfrac{\dot{I}_2}{\dot{V}_2} \bigg|_{\dot{V}_1 = 0}$: 입력 단락 구동점 어드미턴스

⑤ 선형회로망 : $Y_{12} = Y_{21}$, 대칭회로망 : $Y_{11} = Y_{22}$

(2) π 형 회로의 Y – 파라미터

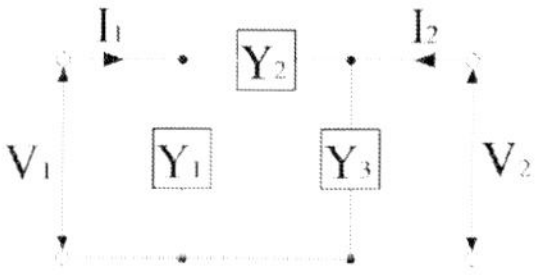

$$\dot{I}_1 = \dot{Y}_{11}\dot{V}_1 + \dot{Y}_{12}\dot{V}_2 [\text{A}]$$

$$\dot{I}_2 = \dot{Y}_{21}\dot{V}_1 + \dot{Y}_{22}\dot{V}_2 [\text{A}]$$

① $\dot{Y}_{11} = \dfrac{\dot{I}_1}{\dot{V}_1}\bigg|_{\dot{V}_2 = 0} = \dfrac{(Y_1 + Y_2)V_1}{V_1} = Y_1 + Y_2$

② $\dot{Y}_{12} = \dfrac{\dot{I}_1}{\dot{V}_2}\bigg|_{\dot{V}_1 = 0} = \dfrac{-Y_2 V_2}{V_2} = -Y_2$

③ $\dot{Y}_{21} = \dfrac{\dot{I}_2}{\dot{V}_1}\bigg|_{\dot{V}_2 = 0} = \dfrac{-Y_2 V_1}{V_1} = -Y_2$

④ $\dot{Y}_{22} = \dfrac{\dot{I}_2}{\dot{V}_2}\bigg|_{\dot{V}_1 = 0} = \dfrac{(Y_2 + Y_3)V_2}{V_2} = Y_2 + Y_3$

예제 4) 그림과 같은 π형 4단자 회로의 어드미턴스 상수 중 $Y_{22}[\text{℧}]$는?

① 5
② 6
③ 9
④ 1

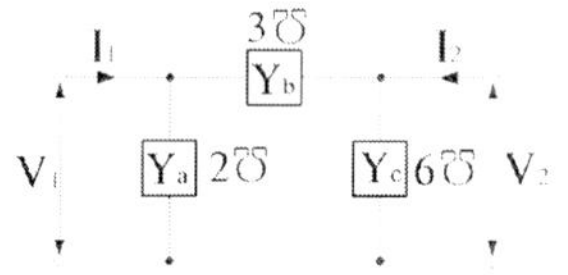

해설 π형 어드미턴스 파라미터

$Y_{11} = Y_a + Y_b = 2 + 3 = 5 [\text{℧}]$

$Y_{12} = Y_{21} = Y_b = 3 [\text{℧}]$

$Y_{22} = Y_b + Y_c = 3 + 6 = 9 [\text{℧}]$

정답 ③

---

5. 영상 파라미터

영상 임피던스란 최대 전력전달조건을 만족하는 임피던스로서 영상 임피던스를 4단자 정수로 나타낸 파라미터를 영상 파라미터라 하며 단자 외부에 연결되는 임피던스를 고려하여 선로의 특성을 파악할 수 있다.

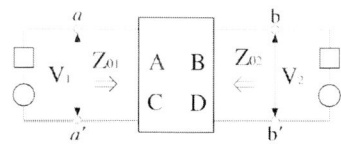

CHAPTER 12

(1) 입력 전압 V_1과 입력 전류 I_1

$\dot{V}_1 = A\dot{V}_2 + B\dot{I}_2 [\mathrm{V}]$ $\dot{I}_1 = C\dot{V}_2 + D\dot{I}_2 [\mathrm{A}]$	행렬식 $\Rightarrow$	$\begin{bmatrix} \dot{V}_1 \\ \dot{I}_1 \end{bmatrix} = \begin{bmatrix} \dot{A} & \dot{B} \\ \dot{C} & \dot{D} \end{bmatrix} \begin{bmatrix} \dot{V}_2 \\ \dot{I}_2 \end{bmatrix}$

(2) 출력전압 V_2와 출력 전류 I_2

$\dot{V}_2 = D\dot{V}_1 + B\dot{I}_1 [\mathrm{V}]$ $\dot{I}_2 = C\dot{V}_1 + A\dot{I}_1 [\mathrm{A}]$	행렬식 $\Rightarrow$	$\begin{bmatrix} \dot{V}_2 \\ \dot{I}_2 \end{bmatrix} = \begin{bmatrix} \dot{D} & \dot{B} \\ \dot{C} & \dot{A} \end{bmatrix} \begin{bmatrix} \dot{V}_1 \\ \dot{I}_1 \end{bmatrix}$

(3) 영상 임피던스 Z_{01}, $Z_{02} [\Omega]$

- $\dot{Z}_{01} = \sqrt{\dfrac{\dot{A}\dot{B}}{\dot{C}\dot{D}}} [\Omega]$ • $\dot{Z}_{02} = \sqrt{\dfrac{\dot{D}\dot{B}}{\dot{C}\dot{A}}} [\Omega]$

$\Rightarrow$ 좌우대칭 회로망은 $A = D$ 이므로 $\dot{Z}_{01} = \dot{Z}_{02} = \sqrt{\dfrac{\dot{B}}{\dot{C}}} [\Omega]$

(2) 영상전달정수(θ)

입력과 출력이 전송될 때 전압이나 전류의 크기 감쇠정수와 위상의 감쇠정수를 단위길이 당 알 수 있는 정수

$\theta = \log_e (\sqrt{AD} + \sqrt{BC}) = \alpha + j\beta$ (α : 감쇠정수, β : 위상정수)

예제 5) 그림과 같은 T형 4단자망의 전달 정수는?

① $\log_e 2$ ② $\log_e \dfrac{1}{2}$

③ $\log_e \dfrac{1}{3}$ ④ $\log_e 3$

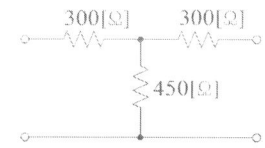

해설 좌우대칭회로망에서는 $A = D$ 이므로

$$A = D = \frac{300 + 450}{450} = \frac{5}{3}$$

$$B = 300 + 300 + \frac{300^2}{450} = 800 [\Omega]$$

$$C = \frac{1}{450} [\mho]$$

$$\theta = \log_e \sqrt{AD} + \sqrt{BC} = \log_e \left(\sqrt{\frac{5}{3} \times \frac{5}{3}} + \sqrt{800 \times \frac{1}{450}} \right)$$

$$= \log_e \left(\frac{5}{3} + \frac{4}{3} \right) = \log_e 3$$

【참고】영상임피던스 $Z_{01} = Z_{02} = \sqrt{\frac{B}{C}} = \sqrt{\frac{300}{\frac{1}{450}}} = 600[\Omega]$

정답 ④

6. 분포정수회로

장거리 송전선로나 통신선로 등에서 어떠한 전기적인 에너지나 신호 등을 임의의 한 점에서 다른 점으로 전송하는 경우 나타나는 선로정수 R, L, C, G 를 선로나 공간에 골고루 분포시켜서 등가로 나타낸 회로이다.

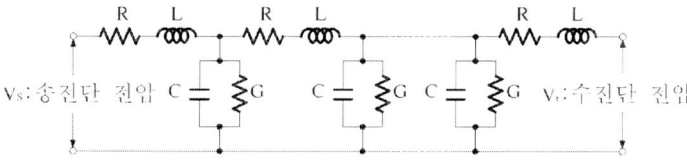

- 직렬임피던스 $\dot{Z} = R + j\omega L [\Omega/\text{m}]$
- 병렬어드미턴스 $\dot{Y} = G + j\omega C [\mho/\text{m}]$

(1) 특성임피던스

송전선로의 길이에 관계없이 임의의 점 어디에서나 항상 일정한 값을 유지하는 전류에 대한 전압의 비

- 특성임피던스 $Z_0 = \sqrt{\frac{Z}{Y}} = \sqrt{\frac{R + j\omega L}{G + j\omega C}} [\Omega]$

(2) 전파정수

송전선로에서 전압의 크기 및 위상관계를 나타내는 상수

- 전파정수 $\gamma = \sqrt{YZ} = \alpha + j\beta$
① 감쇠정수($\alpha[\text{V/m}]$) : 무한장 선로에서 단위길이 당 전압의 크기가 감쇠하는 비율
② 위상정수($\beta[\text{rad/m}]$) : 무한장 선로에서 단위길이 당 전압의 위상이 감쇠하는 비율

(3) 전파 방정식

단일 행렬 소자를 이용하여 4단자 정수를 다음과 같이 구할 수 있다.

$$\begin{bmatrix} A & B \\ C & D \end{bmatrix} = \begin{bmatrix} 1 & Z \\ 0 & 1 \end{bmatrix} \begin{bmatrix} 1 & 0 \\ Y & 1 \end{bmatrix} \begin{bmatrix} 1 & Z \\ 0 & 1 \end{bmatrix} \cdots$$

$$A = D = \cosh \sqrt{YZ}\,\ell$$

$$B = \sqrt{\frac{Z}{Y}} \sin h \sqrt{YZ}\,\ell = Z_o \sin h\theta \,[\Omega]$$

$$C = \frac{1}{\sqrt{\frac{Z}{Y}}} \sinh \sqrt{YZ}\,\ell = \frac{1}{Z_o} \sin h\theta \,[\mho]$$

(4) 무손실선로의 전파특성

- 손실이 없는 선로로 송전전압 및 전류의 크기가 항상 일정한 선로
- 무손실선로 조건 : R = 0, G = 0

① 특성 임피던스 (파동 임피던스) $Z_0 = \sqrt{\dfrac{Z}{Y}} = \sqrt{\dfrac{R+j\omega L}{G+j\omega C}} = \sqrt{\dfrac{L}{C}}\,[\Omega]$

② 전파정수

$$\gamma = \sqrt{ZY} = \sqrt{(R+j\omega L)(G+j\omega C)} = j\omega\sqrt{LC} = \alpha + j\beta$$

감쇠정수 $\alpha = 0$, 위상정수 $\beta = \omega\sqrt{LC}\,[\text{rad/m}]$

③ 위상 속도 (전파속도) $v = \dfrac{\omega}{\beta} = \dfrac{\omega}{\omega\sqrt{LC}} = \dfrac{1}{\sqrt{LC}}\,[\text{m/s}]$

(5) 무왜형선로의 전파특성

- 송전단에서 보낸 정현파 입력이 수전단에 전혀 일그러짐이 없이 전달되는 회로
- 무왜형 선로 조건 : $\dfrac{R}{L} = \dfrac{G}{C}$ 이 성립하고 $G = \dfrac{R}{L}C\,[\mho]$ 가 된다.

① 특성 임피던스

$$Z_0 = \sqrt{\frac{Z}{Y}} = \sqrt{\frac{R+j\omega L}{G+j\omega C}} = \sqrt{\frac{R+j\omega L}{\frac{RC}{L}+j\omega C}} = \sqrt{\frac{R+j\omega L}{\frac{C}{L}(R+j\omega L)}} = \sqrt{\frac{L}{C}}\,[\Omega]$$

② 전파정수

$$\gamma = \sqrt{\dot{Z}\dot{Y}} = \sqrt{(R+j\omega L)(G+j\omega C)} = \sqrt{(R+j\omega L)(\frac{C}{L}R + j\omega L\cdot\frac{C}{L})}$$

$$= (R+j\omega L)\sqrt{\frac{C}{L}} = \sqrt{RG} + j\omega\sqrt{LC}$$

감쇠정수 $\alpha = \sqrt{RG}$, 위상정수 $\beta = \omega\sqrt{LC}\,[\text{rad/m}]$

Chapter 12 4단자망

출제예상핵심문제

185 4단자 정수 A, B, C, D 중에서 어드미턴스 차원을 가진 정수는 어느 것 인가?

① A　　② B　　③ C　　④ D

해설 1차 전압과 전류를 2차 전압과 전류의 합으로 나타내는 매개변수

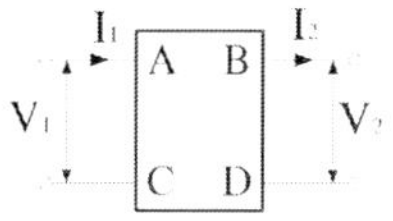

$\dot{V}_1 = \dot{A}\,\dot{V}_2 + \dot{B}\,\dot{I}_2$ [V]

$\dot{I}_1 = \dot{C}\,\dot{V}_2 + \dot{D}\,\dot{I}_2$ [A]

① $\dot{A} = \left.\dfrac{\dot{V}_1}{\dot{V}_2}\right|_{\dot{I}_2 = 0}$: 출력 개방 전압비, 단위가 없는 상수

② $\dot{B} = \left.\dfrac{\dot{V}_1}{\dot{I}_2}\right|_{\dot{V}_2 = 0}$: 출력 단락 임피던스비, 단위 [Ω]

③ $\dot{C} = \left.\dfrac{\dot{I}_1}{\dot{V}_2}\right|_{\dot{I}_2 = 0}$: 출력 개방 어드미턴스비, 단위 [℧]

④ $\dot{D} = \left.\dfrac{\dot{I}_1}{\dot{I}_2}\right|_{\dot{V}_2 = 0}$: 출력 단락 전류비, 단위가 없는 상수

186 어떤 선형 회로망의 4단자 정수가 A = 8, B = j2, D = 1.625 + j 일 때, 이 회로망의 4단자 정수 C는?

① 24 − j14　　② 8 − j11.5　　③ 4 − j6　　④ 3 − j4

해설 4단자 기본식은 AD − BC = 1 이므로

$$C = \frac{AD-1}{B} = \frac{8(1.625+j)-1}{j2} = \frac{12+j8}{j2} = 4 - j6\,[℧]$$

187 그림과 같은 4단자망에서 4단자 정수 행렬은 어느 것인가?

① $F = \begin{bmatrix} 1 & 0 \\ Y & 1 \end{bmatrix}$　　② $F = \begin{bmatrix} 1 & Y \\ 0 & 1 \end{bmatrix}$

③ $F = \begin{bmatrix} Y & 1 \\ 1 & 0 \end{bmatrix}$　　④ $F = \begin{bmatrix} 1 & 0 \\ \dfrac{1}{Y} & 1 \end{bmatrix}$

정답 185.③ 186.③ 187.①

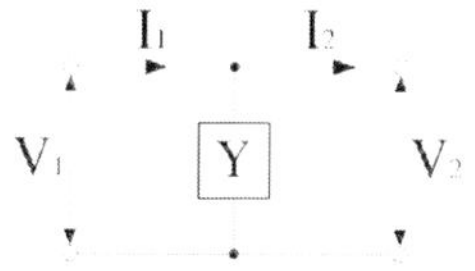

단일소자에서 4단자정수는 A = D = 1 이고 C = Y 이므로

$$\begin{bmatrix} A & B \\ C & D \end{bmatrix} = \begin{bmatrix} 1 & 0 \\ Y & 1 \end{bmatrix}$$

188 그림과 같은 T형 회로에서 4단자 정수가 아닌 것은?

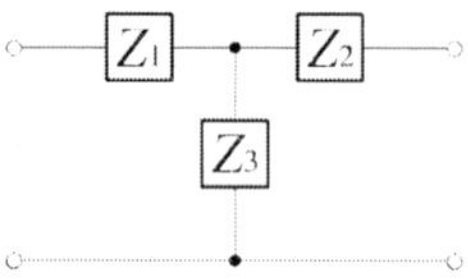

① $A = 1 + \dfrac{Z_1}{Z_3}$ ② $B = \dfrac{Z_1 Z_2}{Z_3} + Z_2 + Z_1$

③ $C = 1 + \dfrac{Z_2}{Z_3}$ ④ $D = 1 + \dfrac{Z_3}{Z_2}$

T형 회로망에서 각각 단일소자로 분리하면 다음과 같다.

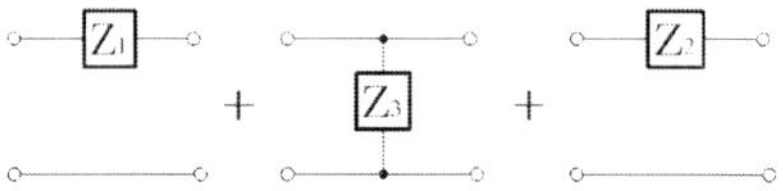

따라서 행렬식으로 전개하면 다음과 같다.

$$\begin{bmatrix} \dot{A} & \dot{B} \\ \dot{C} & \dot{D} \end{bmatrix} = \begin{bmatrix} 1 & Z_1 \\ 0 & 1 \end{bmatrix} \begin{bmatrix} 1 & 0 \\ \frac{1}{Z_3} & 1 \end{bmatrix} \begin{bmatrix} 1 & Z_2 \\ 0 & 1 \end{bmatrix}$$

- $\dot{A} = 1 + \dfrac{Z_1}{Z_3} = \dfrac{Z_1 + Z_3}{Z_3}$

- $\dot{B} = Z_1 + \dfrac{Z_1 Z_2}{Z_3} + Z_2 = \dfrac{Z_1 Z_2 + Z_2 Z_3 + Z_3 Z_1}{Z_3} \, [\Omega]$

- $\dot{C} = \dfrac{1}{Z_3} \, [\mho]$

- $\dot{D} = 1 + \dfrac{Z_2}{Z_3} = \dfrac{Z_2 + Z_3}{Z_3}$

189 그림과 같은 4단자 회로망의 4단자정수 중 C는 어떻게 되는가?

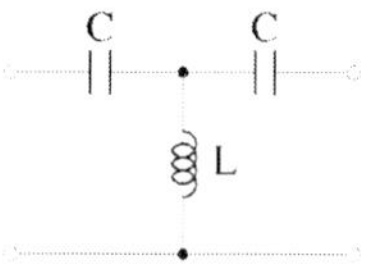

① $1 - \dfrac{1}{\omega^2 LC}$ ② $1 - j\omega C\left(2 - \dfrac{1}{\omega^2 LC}\right)$

③ $\dfrac{1}{j\omega L}$ ④ $1 - \dfrac{1}{j\omega L}$

4단자 정수 $C = \dfrac{1}{j\omega L} \, [\mho]$

190 그림과 같은 4단자 회로의 4단자 정수 중 D의 값은?

① $1-\omega^2 LC$
② $j\omega L(2-\omega^2 LC)$
③ $j\omega C$
④ $j\omega L$

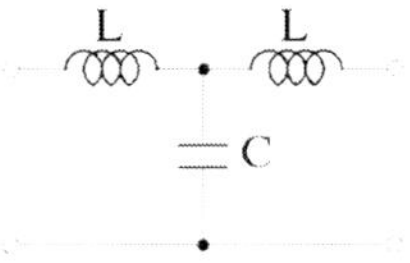

해설 4단자 정수 $A=D=1+\dfrac{j\omega L}{\dfrac{1}{j\omega C}}=1-\omega^2 LC$

191 그림과 같은 상호인덕턴스 M인 4단자회로에서 4단자정수 중 D의 값은?

① $+\dfrac{L_2}{M}$ ② $\dfrac{1}{\omega M}$

③ $-\dfrac{L_2}{M}$ ④ $+\dfrac{L_1 L_2 - M^2}{M}$

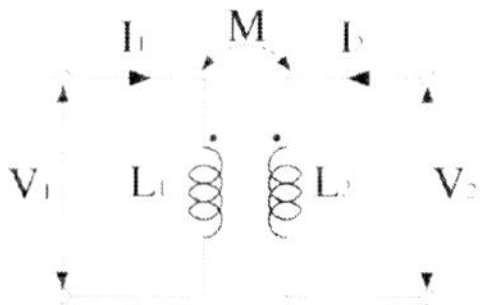

해설 상호인덕턴스 M > 0 (가극성)를 고려하여 등가회로로 변환하면 다음과 같다.

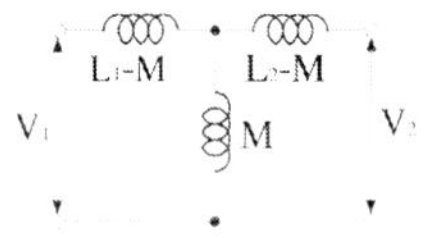

$$D=1+\frac{L_2-M}{M}=\frac{L_2}{M}$$

192 그림과 같은 L형 회로의 4단자 정수는 어떻게 되는가?

① $A=Z_1,\ B=1+\dfrac{Z_1}{Z_2},\ C=\dfrac{1}{Z_2},\ D=1$

② $A=1,\ B=\dfrac{1}{Z_2},\ C=1+\dfrac{1}{Z_2},\ D=Z_1$

③ $A=1+\dfrac{Z_1}{Z_2},\ B=Z_1,\ C=\dfrac{1}{Z_2},\ D=1$

④ $A=\dfrac{1}{Z_2},\ B=1,\ C=Z_1,\ D=1+\dfrac{Z_1}{Z_2}$

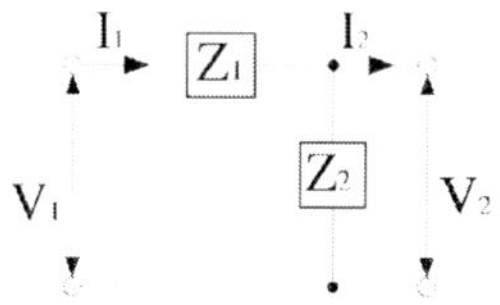

해설 T형 회로에서 $Z_3=0$ 취급하여 4단자 정수를 구하면 다음과 같다.

$$A=1+\frac{Z_1}{Z_2},\quad B=\frac{Z_1 Z_2}{Z_2}=Z_1,\quad C=\frac{1}{Z_2},\quad D=1$$

정답 190.① 191.① 192.③

193 다음 4단자망의 4단자 정수 중 C정수는 어느 것인가?

① 1

② $j\omega L$

③ $j\omega C$

④ $1 + j(\omega L + \omega C)$

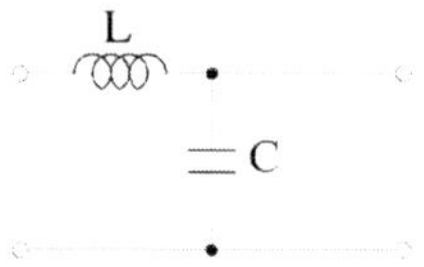

> **해설** $\dot{C} = \dot{Y} = \dfrac{1}{\dfrac{1}{j\omega C}} = j\omega C\,[\mho]$

194 그림과 같은 4단자망의 4단자 정수 B는?

① $\dfrac{20}{3}$　　② $\dfrac{2}{3}$

③ 1　　④ 30

$10[\Omega]$
$20[\Omega]$

> **해설** 회로에서 $10[\Omega]$과 $20[\Omega]$은 직렬이므로 등가회로로 변환하면 다음과 같으며 
>
>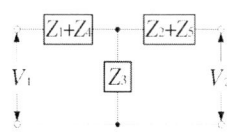
> $30[\Omega]$
>
> 임피던스 $Z = 30[\Omega]$ 인 회로이므로 $B = 30[\Omega]$ 이다.

195 그림과 같은 H형의 4단자 회로망에서 4단자 정수 (전송 파라미터) A는? (단, V_1은 입력전압이고, V_2는 출력전압이고, A는 출력 개방 시 회로망의 전압 이득 $\left(\dfrac{V_1}{V_2}\right)$)

① $\dfrac{Z_1 + Z_2 + Z_3}{Z_3}$　　② $\dfrac{Z_1 + Z_3 + Z_4}{Z_3}$

③ $\dfrac{Z_2 + Z_3 + Z_5}{Z_3}$　　④ $\dfrac{Z_3 + Z_4 + Z_5}{Z_3}$

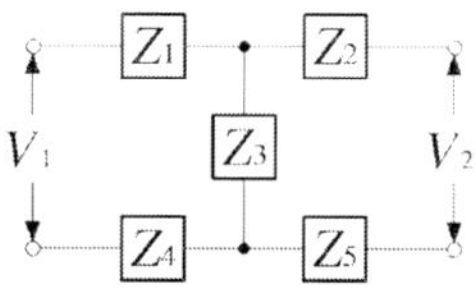

> **해설** 입력 측 기준으로 해석하면 Z_1과 Z_4 직렬, Z_2와 Z_5가 직렬접속이므로 이를 고려하여 등가
> 로 변환하면 다음과 같다.
>
> $A = \dfrac{Z_1 + Z_3 + Z_4}{Z_3}$

196 그림과 같은 π형 회로에서 4단자 정수 B 는?

① $1 + \dfrac{Z_2}{Z_3}$

② Z_2

③ $\dfrac{Z_1 + Z_2 + Z_3}{Z_1 Z_3}$

④ $1 + \dfrac{Z_2}{Z_1}$

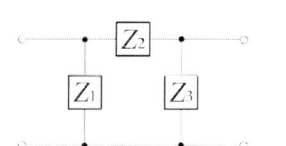

해설
$$\begin{bmatrix} \dot{A} & \dot{B} \\ \dot{C} & \dot{D} \end{bmatrix} = \begin{bmatrix} 1 & 0 \\ \dfrac{1}{Z_1} & 1 \end{bmatrix} \begin{bmatrix} 1 & Z_2 \\ 0 & 1 \end{bmatrix} \begin{bmatrix} 1 & 0 \\ \dfrac{1}{Z_3} & 1 \end{bmatrix} = \begin{bmatrix} 1 + \dfrac{Z_2}{Z_3} & Z_2 \\ \dfrac{1}{Z_1} + \dfrac{1}{Z_3} + \dfrac{Z_2}{Z_1 Z_3} & 1 + \dfrac{Z_2}{Z_1} \end{bmatrix}$$

197 그림과 같이 π형 회로에서 Z_3를 4단자 정수로 표시한 것은?

① $\dfrac{B}{1-A}$

② $\dfrac{A}{1-B}$

③ $\dfrac{B}{A-1}$

④ $\dfrac{A}{B-1}$

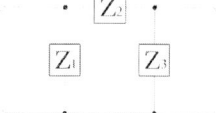

해설 π형 4단자 정수

$$\begin{bmatrix} \dot{A} & \dot{B} \\ \dot{C} & \dot{D} \end{bmatrix} = \begin{bmatrix} 1 & 0 \\ \dfrac{1}{Z_1} & 1 \end{bmatrix} \begin{bmatrix} 1 & Z_2 \\ 0 & 1 \end{bmatrix} \begin{bmatrix} 1 & 0 \\ \dfrac{1}{Z_3} & 1 \end{bmatrix} = \begin{bmatrix} 1 + \dfrac{Z_2}{Z_3} & Z_2 \\ \dfrac{1}{Z_1} + \dfrac{1}{Z_3} + \dfrac{Z_2}{Z_1 Z_3} & 1 + \dfrac{Z_2}{Z_1} \end{bmatrix}$$

$A = 1 + \dfrac{Z_2}{Z_3}$ 이므로 $Z_3 = \dfrac{Z_2}{A-1} = \dfrac{B}{A-1}$

198 그림과 같은 이상변압기의 4단자 정수 A, B, C, D는 어떻게 표시되는가?

① n, 0, 0, $\dfrac{1}{n}$

② $\dfrac{1}{n}$, 0, 0, $1-n$

③ $\dfrac{1}{n}$, 0, 0, n

④ n, 0, 1, $\dfrac{1}{n}$

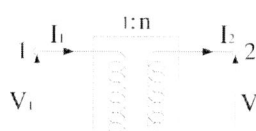

정답 **196.**② **197.**③ **198.**③

해설 권수비가 $a = \frac{1}{n} = \frac{N_1}{N_2} = \frac{E_1}{E_2} = \frac{I_2}{I_1}$ 이므로

$$\begin{bmatrix} A & B \\ C & D \end{bmatrix} = \begin{bmatrix} \frac{1}{n} & 0 \\ 0 & n \end{bmatrix}$$

199 그림과 같은 T회로에서 임피던스 정수는 각각 얼마인가?

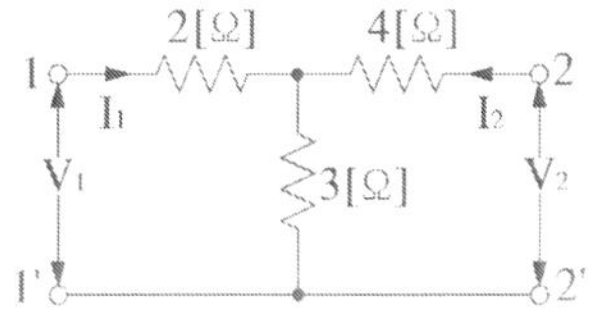

① $Z_{11} = 5[\Omega]$, $Z_{21} = 3[\Omega]$, $Z_{22} = 7[\Omega]$, $Z_{12} = 3[\Omega]$

② $Z_{11} = 7[\Omega]$, $Z_{21} = 5[\Omega]$, $Z_{22} = 3[\Omega]$, $Z_{12} = 5[\Omega]$

③ $Z_{11} = 3[\Omega]$, $Z_{21} = 7[\Omega]$, $Z_{22} = 3[\Omega]$, $Z_{12} = 5[\Omega]$

④ $Z_{11} = 5[\Omega]$, $Z_{21} = 7[\Omega]$, $Z_{22} = 3[\Omega]$, $Z_{12} = 7[\Omega]$

해설 임피던스 파라미터

$Z_{11} = 2 + 3 = 5[\Omega]$, $Z_{21} = 3[\Omega]$, $Z_{22} = 4 + 3 = 7[\Omega]$, $Z_{12} = 3[\Omega]$

200 그림과 같은 역 L형 회로의 임피던스 파라미터 Z_{22}는?

① Z_1 ② Z_2

③ $Z_1 + Z_2$ ④ $\frac{Z_1 Z_2}{Z_1 + Z_2}$

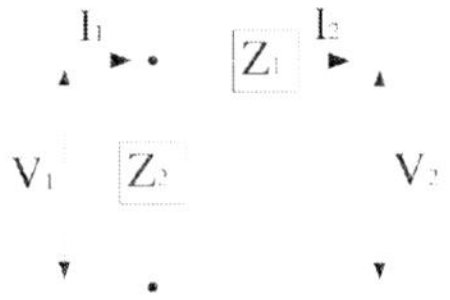

해설 임피던스 파라미터 $Z_{22} = Z_1 + Z_2[\Omega]$

201 그림과 같은 회로의 임피던스 [Z] 행렬에서 임피던스 파라미터 Z_{11}은 어떻게 되는가?

① sL_1

② sM

③ sL_1L_2

④ sL_2

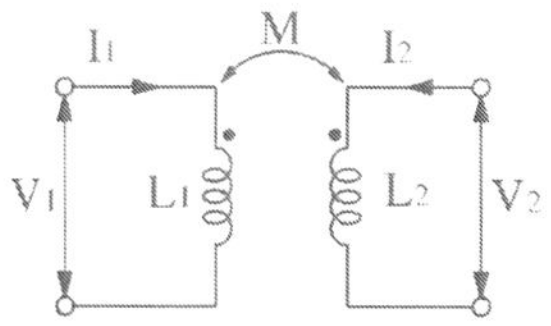

정답 199.① 200.③ 201.①

해설 상호인덕턴스 M > 0 (가극성)를 고려하여 등가회로로 변환하면 다음과 같다.

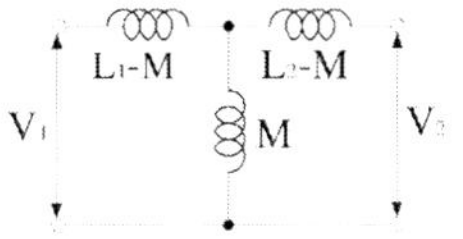

$\dot{Z}_{11} = j\omega(L_1 - M) + j\omega M = j\omega L_1 = sL_1$

---

202 그림과 같은 4단자망을 어드미턴스 파라미터로 나타내면 어떻게 되는가?

① $Y_{11} = 10$, $Y_{21} = 10$, $Y_{22} = 10$

② $Y_{11} = \dfrac{1}{10}$, $Y_{21} = -\dfrac{1}{10}$, $Y_{22} = \dfrac{1}{10}$

③ $Y_{11} = 10$, $Y_{21} = -\dfrac{1}{10}$, $Y_{22} = 10$

④ $Y_{11} = \dfrac{1}{10}$, $Y_{21} = 10$, $Y_{22} = \dfrac{1}{10}$

해설 1, 1′ 단자와 2, 2′ 단자 간에 임피던스 ∞인 회로로 취급하여 해석하면 1, 1′ 단자와 2′ 단자 간에 어드미턴스가 0인 π형 회로로 해석할 수 있다.

$Y_{11} = Y_1 + Y_2 = 0 + \dfrac{1}{10} = \dfrac{1}{10}\,[\mho]$

$Y_{12} = Y_{21} = -Y_2 = -\dfrac{1}{10}\,[\mho]$

$Y_{22} = Y_2 + Y_3 = 0 + \dfrac{1}{10} = \dfrac{1}{10}\,[\mho]$

---

203 그림과 같은 π형 회로에 있어서 어드미턴스 파라미터 중 Y_{21}은 어느 것인가?

① Y_a

② $-Y_b$

③ $Y_a + Y_b$

④ $Y_b + Y_c$

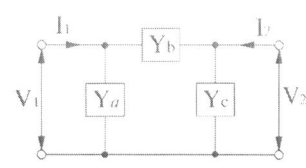

해설 어드미턴스 파라미터

• $\dot{Y}_{11} = \dfrac{\dot{I}_1}{\dot{V}_1}\bigg|_{\dot{V}_2=0} = \dfrac{(Y_a + Y_b)V_1}{V_1} = Y_a + Y_b$

• $\dot{Y}_{12} = \dfrac{\dot{I}_1}{\dot{V}_2}\bigg|_{\dot{V}_1=0} = \dfrac{-Y_b V_2}{V_2} = -Y_b$

• $\dot{Y}_{21} = \dfrac{\dot{I}_2}{\dot{V}_1}\bigg|_{\dot{V}_2=0} = \dfrac{-Y_b V_1}{V_1} = -Y_b$

정답 202.② 203.②

$$\cdot \ \dot{Y}_{22} = \dfrac{\dot{I}_2}{\dot{V}_2}\bigg|_{\dot{V}_1 = 0} = \dfrac{(Y_b + Y_c)V_2}{V_2} = Y_b + Y_c$$

204 어떤 4단자망의 입력단자 1–1'사이의 영상 임피던스 Z_{01}과 출력단자 2–2'사이의 영상 임피던스 Z_{02}가 같게 되려면 4단자 정수 사이에 어떠한 관계가 있어야 하는가?

① BC = AD   ② AB = CD   ③ B = C   ④ A = D

해설 영상파라미터 회로를 보면 다음과 같다.

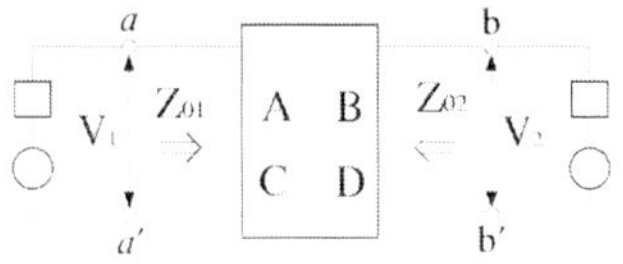

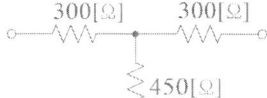

① $Z_{01} = \sqrt{\dfrac{AB}{CD}}$, $Z_{02} = \sqrt{\dfrac{BD}{AC}}$

② $Z_{01}Z_{02} = \dfrac{B}{C}$, $\dfrac{Z_{01}}{Z_{02}} = \dfrac{A}{D}$

좌우대칭이면 $\dot{A} = \dot{D}$ 이므로 $Z_{01} = Z_{02} = \sqrt{\dfrac{B}{C}}$ 이다.

205 다음과 같은 4단자망에서 영상임피던스는 몇 [Ω]인가?

① 600

② 450

③ 300

④ 200

(회로도: 300[Ω], 300[Ω], 450[Ω])

해설 좌우 대칭회로망이므로 A = D 인 관계가 성립한다.

영상임피던스 $Z_{01} = Z_{02} = \sqrt{\dfrac{B}{C}}$ 에서

$A = D = \dfrac{300 + 450}{450} = \dfrac{5}{3}$, $B = 300 + 300 + \dfrac{300^2}{450} = 800 \, [\Omega]$, $C = \dfrac{1}{450} \, [℧]$

$Z_{01} = Z_{02} = \sqrt{\dfrac{B}{C}} = \sqrt{\dfrac{300}{\dfrac{1}{450}}} = 600 \, [\Omega]$

206 그림과 같은 회로의 영상 임피던스 Z_{01}, Z_{02} 는 각각 얼마인가?

① 9, 5

② 6, $\dfrac{10}{3}$

③ 4, 5

④ 4, $\dfrac{20}{9}$

(회로도: 4[Ω], 5[Ω], Z_{01}, Z_{02})

정답   204.④   205.①   206.②

해설 4단자 정수를 구하면 다음과 같다.

$A = \frac{4+5}{5} = \frac{9}{5}$, $B = 4$, $C = \frac{1}{5}$, $D = 1$

- $Z_{01} = \sqrt{\frac{AB}{CD}} = \sqrt{\frac{\frac{9}{5}\times 4}{\frac{1}{5}\times 1}} = 6[\Omega]$

- $Z_{02} = \sqrt{\frac{BD}{AC}} = \sqrt{\frac{4\times 1}{\frac{9}{5}\times\frac{1}{5}}} = \frac{10}{3}[\Omega]$

207 그림과 같은 회로망의 영상 임피던스는?

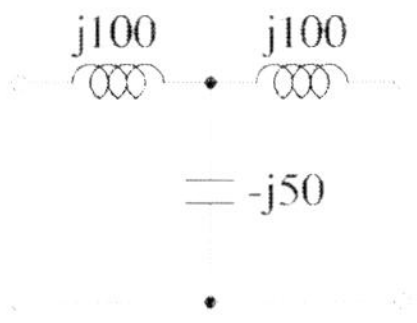

① $j\frac{1}{50}$

② −1

③ 1

④ 0

해설 좌우 대칭회로망이므로 A = D 인 관계가 성립한다.

영상임피던스 $Z_{01} = Z_{02} = \sqrt{\frac{B}{C}}$ 에서 $B = j100 + j100 + \frac{(j100)^2}{-j50} = 0$ 이므로

$Z_{01} = Z_{02} = 0$

208 다음 중 전달 정수 θ는 어떻게 되어야 하는 가 ?

① $\log_e(\sqrt{AB} + \sqrt{BC})$

② $\log_e(\sqrt{AB} + \sqrt{CD})$

③ $\log_e(\sqrt{AD} + \sqrt{BC})$

④ $\log_e(\sqrt{AD} - \sqrt{BC})$

해설 영상전달정수 : $\theta = \log_e(\sqrt{AD} + \sqrt{BC})$

209 T형 회로의 각 소자의 저항이 4[Ω]이고 A = 2, B = 12, C = $\frac{1}{4}$, D = 2 인 경우 영상파라미터의 영상전달정수는 ?

① 1.91

② 3.21

③ 1.32

④ 1.21

해설 영상전달정수 $\theta = \log_e \sqrt{AD} + \sqrt{BC}$

$\theta = \log_e\left(\sqrt{2\times 2} + \sqrt{12\times\frac{1}{4}}\right) = \log_e(2+\sqrt{3}) = 1.32$

정답 207.④ 208.③ 209.③

210 그림과 같은 4단자망의 영상 전달정수 θ 는?

① $\sqrt{5}$

② $\log_e \sqrt{5}$

③ $\log_e \dfrac{1}{\sqrt{5}}$

④ $5 \log_e \sqrt{5}$

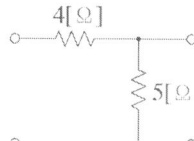

4[Ω]

5[Ω]

해설　4단자 정수를 구하면 다음과 같다.

$A = \dfrac{4+5}{5} = \dfrac{9}{5}$, $B = 4$, $C = \dfrac{1}{5}$, $D = 1$

영상 전달정수 $\theta = \log_e(\sqrt{AD} + \sqrt{BC})$

$\theta = \log_e\left(\sqrt{\dfrac{9}{5} \times 1} + \sqrt{4 \times \dfrac{1}{5}}\right) = \log_e \dfrac{3+2}{\sqrt{5}} = \log_e \sqrt{5}$

211 그림과 같은 T형 회로의 영상 전달정수 θ는?

① 0

② 1

③ −3

④ −1

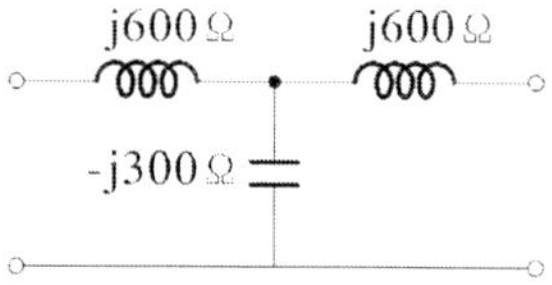

j600Ω　　j600Ω

−j300Ω

해설　$A = D = 1 + \dfrac{j600}{-j300} = 1 - 2 = -1$

4단자 정수 기본성질은 AD − BC =1 이므로

$BC = AD - 1 = (-1)^2 - 1 = 0$

영상 전달 정수

$\theta = \log_e(\sqrt{AD} + \sqrt{BC} = \log_e(\sqrt{(-1)^2} + \sqrt{0}) = \log_e 1 = 0$

212 그림과 같은 T형 회로의 영상 파라미터 θ는?

① 0

② +1

③ −3

④ −1

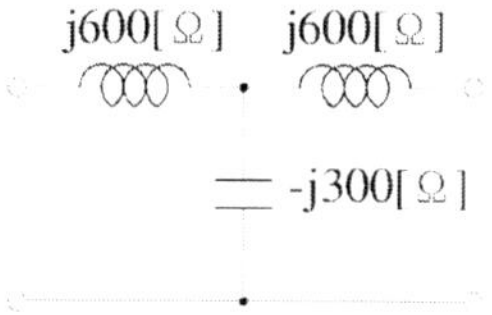

j600[Ω]　　j600[Ω]

−j300[Ω]

해설 좌우 대칭회로망이므로 A = D 인 관계가 성립한다.

$$A = D = 1 + \frac{j600}{-j300} = 1 - 2 = -1$$

4단자 정수 기본성질은 AD − BC = 1 이므로

$$BC = AD - 1 = (-1)^2 - 1 = 0$$

영상 전달 정수 $\theta = \log_e \left(\sqrt{AD} + \sqrt{BC} \right) = \log_e \left(\sqrt{(-1)^2} + \sqrt{0} \right) = \log_e 1 = 0$

---

213 분포 정수 회로에서 선로의 특성 임피던스를 Z_0, 전파 정수를 γ라 할 때 선로의 직렬 임피던스는?

① $\dfrac{Z_0}{\gamma}$　　　　　② $\dfrac{\gamma}{Z_0}$　　　　　③ $\sqrt{\gamma Z_0}$　　　　　④ γZ_0

해설 분포정수회로

특성임피던스 $Z_o = \sqrt{\dfrac{Z}{Y}}$, 전파정수 $\gamma = \sqrt{ZY}$ 이므로

$Z_o \gamma = Z$ (직렬임피던스)

---

214 무손실 선로의 정상상태에 대한 설명 중 틀린 것은?

① 전파정수 γ은 $j\omega \sqrt{LC}$

② 감쇠정수 $\alpha = 0$, 위상정수 $\beta = \omega \sqrt{CL}$

③ 위상속도 $v_0 = \dfrac{1}{\sqrt{LC}}$

④ 위상정수가 주파수에 관계없이 일정하다

해설 무손실 선로의 위상정수 $\beta = \omega \sqrt{CL}$ 이므로

$\beta = \omega \sqrt{LC} = 2\pi f \sqrt{LC}$ 에서 주파수와 비례 관계가 성립한다.

---

215 무 손실선로에 있어서 감쇠정수 α, 위상정수를 β라 하면 α와 β의 값은? (단, R, G, L, C는 선로 단위 길이당의 저항, 콘덕턴스, 인덕턴스, 커패시턴스이다.)

① $\alpha = \sqrt{RG}$, $\beta = \omega \sqrt{LC}$　　　　　② $\alpha = \sqrt{RG}$, $\beta = 0$

③ $\alpha = 0$, $\beta = \omega \sqrt{LC}$　　　　　④ $\alpha = 0$, $\beta = \dfrac{1}{\sqrt{LC}}$

해설 무손실선로 조건 R = 0, G = 0

특성 임피던스 (파동 임피던스) $Z_0 = \sqrt{\frac{Z}{Y}} = \sqrt{\frac{R+j\omega L}{G+j\omega C}} = \sqrt{\frac{L}{C}}[\Omega]$

전파정수 $\gamma = \sqrt{ZY} = \sqrt{(R+j\omega L)(G+j\omega C)} = j\omega\sqrt{LC} = \alpha + j\beta$

감쇠정수 α = 0, 위상정수 : $\beta = \omega\sqrt{LC}$

216 분포 정수선로에서 무왜형 조건이 성립하려면 어떻게 되는가?

① 감쇠량은 주파수에 비례한다.

② 전파속도가 최대로 된다.

③ 감쇠량이 최소로 된다.

④ 위상 정수가 주파수에 관계없이 일정하다.

해설 파형이 전혀 일그러짐이 없는 무왜형선로가 되기 위해서는 어느 지점에서 다른 지점으로 신호를 전송함에 있어서의 신호크기의 감소를 표시하는 감쇠량이 최소가 되도록 하여야 한다.

217 전송선로에서 무손실일 때, 인덕턴스 L = 96[mH], 정전용량 C = 0.6[μF]이면 특성 임피던스[Ω]는?

① 500 ②400 ③ 300 ④ 200

해설 특성임피던스 $Z_0 = \sqrt{\frac{L}{C}} = \sqrt{\frac{96 \times 10^{-3}}{0.6 \times 10^{-6}}} = 400[\Omega]$

218 무손실 분포정수선로에서 인덕턴스가 1[μH/m], 정전용량이 400[pF/m]일 때 특성 임피던스는 몇 [Ω]인가?

① 25 ② 30 ③ 40 ④ 50

해설 특성임피던스 $Z_o = \sqrt{\frac{L}{C}} = \sqrt{\frac{1 \times 10^{-6}}{400 \times 10^{-12}}} = 50[\Omega]$

정답 216.③ 217.② 218.④

219 분포정수회로에서 선로의 단위길이당 저항을 100[Ω], 인덕턴스를 200[mH], 누설컨덕턴스를 0.5[℧]라 할 때 일그러짐이 없는 조건을 만족하기 위한 정전용량은 몇 [μF]인가?

① 0.001   ② 0.1   ③ 10   ④ 1000

> **해설** 무왜형 선로 조건 $\dfrac{R}{L} = \dfrac{G}{C}$
>
> $$C = G \times \frac{L}{R} = 0.5 \times \frac{200 \times 10^{-3}}{100} = 1 \times 10^{-3} = 1000 \times 10^{-6}[\mathrm{F}] = 1000[\mu\mathrm{F}]$$

220 무한장 무손실선로에서 어느 지점 전압이 10[V]이고, 이 선로의 인덕턴스는 4[μH/m], 커패시턴스가 0.01[μF/m] 일 때, 이 지점에서의 전류는 몇 [A]인가?

① 0.1   ② 0.5   ③ 1   ④ 2

> **해설** 특성임피던스 : $Z_0 = \sqrt{\dfrac{L}{C}} = \sqrt{\dfrac{4 \times 10^{-6}}{0.01 \times 10^{-6}}} = 20[\Omega]$
>
> 전류 $I = \dfrac{V}{Z_o} = \dfrac{10}{20} = 0.5[\mathrm{A}]$

Chapter 13 라플라스 변환

라플라스 변환을 하는 본래 목적은 고차미분방정식이나 적분방정식을 연산자법으로 간단하게 풀기 위한 것인데 현대 제어에서 아주 유용하게 사용되고 있다. 복잡한 시간함수나 주파수함수를 간단한 대수 방정식으로 변환하는 과정이 라플라스 변환을 하는 목적이다.

1. 기본 함수의 라플라스 변환

- 정의식 : $F(s) = \pounds\,[f(t)] = \int_0^\infty f(t)e^{-st}dt$

(1) 단위 계단 함수(Indicial function, 인디셜 함수)

① 단위계단함수 : 시간 t에 관계없이 크기가 1인 함수를 단위 계단 함수라 하며 전기회로에서는 직류 전압이 대표적인 계단함수라 할 수 있다.

- 단위계단함수식 : $f(t) = u(t) = 1$

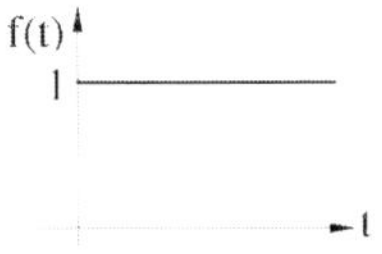

$$\pounds\,[u(t)] = \int_0^\infty u(t)e^{-st}dt = \int_0^\infty 1 \cdot e^{-st}dt = \left[-\frac{1}{s}e^{-st}\right]_0^\infty$$

$$= \left[-\frac{1}{s}(e^{-\infty} - e^{-0})\right] = \frac{1}{s}$$

【참고】지수함수의 적분 : $\int e^{-st}dt = -\frac{1}{s}e^{-st}$

② 크기가 상수 K인 상수함수

- 표현식 : $f(t) = Ku(t) = K$ (크기 K인 상수)

$$\pounds\,[K] = \int_0^\infty Ke^{-st}dt = K\int_0^\infty e^{-st}dt = \frac{K}{s}$$

(2) 단위 임펄스 함수 (unit impulse function)

단위 임펄스 함수는 크기의 지속시간은 극히 짧고 크기는 ∞에 가까워지는 파형으로서 크기가 순간적으로 큰 충격이 가해지는 함수이므로 충격함수. 또는 중량(하중 함수)라고도 한다

- 표현식 : $\delta(t) = \lim_{\epsilon \to 0} \dfrac{1}{\epsilon}[u(t) - u(t-\epsilon)]$

$$\mathcal{L}[\delta(t)] = \int_0^\infty \delta(t)e^{-st}dt = \lim_{\epsilon \to 0}\dfrac{1}{\epsilon}\int_0^\infty [u(t)-u(t-\epsilon)]e^{-st}dt$$

$$= \lim_{\epsilon \to 0}\dfrac{1}{\epsilon}\cdot\dfrac{1-e^{-\epsilon s}}{s} = 1 \text{ (면석의 크기)}$$

(3) 단위 경사함수(램프 함수) : unit ramp function

경사(기울기)가 1인 함수이며 가로축과 세로축의 크기가 같아야 기울기가 1이므로 함수로 나타내면 f(t) = t로 표시할 수 있다.

$$\mathcal{L}[t] = \int_0^\infty t\cdot e^{-st}dt = \left[-\dfrac{t}{s}e^{-st}\right]_0^\infty - \int_0^\infty\left(-\dfrac{1}{s}\right)e^{-st}dt$$

$$= 0 + \dfrac{1}{s^2} = \dfrac{1}{s^2}$$

(4) 시간함수

$$f(t) = t^n$$

$$\mathcal{L}[t^n] = \int_0^\infty t^n e^{-st}dt = \dfrac{n!}{s^{n+1}}$$

【참고】 펙토리얼(factorial, !) 계산법

- $n! = n \times (n-1) \times (n-2) \times \cdots \times 3 \times 2 \times 1$

- $\mathcal{L}[t^2] = \dfrac{2!}{s^3} = \dfrac{2}{s^3}$

- $\mathcal{L}[t^3] = \dfrac{3!}{s^4} = \dfrac{3 \times 2 \times 1}{s^4}$

(5) 지수감쇠함수

$$f(t) = e^{\pm at}$$

① $\mathcal{L}[e^{-at}] = \int_0^\infty e^{-at}e^{-st}dt = \int_0^\infty e^{-(s+a)t}dt = \dfrac{1}{s+a}$

② $\mathcal{L}[e^{+at}] = \int_0^\infty e^{+at}e^{-st}dt = \int_0^\infty e^{-(s-a)t}dt = \dfrac{1}{s-a}$

(6) 삼각함수

• 오일러의 공식에 의한 삼각함수의 지수함수식

$e^{j\theta} = \cos\theta + j\sin\theta$	$\Rightarrow$	$\sin\theta = \dfrac{1}{2j}(e^{j\theta} - e^{-j\theta})$
$e^{-j\theta} = \cos\theta - j\sin\theta$		$\cos\theta = \dfrac{1}{2}(e^{j\theta} + e^{-j\theta})$

① $\cos\omega t = \dfrac{1}{2}(e^{j\omega t} + e^{-j\omega t})$

$$\mathcal{L}[\cos\omega t] = \int_0^\infty \frac{1}{2}(e^{j\omega t} + e^{-j\omega t})e^{-st}dt = \frac{1}{2}\int_0^\infty [e^{-(s-j\omega)t} + e^{-(s+j\omega)t}]dt$$

$$= \frac{1}{2}\left[\frac{1}{s-j\omega} + \frac{1}{s+j\omega}\right] = \frac{s}{s^2+\omega^2}$$

② $\sin\omega t = \dfrac{1}{2j}(e^{j\omega t} - e^{-j\omega t})$

$$\mathcal{L}[\sin\omega t] = \int_0^\infty \frac{1}{2j}(e^{j\omega t} - e^{j\omega t})e^{-st}dt = \frac{1}{2j}\int_0^\infty [e^{-(s-j\omega)t} - e^{-(s+j\omega)t}]dt$$

$$= \frac{1}{2j}\left[\frac{1}{s-j\omega} - \frac{1}{s+j\omega}\right] = \frac{\omega}{s^2+\omega^2}$$

(7) 쌍곡선 함수

삼각함수의 지수함수 표기법에서 허수 j가 빠진 함수

• $\sinh\omega t = \dfrac{1}{2}(e^{\omega t} - e^{-\omega t})$

• $\cosh\omega t = \dfrac{1}{2}(e^{\omega t} + e^{-\omega t})$

① $\cos h\omega t = \dfrac{1}{2}(e^{\omega t} + e^{-\omega t})$

$$\mathcal{L}[\cos h\omega t] = \int_0^\infty \frac{1}{2}(e^{\omega t} + e^{-\omega t})e^{-st}dt = \frac{1}{2}\int_0^\infty [e^{-(s-\omega)t} + e^{-(s+\omega)t}]dt$$

$$= \frac{1}{2}\left[\frac{1}{s-\omega} + \frac{1}{s+\omega}\right] = \frac{s}{s^2-\omega^2}$$

② $\sinh\omega t = \dfrac{1}{2}(e^{\omega t} - e^{-\omega t})$

$$\mathcal{L}[\sin h\omega t] = \int_0^\infty \frac{1}{2}(e^{\omega t} - e^{-\omega t})e^{-st}dt = \frac{1}{2}\int_0^\infty [e^{-(s-\omega)t} - e^{-(s+\omega)t}dt$$

$$= \frac{1}{2}\left[\frac{1}{s-\omega} - \frac{1}{s+\omega}\right] = \frac{\omega}{s^2-\omega^2}$$

예제 1) $f(t) = \sin t \cos t$ 를 라플라스로 변환하면?

① $\dfrac{1}{s^2 + 4}$ ② $\dfrac{1}{s^2 + 2}$ ③ $\dfrac{1}{(s+2)^2}$ ④ $\dfrac{1}{(s+4)^2}$

해설 삼각함수 가법정리

$\sin(t + t) = \sin 2t = \sin t \cos t + \cos t \sin t = 2\sin t \cos t$ 이므로

$\sin t \cos t = \dfrac{1}{2}\sin 2t$

$F(s) = \dfrac{1}{2} \cdot \dfrac{2}{s^2 + 2^2} = \dfrac{1}{s^2 + 4}$

정답 ①

예제 2) $f(t) = \dfrac{e^{at} + e^{-at}}{2}$ 의 라플라스 변환은?

① $\dfrac{s}{s^2 + a^2}$ ② $\dfrac{s}{s^2 - a^2}$ ③ $\dfrac{a}{s^2 + a^2}$ ④ $\dfrac{a}{s^2 - a^2}$

해설 $f(t) = \dfrac{e^{at} + e^{-at}}{2} = \cosh at$ 이므로 $F(s) = \dfrac{s}{s^2 - a^2}$

정답 ②

(8) 라플라스 변환 기본 공식 정리

함 수 명	함수식	라플라스 변환 함수
단위계단함수 (인디셜 함수)	$u(t) = 1$	$\dfrac{1}{s}$
	$Ku(t) = K$	$\dfrac{K}{s}$
단위임펄스함수 (충격, 중량 함수)	$\delta(t)$	1
단위경사(램프)함수	t	$\dfrac{1}{s^2}$
시간함수	t^2	$\dfrac{2}{s^3}$
	t^n	$\dfrac{n!}{s^{n+1}}$
지수 감쇠 함수	e^{-at}	$\dfrac{1}{s+a}$
	e^{+at}	$\dfrac{1}{s-a}$

함 수 명	함수식	라플라스 변환 함수
삼각함수 삼각함수	$\cos\omega t = \dfrac{1}{2}(e^{j\omega t} + e^{-j\omega t})$	$\dfrac{s}{s^2 + \omega^2}$
	$\sin\omega t = \dfrac{1}{2j}(e^{j\omega t} - e^{-j\omega t})$	$\dfrac{\omega}{s^2 + \omega^2}$
쌍곡선 함수 쌍곡선 함수	$\cos h\omega t = \dfrac{1}{2}(e^{\omega t} + e^{-\omega t})$	$\dfrac{s}{s^2 - \omega^2}$
	$\sin h\omega t = \dfrac{1}{2}(e^{\omega t} - e^{-\omega t})$	$\dfrac{\omega}{s^2 - \omega^2}$

2. 라플라스 변환 제정리

(1) 시간추이 정리

- $\mathcal{L}\left[f(t - a)\right] = F(s)e^{-as}$
- $\mathcal{L}\left[f(t + a)\right] = F(s)e^{+as}$

【증명】 $\mathcal{L}\left[f(t-a)\right] = \displaystyle\int_{0}^{\infty} f(t-a)e^{-st}dt$

$\quad t - a = t' \rightarrow dt = dt'.\ t = t' + a$

$\quad \mathcal{L}\left[f(t-a)\right] = \displaystyle\int_{0}^{\infty} f(t')e^{-s(t'+a)}dt'$

$\quad\quad\quad\quad\quad\quad = \displaystyle\int_{0}^{\infty} f(t')e^{-st'} \cdot e^{-as}dt' = F(s)e^{-as}$

예제 3) 그림과 같이 높이가 1인 계단함수의 라플라스 변환은?

① $\dfrac{1}{s}(e^{-as} + e^{-bs})$ 　　② $\dfrac{1}{s}(e^{-as} - e^{-bs})$

③ $\dfrac{1}{a-b}(\dfrac{e^{-as} + e^{-bs}}{s})$ 　　④ $\dfrac{1}{a-b}(\dfrac{e^{-as} - e^{-bs}}{s})$

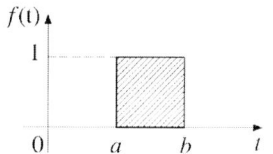

해설 $f(t) = u(t-a) - u(t-b)$ 이므로

$\quad F(s) = \dfrac{1}{s} \cdot e^{-as} - \dfrac{1}{s} \cdot e^{-bs} = \dfrac{1}{s}(e^{-as} - e^{-bs})$

정답 ②

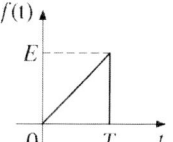

예제 4) 그림과 같은 게이트 함수의 라플라스 변환을 구하면?

① $\dfrac{E}{Ts^2}[1-(Ts+1)e^{-Ts}]$ ② $\dfrac{E}{Ts^2}[1+(Ts+1)e^{-Ts}]$

③ $\dfrac{E}{Ts^2}(Ts+1)e^{-Ts}$ ④ $\dfrac{E}{Ts^2}(Ts-1)e^{-Ts}$

해설 그림의 파형을 함수식을 세우면 다음과 같다.

$$f(t) = \frac{E}{T}tu(t) - \frac{E}{T}(t-T)u(t-T) - Eu(t-T)$$

$$F(s) = \frac{E}{T}\frac{1}{s^2} - \frac{E}{T}e^{-Ts} - \frac{E}{T}\frac{1}{s^2}e^{-Ts} = \frac{E}{Ts^2}(1-Tse^{-Ts}-e^{-Ts})$$

$$= \frac{E}{Ts^2}[1-(Ts+1)e^{-Ts}]$$

정답 ①

(2) 복소추이 정리

> • $\mathcal{L}[f(t)\cdot e^{-at}] = F(s)\mid_{s=s+a} = F(s+a)$
>
> • $\mathcal{L}[f(t)\cdot e^{+at}] = F(s)\mid_{s=s-a} = F(s-a)$

【증명】 $\mathcal{L}[f(t)\cdot e^{-at}] = \displaystyle\int_0^\infty f(t)e^{-at}\cdot e^{-st}dt = \int_0^\infty f(t)e^{-(s+a)t}dt = F(s+a)$

• $\mathcal{L}[e^{-3t}\sin t] = \dfrac{1}{s^2+1^2}\bigg|_{s\to s+3} = \dfrac{1}{(s+3)^2+1}$

예제 5) $e^{-at}\cos\omega t$ 의 라플라스 변환은?

① $\dfrac{s-a}{(s-a)^2+\omega^2}$ ② $\dfrac{s+a}{(s+a)^2+\omega^2}$ ③ $\dfrac{s+a}{(s^2+\omega^2)^2}$ ④ $\dfrac{s-a}{(s^2-\omega^2)^2}$

해설 복소 추이 정리 이용

$$\mathcal{L}[e^{-at}\cos\omega t] = \mathcal{L}[\cos\omega t]_{s=s+a} = \left[\frac{s}{s^2+\omega^2}\right]_{s=s+a} = \frac{s+a}{(s+a)^2+\omega^2}$$

정답 ②

예제 6) $f(t) = te^{-\alpha t}$ 의 라플라스 변환은?

① $\dfrac{2}{(s-\alpha)^2}$ ② $\dfrac{1}{s(s+\alpha)}$ ③ $\dfrac{1}{(s+\alpha)^2}$ ④ $\dfrac{1}{s+\alpha}$

해설 복소추이정리 $\mathcal{L}[t\cdot e^{-\alpha t}] = \dfrac{1}{s^2}\bigg|_{s=s+\alpha} = \dfrac{1}{(s+\alpha)^2}$

정답 ③

(3) 실미분 정리

$$\cdot \ \mathcal{L}\left[\frac{d}{dt}f(t)\right] = sF(s) \qquad \cdot \ \mathcal{L}\left[\frac{d^2}{dt^2}f(t)\right] = s^2 F(s)$$

(초기값 0)

(4) 실적분 정리

$$\cdot \ \mathcal{L}\left[\int f(t)dt\right] = \frac{1}{s}F(s) \qquad \cdot \ \mathcal{L}\left[\int\int f(t)dt^2\right] = \frac{1}{s^2}F(s)$$

(초기값 0)

【정리】초기값이 0인 경우 실미분, 실적분 정리 요약

$$\cdot \ \frac{d}{dt} \rightarrow s \qquad\qquad \cdot \ \int dt \rightarrow \frac{1}{s}$$

$$\cdot \ f(t) \rightarrow F(s) \qquad\qquad \cdot \ K \rightarrow \frac{K}{s}$$

단, n번 미분 $\Rightarrow s^n$ n번 적분 $\dfrac{1}{s^n}$

예제 7) $\dfrac{dx(t)}{dt}+3x(t)=5$ 의 라플라스 변환을 하면 다음 중 적당한 것은 어느 것인가? (단, $x(0_+)=0$ 이다)

① $X(s)=\dfrac{5}{s+3}$ 　　　　　② $X(s)=\dfrac{3}{s(s+5)}$

③ $X(s)=\dfrac{3s}{s+5}$ 　　　　　④ $X(s)=\dfrac{5}{s(s+3)}$

해설 $\mathcal{L}\left[\dfrac{d}{dt}x(t)+3x(t)=5\right] \rightarrow sX(s)+3X(s)=\dfrac{5}{s}$ 이므로

$X(s)(s+3)=\dfrac{5}{s}$ 에서 $X(s)=\dfrac{5}{s(s+3)}$

정답 ④

예제 8) $Ri(t)+L\dfrac{di(t)}{dt}+\dfrac{1}{C}\int i(t)dt=v_i(t)$ 에서 모든 초기 조건을 0으로 하고 라플라스 변환하면 어떻게 되는가?

① $\dfrac{Cs}{LCs^2 + RCs + 1}\, V_i(s)$ ② $\dfrac{1}{LCs^2 + RCs + 1}\, V_i(s)$

③ $\dfrac{LCs}{LCs^2 + RCs + 1}\, V_i(s)$ ④ $\dfrac{C}{LCs^2 + RCs + 1}\, V_i(s)$

해설 $v_i(t) = Ri(t) + L\dfrac{di(t)}{dt} + \dfrac{1}{C}\displaystyle\int i(t)dt$ 식에서 양변을 라플라스 변환하면

$$V_i(s) = RI(s) + LsI(s) + \frac{1}{Cs}I(s) = I(s)\left(R + Ls + \frac{1}{Cs}\right) \text{ 에서}$$

$$I(s) = \frac{1}{R + Ls + \dfrac{1}{Cs}}\, V_i(s) = \frac{Cs}{LCs^2 + RCs + 1}\, V_i(s)$$

정답 ①

(5) 초기값 정리

함수에 입력이 가해지는 순간(t → 0) 시간 함수가 가지는 값

- $f(0_+) = \displaystyle\lim_{t \to 0} f(t) = \lim_{s \to \infty} sF(s)$

【증명】 $\mathcal{L}\left[\dfrac{d}{dt}f(t)\right] = sF(s) - f(0_+)$

$f(0+) = \displaystyle\lim_{t \to 0} f(t) = \lim_{s \to \infty} sF(s)$

(6) 정상값(최종값) 정리

함수에 입력이 가해져서 시간함수가 최종적으로 도달하는 값

- $f(\infty) = \displaystyle\lim_{t \to \infty} f(t) = \lim_{s \to 0} sF(s)$

【증명】 $\mathcal{L}\left[\dfrac{d}{dt}f(t)\right] = \displaystyle\int_0^\infty \dfrac{d}{dt}f(t)e^{-st}dt = sF(s) - f(0_+)$

$f(\infty) = \displaystyle\lim_{t \to \infty} f(t) = \lim_{s \to 0} sF(s)$

예제 9) 다음과 같은 전류의 초기값 $i(0^+)$ 를 구하면?

$$I(s) = \frac{12(s+8)}{4s(s+6)}$$

① 1   ② 2   ③ 3   ④ 4

해설 초기값 정리 $i(0^+) = \lim_{t \to 0} i(t) = \lim_{s \to \infty} sI(s)$

$$\lim_{s \to \infty} s \cdot \frac{12(s+8)}{4s(s+6)} = \lim_{s \to \infty} \frac{12(s+8)}{4(s+6)} = \lim_{s \to \infty} \frac{12\left(1 + \frac{8}{s}\right)}{4\left(1 + \frac{6}{s}\right)} = 3$$

정답 ③

예제 10) $\mathcal{L}[f(t)] = F(s) = \dfrac{5s+8}{5s^2+4s}$ 일 때, f(t) 의 최종값 f(∞) 는?

① 1　　　　　　② 2　　　　　　③ 3　　　　　　④ 4

해설 최종값 $f(\infty) = \lim_{t \to \infty} f(t) = \lim_{s \to 0} sF(s) = \lim_{s \to 0} s\frac{5s+8}{s(5s+4)} = \frac{8}{4} = 2$

정답 ②

3. 역라플라스 변환

라플라스 변환된 복소함수 F(s)를 역 라플라스 변환하여 시간함수 f(t)를 구하는 것

$\mathcal{L}^{-1}[F(s)] = f(t)$

(1) 라플라스 변환 기본식 이용한 역변환

예제 11) $F(s) = \dfrac{A}{\alpha + s}$ 의 라플라스 역변환은?

① αe^{At}　　　　　② $Ae^{\alpha t}$　　　　　③ αe^{-At}　　　　　④ $Ae^{-\alpha t}$

해설 라플라스 함수 $F(s) = \dfrac{A}{\alpha + s} = A \times \dfrac{1}{s + \alpha}$

$\mathcal{L}[e^{-\alpha t}] = \dfrac{1}{s + \alpha}$ 이므로 $\mathcal{L}^{-1}\left[A \times \dfrac{1}{s + \alpha}\right] = Ae^{-\alpha t}$

정답 ④

(2) 분모가 인수분해 가능한 경우

헤버사이드의 부분분수 전개법을 이용하여 다항식의 분모를 일차식의 분모로 분해하여 식을 전개한 후 라플라스 변환 기본 공식을 이용한다.

⇨ 헤버사이드(Heaviside)의 부분분수 전개법 : 분모를 인수분해 한 후 분모가 통분되기 전 값으로 분리하여 분자의 상수를 계산하는 방법

예제 12) 라플라스 함수 $F(s) = \dfrac{1}{s^2 + 3s + 2}$ 를 역 라플라스 변환하여 f(t)를 구하면?

① $e^{-t} + e^{-2t}$　　　　② $e^t - e^{-2t}$　　　　③ $e^{-t} - e^{-2t}$　　　　④ $e^t + 2e^{-2t}$

해설 주어진 함수 분수식에서 분모를 인수분해 하여 분리시키면 다음과 같다.

$$F(s) = \frac{1}{s^2 + 3s + 2} = \frac{1}{(s+1)(s+2)} = \frac{K_1}{s+1} + \frac{K_2}{s+2}$$

$$K_1 = \frac{1}{s+2}\bigg|_{s=-1} = 1, \quad K_2 = \frac{1}{s+1}\bigg|_{s=-2} = -1 \text{ 이므로}$$

$$F(s) = \frac{1}{s^2 + 3s + 2} = \frac{1}{s+1} - \frac{1}{s+2} \text{ 에서 역라플라스 변환하면}$$

$$f(t) = \mathcal{L}^{-1}[F(s)] = e^{-t} - e^{-2t}$$

정답 ③

예제 13) 라플라스 함수 $F(s) = \dfrac{2s+3}{s^2 + 3s + 2}$ 를 역 라플라스 변환하여 f(t)를 구하면?

① $e^{-t} + e^{-2t}$　　　　② $e^{-t} - e^{-2t}$　　　　③ $e^t - 2e^{-2t}$　　　　④ $e^t + 2e^{-2t}$

해설 주어진 함수 분수식에서 분모를 인수분해 하여 분리시키면 다음과 같다.

$$F(s) = \frac{2s+3}{s^2 + 3s + 2} = \frac{2s+3}{(s+1)(s+2)} = \frac{K_1}{s+1} + \frac{K_2}{s+2}$$

$$K_1 = \frac{2s+3}{s+2}\bigg|_{s=-1} = 1, \quad K_2 = \frac{2s+3}{s+1}\bigg|_{s=-2} = 1 \text{ 이므로}$$

$$F(s) = \frac{2s+3}{s^2 + 3s + 2} = \frac{1}{s+1} + \frac{1}{s+2} \text{ 에서 역라플라스 변환하면}$$

$$\mathcal{L}^{-1}[F(s)] = f(t) = e^{-t} + e^{-2t}$$

정답 ①

※ 정리 : 분모가 통분되기 전 분수식의 분자 상수 K_1, K_2 를 빨리 찾는 방법

분모 통분 $\dfrac{1}{s+1} - \dfrac{1}{s+2} = \dfrac{1 \times (s+2) - 1 \times (s+1)}{(s+1)(s+2)} = \dfrac{1}{(s+1)(s+2)}$

$\dfrac{1}{s+1} + \dfrac{1}{s+2} = \dfrac{1 \times (s+2) + 1 \times (s+1)}{(s+1)(s+2)} = \dfrac{2s+3}{(s+1)(s+2)}$

분자 : 분모인수의 차인 경우	분자 : 분모 인수의 합인 경우
$K_1 = 1$, $K_2 = -1$	$K_1 = 1$, $K_2 = 1$

(3) 분모가 인수분해 불가능한 경우

F(s)함수 분모를 『완전 제곱 형』으로 변환시킨 후 sin함수나 cos함수, sinh함수, cosh함수의 기본형으로 변환하여 역 라플라스 변환을 한다. 앞에서 학습한 복수추이 정리를 역으로 생각하면 쉽다. 예를 들어 $e^{-3t}\sin t$를 복소추이정리를 이용하여 라플라스 변환하면 다음과 같다.

$$\mathcal{L}\left[e^{-3t}\sin t\right] = \left.\frac{1}{s^2+1^2}\right|_{s \to s+3} = \frac{1}{(s+3)^2+1}$$

따라서 분모의 완전 제곱식을 전개하면 분모가 인수분해 되지 않는 다음 식과 같이 변환되므로 역 라플라스변환의 경우에는 F(s)함수를 완전 제곱 형태로 변환한 후 복소추이정리를 이용하여 시간함수 f(t)를 구하면 된다.

$$F(s) = \frac{1}{s^2+6s+10} = \left.\frac{1}{(s+3)^2+1}\right|_{s \to s+3} \quad \text{이므로} \quad f(t) = e^{-3t}\sin t \text{ 가 된다.}$$

예제 14) $f(t) = \mathcal{L}^{-1}\left[\dfrac{1}{s^2+4s+5}\right]$ 의 값은 얼마인가?

① $e^{-2t}\sin t$　　　　② $e^{-2t}\cos t$　　　③ $e^{-t}\sin 2t$　　　④ $e^{-t}\sin 5t$

해설 $F(s) = \dfrac{1}{s^2+4s+5} = \dfrac{1}{s^2+4s+4+1} = \dfrac{1}{(s+2)^2+1^2} = \left.\dfrac{1}{s^2+1^2}\right|_{s \to s+2}$ 이므로

$$f(t) = e^{-2t}\sin t$$

정답 ①

※ 정리 : 분모가 인수분해 불가능한 경우

분모 : $s^2 + 2s + K \rightarrow (s+1)^2 + K'$

분모 : $s^2 + 4s + K \rightarrow (s+2)^2 + K'$

분모 : $s^2 + 6s + K \rightarrow (s+3)^2 + K'$

분자가 상수(ω)인 경우	$e^{-at}\sin\omega t$
분자가 s + a인 경우	$e^{-at}\cos\omega t$

출제예상핵심문제

221 어느 함수가 $f(t) = 1 - e^{-at}$ 인 것을 라플라스 변환하면?

① $\dfrac{1}{s^2(s+a)}$ ② $\dfrac{a}{s(s-a)}$ ③ $\dfrac{1}{s(s+a)}$ ④ $\dfrac{a}{s(s+a)}$

해설 주어진 함수 $f(t) = 1 - e^{-at}$ 를 라플라스 변환하면

$$F(s) = \frac{1}{s} - \frac{1}{s+a} = \frac{a}{s(s+a)}$$

222 $e^{j\omega t}$의 라플라스 변환은?

① $\dfrac{1}{s - j\omega}$ ② $\dfrac{1}{s + j\omega}$ ③ $\dfrac{1}{s^2 + \omega^2}$ ④ $\dfrac{\omega}{s^2 + \omega^2}$

해설 지수함수 $\mathcal{L}\,[e^{j\omega t}] = \dfrac{1}{s - j\omega}$

223 주어진 시간함수 $f(t) = 3u(t) + 2e^{-t}$ 일 때 라플라스 변환한 함수 F(s)는?

① $\dfrac{s+3}{s(s+1)}$ ② $\dfrac{5s+3}{s(s+1)}$ ③ $\dfrac{3s}{s^2+1}$ ④ $\dfrac{5s+1}{(s+1)s^2}$

해설 $f(t) = 3u(t) + 2e^{-t}$ 이므로

$$F(s) = 3 \cdot \frac{1}{s} + 2 \cdot \frac{1}{s+1} = \frac{5s+3}{s(s+1)}$$

224 $1 - \cos\omega t$ 를 라플라스 변환하면?

① $\dfrac{\omega}{s(s^2+\omega^2)}$ ② $\dfrac{s}{s(s^2+\omega^2)}$ ③ $\dfrac{s^2}{s(s^2+\omega^2)}$ ④ $\dfrac{\omega^2}{s(s^2+\omega^2)}$

해설 $f(t) = 1 - \cos\omega t$ 를 라플라스변환하면

$$F(s) = \frac{1}{s} - \frac{s}{s^2+\omega^2} = \frac{s^2+\omega^2-s^2}{s(s^2+\omega^2)} = \frac{\omega^2}{s(s^2+\omega^2)}$$

정답 221.④ 222.① 223.② 224.④

225 f(t) = sint + 2cost 를 라플라스 변환하면?

① $\dfrac{2s}{s^2+1}$
② $\dfrac{2s}{(s+1)^2}$
③ $\dfrac{2s+1}{s^2+1}$
④ $\dfrac{2s+1}{(s+1)^2}$

해설 f(t) = sint + 2cost 이므로

라플라스 변환 $F(s) = \dfrac{1}{s^2+1^2} + 2 \cdot \dfrac{s}{s^2+1^2} = \dfrac{2s+1}{s^2+1}$

226 다음 파형의 라플라스 변환은?

① $\dfrac{E}{s}$
② $\dfrac{E}{s^2}$
③ $\dfrac{E}{Ts}$
④ $\dfrac{E}{Ts^2}$

해설 경사(기울기) 함수의 라플라스 변환식

$f(t) = \dfrac{E}{T}t \xrightarrow{\mathcal{L}} \dfrac{E}{T} \times \dfrac{1}{s^2} = \dfrac{E}{Ts^2}$

227 f(t) = δ(t − T) 의 라플라스변환 F(s)는?

① e^{Ts}
② e^{-Ts}
③ $\dfrac{1}{s}e^{Ts}$
④ $\dfrac{1}{s}e^{-Ts}$

해설 임펄스 함수 $\mathcal{L}\,[\delta(t)] = 1$

시간추이 정리 $\mathcal{L}\,[f(t-T)] = F(s)e^{-Ts}$ 를 활용하여 라플라스 정리하면

$\mathcal{L}\,[\delta(t-T) = 1 \times e^{-Ts} = e^{-Ts}$

228 그림과 같은 구형파의 라플라스 변환은?

① $\dfrac{2}{s}\left(1 - e^{4s}\right)$
② $\dfrac{2}{s}\left(1 - e^{-4s}\right)$
③ $\dfrac{4}{s}\left(1 - e^{4s}\right)$
④ $\dfrac{4}{s}\left(1 - e^{-4s}\right)$

해설 시간함수 $f(t) = 2u(t) - 2u(t-4)$

$F(s) = \mathcal{L}^{-1}[2u(t) - 2u(t-4)] = \dfrac{2}{s} - \dfrac{2}{s}e^{-4s} = \dfrac{2}{s}\left(1 - e^{-4s}\right)$

정답 225.③ 226.④ 227.② 228.②

229 다음 그림과 같은 게이트 함수의 라플라스 변환을 구하면?

① $\dfrac{E}{Ts^2}[1-(Ts+1)e^{-Ts}]$　　　　② $\dfrac{E}{Ts^2}[1+(Ts+1)e^{-Ts}]$

③ $\dfrac{E}{Ts^2}(Ts+1)e^{-Ts}$　　　　④ $\dfrac{E}{Ts^2}(Ts-1)c^{-Ts}$

해설 그림에서 면적법에 의해 식을 세우면 다음과 같다.

$$f(t)=\frac{E}{T}t\,u(t)-\frac{E}{T}(t-T)\,u(t-T)-Eu(t-T)$$

$$F(s)=\frac{E}{Ts^2}-\frac{E}{Ts^2}e^{-Ts}-\frac{E}{s}e^{-Ts}=\frac{E}{Ts^2}(1-e^{-Ts}-Tse^{-Ts})$$

$$=\frac{E}{Ts^2}[1-(Ts+1)e^{-Ts}]$$

230 $f(t)=e^{-3t}\sin t$ 의 라플라스 변환은?

① $\dfrac{s+3}{(s+3)^2+3^2}$　　　② $\dfrac{s-3}{(s-3)^2+3^2}$　　　③ $\dfrac{1}{(s+3)^2+1}$　　　④ $\dfrac{s}{(s+3)^2+3^2}$

해설 복소추이정리 : $\mathcal{L}\,[f(t)e^{\pm at}]=F(s)\big|_{s=s\mp a}$ 이므로

$$\mathcal{L}\,[\sin t\,e^{-3t}]=\frac{1}{s^2+1^2}\bigg|_{s=s+3}=\frac{1}{(s+3)^2+1}$$

231 t^2e^{at} 의 라플라스 변환은?

① $\dfrac{1}{(s-a)^2}$　　　② $\dfrac{2}{(s-a)^2}$　　　③ $\dfrac{1}{(s-a)^3}$　　　④ $\dfrac{2}{(s-a)^3}$

해설 $\mathcal{L}\,[t^2e^{at}]=\dfrac{2!}{s^{2+1}}\bigg|_{s=s-a}=\dfrac{2}{(s-a)^3}$

232 다음 식 $F(s)=\dfrac{5}{s(s^2+s+2)}$ 일 때 f(t)의 최종값은?

① 0　　　　　　② 1　　　　　　③ 2　　　　　　④ $\dfrac{5}{2}$

해설 최종값 정리 $f(\infty)=\lim\limits_{s\to 0}s\dfrac{5}{s(s^2+s+2)}=\dfrac{5}{s^2+s+2}=\dfrac{5}{2}$

정답　**229.**① **230.**③ **231.**④ **232.**④

233 $\dfrac{s\sin\theta + \omega\cos\theta}{s^2 + \omega^2}$ 의 역 라플라스 변환을 구하면?

① $\sin(\omega t - \theta)$ ② $\sin(\omega t + \theta)$ ③ $\cos(\omega t - \theta)$ ④ $\cos(\omega t + \theta)$

해설 $F(s) = \dfrac{s\sin\theta + \omega\cos\theta}{s^2 + \omega^2} = \dfrac{s}{s^2 + \omega^2}\sin\theta + \cos\theta\dfrac{\omega}{s^2 + \omega^2}$

$\mathcal{L}^{-1}[F(s)] = \cos\omega t \cdot \sin\theta + \cos\theta \cdot \sin\omega t = \sin(\omega t + \theta)$

【참고】 $\sin(\omega t + \theta) = \sin\omega t\cos\theta + \cos\omega t \cdot \sin\theta$

234 $F(s) = \dfrac{s+1}{s^2 + 2s}$ 의 역라플라스 변환은?

① $\dfrac{1}{2}(1 - e^{-t})$ ② $\dfrac{1}{2}(1 - e^{-2t})$ ③ $\dfrac{1}{2}(1 + e^{-t})$ ④ $\dfrac{1}{2}(1 + e^{-2t})$

해설 $F(s) = \dfrac{s+1}{s^2 + 2s} = \dfrac{s+1}{s(s+2)} = \dfrac{K_1}{s} + \dfrac{K_2}{s+2}$

$K_1 = sF(s) = \dfrac{s+1}{(s+2)}\bigg|_{s=0} = \dfrac{1}{2}$

$K_2 = (s+2)F(s) = \dfrac{s+1}{s}\bigg|_{s=-2} = \dfrac{-2+1}{-2} = \dfrac{1}{2}$

$F(s) = \dfrac{s+1}{s(s+2)} = \dfrac{K_1}{s} + \dfrac{K_2}{s+2} = \dfrac{1}{2}\left(\dfrac{1}{s} + \dfrac{1}{s+2}\right)$

역라플라스 변환 $f(t) = \mathcal{L}^{-1}\left[\dfrac{1}{2}\left(\dfrac{1}{s} + \dfrac{1}{s+2}\right)\right] = \dfrac{1}{2}(1 + e^{-2t})$

235 $\dfrac{1}{s^2 + 2s + 5}$ 의 라플라스 역변환 값은?

① $e^{-2t}\cos 2t$

② $\dfrac{1}{2}e^{-t}\sin t$

③ $\dfrac{1}{2}e^{-t}\sin 2t$

④ $\dfrac{1}{2}e^{-t}\cos 2t$

해설 라플라스 변환식을 완전제곱식으로 변환하면 다음과 같다.

$F(s) = \dfrac{1}{s^2 + 2s + 5} = \dfrac{1}{2} \cdot \dfrac{2}{(s+1)^2 + 2^2}$

$f(t) = \mathcal{L}^{-1}[F(s)] = \dfrac{1}{2}e^{-t}\sin 2t$

236 라플라스 변환함수 $F(s) = \dfrac{s+2}{s^2+4s+13}$ 에 대한 역변환 함수 f(t) 는?

① $e^{-2t}\cos 3t$ ② $e^{-3t}\cos 2t$

③ $e^{3t}\cos 2t$ ④ $e^{2t}\cos 3t$

해설 F(s)식을 완전제곱식으로 정리하면

$$F(s) = \frac{s+2}{s^2+4s+13} = \frac{s+2}{s^2+4s+4+9} = \frac{s+2}{(s+2)^2+3^2} = \left.\frac{s}{s^2+2^2}\right|_{s\to s+2} \text{이므로}$$

복소추이 정리를 이용하면 $f(t) = e^{-2t}\cos 3t$

237 $F(s) = \dfrac{2(s+1)}{s^2+2s+5}$ 의 시간함수 f(t)는 어느 것인가?

① $2e^{t}\cos 2t$ ② $2e^{t}\sin 2t$

③ $2e^{-t}\cos 2t$ ④ $2e^{-t}\sin 2t$

해설 라플라스 함수 $F(s) = \dfrac{2(s+1)}{s^2+2s+5} = \dfrac{2(s+1)}{(s+1)^2+2^2} = \left.2\dfrac{s}{s^2+2^2}\right|_{s+1\to s}$ 이므로

$\omega = 2$인 cos함수이므로 f(t)는 다음과 같다.

$$\mathcal{L}\left[\frac{2(s+1)}{(s+1)^2+2^2}\right] = 2e^{-t}\cos 2t$$

과도현상이란 인덕턴스 L과 정전용량 C가 포함된 회로에 직류전압을 인가 시 더 이상 출력이 변화하지 않는 정상값이 발생하기 전까지 나타나는 현상으로 이 장에서는 주로 전류의 변화상태를 식으로 구하여 과도현상을 알아보기로 한다.

【직류 인가 시 L[H]과 C[F] 특성】

소자	직류 인가 시 임피던스 (직류 f = 0)	초기 상태 (전원 인가 순간)	정상 상태 (전원 인가 일정 시간 이후)
L[H]	$X_L = \omega L = 0$	개방 상태	단락상태
C[F]	$X_C = \dfrac{1}{\omega C} = \infty$	단락 상태	개방 상태

1. R − L 직렬회로

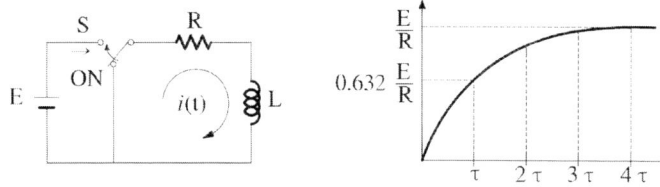

(1) 스위치를 닫았을 때 전류

$E = Ri(t) + L\dfrac{di(t)}{dt}[\text{V}]$ 에서 양변을 라플라스 변환하면 $\dfrac{E}{s} = RI(s) + LsI(s)$ 이므로

전류 i(t)를 구하기 위해 I(s)로 정리하여 역 라플라스 변환을 한다.

$$I(s) = \frac{E}{s(R+Ls)} = \frac{\dfrac{E}{L}}{s\left(s+\dfrac{R}{L}\right)} = \frac{E}{R}\left[\frac{1}{s} - \frac{1}{s+\dfrac{R}{L}}\right]$$ 에서

역 라플라스 변환하면 시간함수 전류 i(t)는 다음과 같다.

$$i(t) = \frac{E}{R}(1 - e^{-\frac{R}{L}t})\,[\text{A}]$$

① 과도전류 $i(t) = \frac{E}{R}(1 - e^{-\frac{R}{L}t})\,[\text{A}]$

- 초기전류(t = 0) $I(0) = \frac{E}{R}(1 - e^{-0}) = 0\,[\text{A}]$

- 정상전류(t = ∞) $I(\infty) = \frac{E}{R}(1 - e^{-\infty}) = \frac{E}{R}\,[\text{A}]$

② 특성근 : $P = -\frac{R}{L}$

③ 시정수 : 전류식에서 지수함수 $e^{-\frac{R}{L}t}$ 의 값이 e^{-1}이 되게 하는 최초의 시간으로서 정수가 되는 시간을 의미하는 뜻으로 시정수 또는 시상수라고 한다. 또한 전원 전압을 인가하면 전류가 정상값의 63.2[%]까지 도달하는데 소요되는 시간이다.

- $\tau = \frac{L}{R}\,[\text{sec}] \to i(t) = 0.632\frac{E}{R}$

- $t = 2\tau \to i(t) = 0.865\frac{E}{R}$

- $t = 3\tau \to i(t) = 0.95\frac{E}{R}$

- 시정수 값이 클수록 정상전류까지 도달하는 시간이 오래 걸리므로 과도현상은 오래 지속된다.

④ R양단 전압 $V_R = Ri(t) = R \cdot \frac{E}{R}(1 - e^{-\frac{R}{L}t}) = E(1 - e^{-\frac{R}{L}t})\,[\text{V}]$

⑤ L양단 전압 $V_L = L\frac{di(t)}{dt} = L\frac{d}{dt}\frac{E}{R}(1 - e^{-\frac{R}{L}t}) = Ee^{-\frac{R}{L}t}\,[\text{V}]$

(2) 스위치를 열었을 때 전류

- 폐로방정식 $L\frac{d}{dt}i(t) + Ri(t) = 0$

- 전류 $i(t) = \frac{E}{R}e^{-\frac{R}{L}t}$

예제 1) 자계 코일이 있다. 이것의 권수 N = 2000[회], 저항 R = 12[Ω]으로 전류 I = 10[A]를 통했을 때 자속 Ø = 6×10^{-2}[Wb]이다. 이 회로의 시정수[s]는?

① 0.01　　　　② 0.1　　　　③ 1　　　　④ 10

해설 $N\phi = LI$ 이므로 $L = \frac{N\phi}{I} = \frac{2000 \times 6 \times 10^{-2}}{10} = 12\,[\text{H}]$

$\tau = \frac{L}{R} = \frac{12}{12} = 1\,[\text{sec}]$

정답 ③

예제 2) 다음 그림과 같은 R − L 직렬회로에서 t = 0에서 스위치 S를 닫았을 때 유기되는

전압 $V_L|_{t=0} = 100[\text{V}]$ 이고, $\left.\dfrac{di}{dt}\right|_{t=0} = 400[\text{A/s}]$ 이다. 인덕턴스 L[H]의 값은?

① 0.1

② 0.5

③ 0.25

④ 7.5

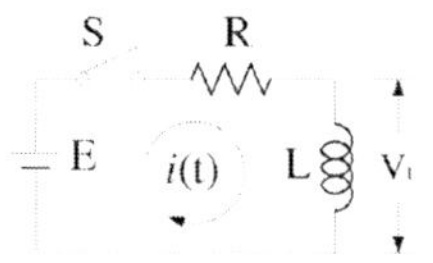

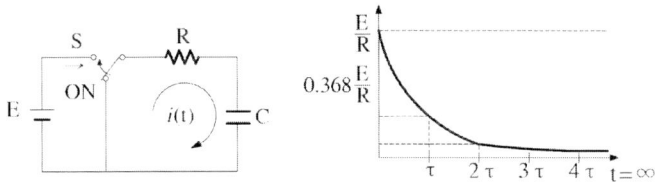

해설 $V_L = L\dfrac{di}{dt}[\text{V}]$ 이므로 $L = \left.V_L\dfrac{dt}{di}\right|_{t=0} = 100 \times \dfrac{1}{400} = 0.25[\text{H}]$

정답 ③

2. R − C 직렬회로

(1) 스위치를 닫았을 때 전류

콘덴서에 축적되는 전하량 $Q(t) = \displaystyle\int i(t)dt$ 이므로

콘덴서에 걸리는 전압 $V_C(t) = \dfrac{Q(t)}{C} = \dfrac{1}{C}\displaystyle\int i(t)dt[\text{V}]$

스위치를 닫았을 때 회로에 걸리는 전압은 $E = Ri(t) + \dfrac{1}{C}\displaystyle\int i(t)dt[\text{V}]$ 가 된다.

양변을 라플라스 변환하면 $\dfrac{E}{s} = RI(s) + \dfrac{1}{Cs}I(s)$

$$I(s) = \dfrac{E}{s\left(R + \dfrac{1}{Cs}\right)} = \dfrac{\dfrac{E}{R}}{s + \dfrac{1}{RC}} = \dfrac{E}{R}\left[\dfrac{1}{s + \dfrac{1}{RC}}\right]$$

이 식을 역라플라스 변환하면 과도전류 i(t)가 된다.

① 과도전류 : $i(t) = \dfrac{E}{R}e^{-\frac{1}{RC}t}[\text{A}]$

• 초기전류(t = 0) $I(0) = \dfrac{E}{R}e^{-0} = \dfrac{E}{R}[\text{A}]$

• 정상전류(t = ∞) $I(\infty) = \dfrac{E}{R}e^{-\infty} = 0[\text{A}]$

② 특성근 : $P = -\dfrac{1}{RC}$

③ 시정수 : 과도 전류식의 지수함수 $e^{-\frac{1}{RC}t}$ 이 e^{-1} 이 되는 시간

 • $\tau = RC[\sec]$

④ C양단 전압 $V_C = \dfrac{1}{C}\int i(t)\,dt = \dfrac{1}{C}\int \dfrac{E}{R}e^{-\frac{1}{RC}t}\,dt = E\left(1 - e^{-\frac{1}{RC}t}\right)[\mathrm{V}]$

⑤ 콘덴서에 축적되는 전하량 : $q = CV_C = CE\left(1 - e^{-\frac{1}{RC}t}\right)[\mathrm{C}]$

(2) 스위치를 열었을 때 전류

 • 폐로방정식 $Ri(t) + \dfrac{1}{C}\int i(t)dt = 0$

 • 방전전류 $i(t) = -\dfrac{E}{R}e^{-\frac{1}{RC}t}[\mathrm{A}]$

예제 3) 저항 R = 1[MΩ], 정전용량 C = 1[μF] 의 직렬 회로에 직류 100[V]를 인가했을 때 시정수 τ[sec] 및 전류의 초기값 I[A]는 각각 얼마인가?

 ① 5, 10^{-4} ② 4, 10^{-3} ③ 1, 10^{-4} ④ 2, 10^{-3}

해설 시정수 $\tau = RC = 10^6 \times 10^{-6} = 1[\sec]$

  초기전류 $I = \dfrac{E}{R} = \dfrac{100}{10^6} = 10^{-4}[\mathrm{A}]$

정답 ③

예제 4) 다음 회로에서 콘덴서 초기 전압을 0[V]로 할 때 회로에 흐르는 전류 i(t)[A]는?

 ① $2e^{-t}$

 ② $1 - e^{-t}$

 ③ $10e^{-t}$

 ④ e^{-t}

해설 전류 $i(t) = \dfrac{E}{R}e^{-\frac{1}{RC}t} = \dfrac{10}{5}e^{-\frac{1}{5 \times \frac{1}{5}}t} = 2e^{-t}$

정답 ①

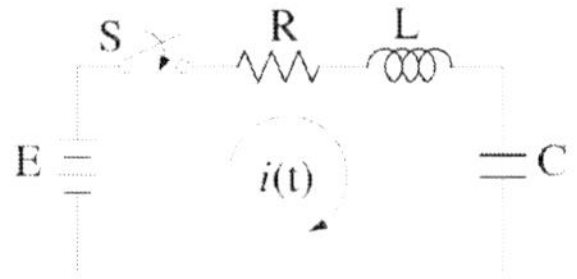

(1) 제어계의 특성근 위치에 따른 과도 응답의 진동과 비진동 유무

특성근의 위치	제동	응답 특성	안정성
음(−)의 실수근	과제동	비진동	안정
음(−)의 실수 중근	임계제동		안정
음(−)의 허수근	부족제동	감쇠 진동	안정
허수축	무제동	임계 진동	임계 안정

(2) 특성방정식과 특성근

- 폐로방정식 $E = Ri(t) + L\dfrac{d}{dt}i(t) + \dfrac{1}{C}\displaystyle\int i(t)\,dt\,[\mathrm{V}]$

- 양변 라플라스 변환 $\dfrac{E}{s} = RI(s) + LsI(s) + \dfrac{1}{Cs}I(s) = \left(R + Ls + \dfrac{1}{Cs}\right)I(s)$

- 전류 $I(s) = \dfrac{E}{s\left(R + Ls + \dfrac{1}{Cs}\right)} = \dfrac{E}{Ls^2 + Rs + \dfrac{1}{C}}$

- 특성방정식 $Ls^2 + Rs + \dfrac{1}{C} = 0$

- 특성근 $P_1,\ P_2 = \dfrac{-R \pm \sqrt{R^2 - 4\dfrac{L}{C}}}{2L} = -\dfrac{R}{2L} \pm \dfrac{1}{2L}\sqrt{R^2 - 4\dfrac{L}{C}}$

$$= -\dfrac{R}{2L} \pm \sqrt{\left(\dfrac{R}{2L}\right)^2 - \dfrac{1}{LC}}$$

(3) 특성방정식의 근의 부호에 따른 전류와 전하량 그래프

① 과 제동 : 특성근의 무리식 부분이 0보다 클 경우(즉, 특성근이 음의 실수근을 가질 조건)

$\left(\dfrac{R}{2L}\right)^2 - \dfrac{1}{LC} > 0$ 에서 R로 정리하면 다음과 같다.

> - $R > 2\sqrt{\dfrac{L}{C}}$: 과제동 (비진동)

• 과도전류의 응답 곡선

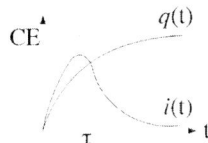

② 임계적 제동 : 특성근의 무리식 부분이 0일 경우 특성근은 중근 상태가 되며, 전류가 진동과 비진동의 임계점에 있으므로 임계적 제동이라 한다.

$$\left(\frac{R}{2L}\right)^2 - \frac{1}{LC} = 0$$

• $R = 2\sqrt{\dfrac{L}{C}}$: 임계적 제동 (비진동)

• 과도전류의 응답 곡선

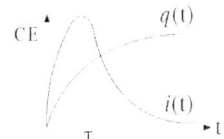

③ 부족 제동(감쇠 제동) : 특성근의 무리수식 부분이 0보다 작을 경우(즉, 음의 허수근이 나올 조건)

특성근 $P = -\dfrac{R}{2L} \pm \sqrt{\left(\dfrac{R}{2L}\right)^2 - \dfrac{1}{LC}} = -\dfrac{R}{2L} \pm j\sqrt{\dfrac{1}{LC} - \left(\dfrac{R}{2L}\right)^2}$

$$\left(\frac{R}{2L}\right)^2 - \frac{1}{LC} < 0$$

• $R < 2\sqrt{\dfrac{L}{C}}$: 부족 제동(감쇠 제동)

• 과도전류의 응답 곡선

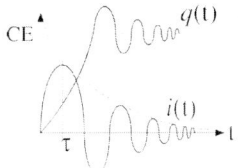

• 감쇠 진동 각주파수 $\omega = \sqrt{\dfrac{1}{LC} - \left(\dfrac{R}{2L}\right)^2}$

• 감쇠 진동 주파수 $f_o = \dfrac{1}{2\pi}\sqrt{\dfrac{1}{LC} - \left(\dfrac{R}{2L}\right)^2}$

【정리】R, L, C 조건에 따른 전류 특성

조건	제동 상태	전류 특성
$R^2 > \dfrac{4L}{C}$ 또는 $R > 2\sqrt{\dfrac{L}{C}}$	과제동	비진동
$R^2 = \dfrac{4L}{C}$ 또는 $R = 2\sqrt{\dfrac{L}{C}}$	임계적 제동	비진동
$R^2 < \dfrac{4L}{C}$ 또는 $R < 2\sqrt{\dfrac{L}{C}}$	부족제동	감쇠 진동

예제 5) R-L-C 직렬회로의 파라미터가 $R^2 = \dfrac{4L}{C}$ 의 관계를 가진다면, 이 회로에 직류 전압을 인가한 경우 전류의 과도 응답 특성은?

① 무제동   ② 과제동   ③부족제동   ④ 임계제동

해설 $R^2 = \dfrac{4L}{C}$ 또는 $R = 2\sqrt{\dfrac{L}{C}}$ 인 경우 전류는 임계적 제동이며 전류는 비진동 특성을 갖는다.

정답 ④

예제 6) 그림과 같은 R-L-C 직렬회로에서 R = 100[Ω], L = 0.25[mH], C = 0.1[μF] 일 때 이 회로의 전류 i(t)가 그림 중 가장 적당한 파형은?

①
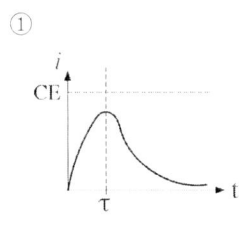

②
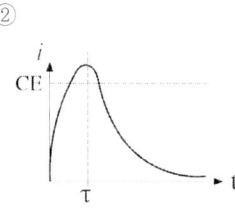

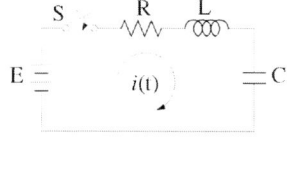

③
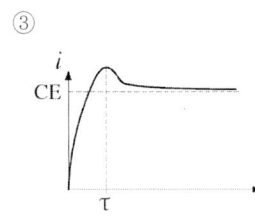

④
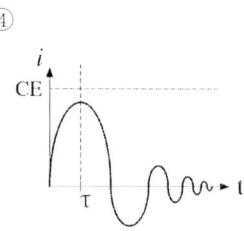

해설 $R = 100[\Omega]$, $2\sqrt{\dfrac{L}{C}} = 2\sqrt{\dfrac{0.25 \times 10^{-3}}{0.1 \times 10^{-6}}} = 100[\Omega]$ 에서

$R = 2\sqrt{\dfrac{L}{C}}$ 이므로 임계적으로서 비진동적이다.

정답 ②

예제 7) R − L C 직렬회로에서 R = 100[Ω], L = 0.1×10⁻³[H], C = 0.1×10⁻⁶[F] 일 때 이 회로는 ?

① 진동적이다.

② 비진동적이다.

③ 정현파 진동이다.

④ 진동일 수도 있고 비진동일 수도 있다.

해설 $R = 100[\Omega] > 2\sqrt{\dfrac{L}{C}} = 2\sqrt{\dfrac{0.1 \times 10^{-3}}{0.1 \times 10^{-6}}} = 63.2[\Omega]$ 이므로 전류는 과제동으로서 비진동적이다.

정답 ②

4. L − C 직렬회로

폐로방정식 $E = L\dfrac{d}{dt}i(t) + \dfrac{1}{C}\displaystyle\int i(t)\,dt\,[\mathrm{V}]$ 에서 양변을 라플라스 변환하면

$\dfrac{E}{s} = Ls\,I(s) + \dfrac{1}{Cs}I(s)$ 이므로

전류 : $I(s) = \dfrac{E}{s\left(Ls + \dfrac{1}{Cs}\right)} = \dfrac{\dfrac{E}{L}}{s^2 + \dfrac{1}{LC}} = \dfrac{\sqrt{\dfrac{C}{L}}\,E \times \dfrac{1}{\sqrt{LC}}}{s^2 + \left(\dfrac{1}{\sqrt{LC}}\right)^2}$

① 과도 전류 : $i(t) = \dfrac{E}{\sqrt{\dfrac{L}{C}}}\sin\dfrac{1}{\sqrt{LC}}t\ [\mathrm{A}]$ (불변의 진동 전류)

② L양단 전압 : $V_L = L\dfrac{d}{dt}i(t) = E\cos\dfrac{1}{\sqrt{LC}}t\ [\mathrm{V}]$

③ C양단 전압 : $V_c = \dfrac{1}{C}\displaystyle\int i(t)\,dt = E\left(1 - \cos\dfrac{1}{\sqrt{LC}}t\right)[\mathrm{V}]$

• $\omega_0 t = 180°$ 일 때 $V_C = 2E$ 이므로 순간적으로 인가기전력의 2배까지 전압이 걸린다.)

Chapter 14 과도 현상

출제예상핵심문제

238 직류과도저항 R[Ω]과 인덕턴스 L[H]의 직렬회로에서 옳지 않은 것은?

① 회로의 시정수는 $\tau = \frac{L}{R}$ [s]이다.

② t = 0에서 직류 전압 E[V]를 가했을 때 t[s] 후의 전류는 $i(t) = \frac{E}{R}\left(1 - e^{-\frac{R}{L}t}\right)$[A]이다.

③ 과도 기간에 있어서의 인덕턴스 L의 단자 전압은 $v_L(t) = Ee^{-\frac{L}{R}t}$ 이다.

④ 과도 기간에 있어서의 저항 R의 단자 전압은 $v_R(t) = E\left(1 - e^{-\frac{R}{L}t}\right)$ 이다.

해설 R – L 직렬회로 : $i(t) = \frac{E}{R}\left(1 - e^{-\frac{R}{L}t}\right)$

L의 단자 전압 : $v_L(t) = L\frac{d}{dt}i(t) = L\frac{d}{dt}\frac{E}{R}(1 - e^{-\frac{R}{L}t}) = E\,e^{-\frac{R}{L}t}$[V]

239 그림과 같이 저항 R_1, R_2 및 인덕턴스 L의 직렬회로가 있다 .이 회로에 대한 서술 중 옳은 것은?

① 이 회로의 시정수는 $\frac{L}{R_1 + R_2}$[s] 이다.

② 이 회로의 특성근은 $\frac{R_1 + R_2}{L}$ 이다.

③ 정상 전류는 $\frac{E}{R_2}$ 이다.

④ 이 회로의 전류값은 $i(t) = \frac{E}{R_1 + R_2}\left(1 - e^{\frac{L}{R_1 + R_2}t}\right)$ 이다.

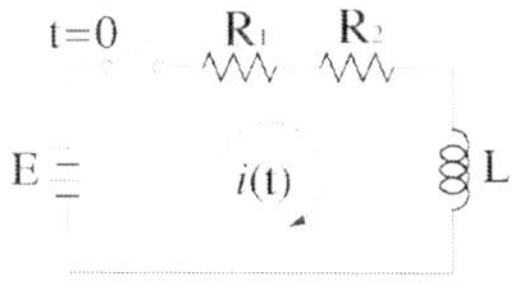

해설 R – L 직렬회로 특성

- 과도 전류 $i(t) = \frac{E}{R_1 + R_2}\left(1 - e^{-\frac{R_1 + R_2}{L}t}\right)$
- 특성근 $P = -\frac{R_1 + R_2}{L}$
- 시정수 $\tau = \frac{L}{R_1 + R_2}$
- 정상전류 $I_s = \frac{E}{R_1 + R_2}$

정답 238.③ 239.①

240 회로에서 정상 전류값 I_s[A]은? (단, t = 0 에서 스위치 s를 닫았다.)

① 0

② 7

③ 35

④ −35

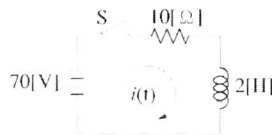

해설 　정상전류 : $I_s = \dfrac{E}{R} = \dfrac{70}{10} = 7[\text{A}]$

241 다음과 같은 회로에서 L = 50[mH], R = 20[kΩ]인 경우 회로 시정수는 얼마이겠는가?

① 4.0[μsec]

② 3.5[μsec]

③ 3.0[μsec]

④ 2.5[μsec]

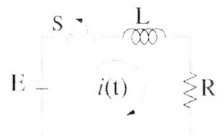

해설 　시정수 : $\tau = \dfrac{L}{R} = \dfrac{50 \times 10^{-3}}{20 \times 10^{3}} = 2.5[\mu \cdot \sec]$

242 R − L 직렬회로에 직류전압을 가했을 때 시정수의 5배 시간이 흐른 경우 전류는 정상전류의 몇[%]가 되겠는가?

① 93.3　　　　　　② 95.3　　　　　　③ 97.3　　　　　　④ 99.3

해설 　R − L 직렬회로의 과도 전류

$$i(t) = \frac{E}{R}\left(1 - e^{-\frac{R}{L}t}\right)[\text{A}]$$

시정수는 e^{-1} 이 되는 시간이므로 5배의 시간이 흐른 경우

$1 - e^{-5} = 0.993 = 99.3[\%]$

CHAPTER 14

243 그림의 회로에서 t = 0[sec] 에 스위치(S)를 닫은 후 t = 1[sec] 일 때 이 회로에 흐르는 전류는 약 몇 [A]인가 ?

① 2.52

② 3.16

③ 4.21

④ 6.32

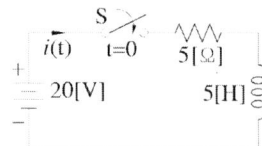

해설 정상전류 $I = \dfrac{E}{R} = \dfrac{20}{5} = 4[\text{A}]$

시정수 $T = \dfrac{L}{R} = \dfrac{5}{5} = 1[\text{sec}]$ 이고 정상전류의 0.632배에 도달하는 시간이므로

$t = 1[\text{sec}]$ 에서의 전류는 다음과 같다.

$I(t=1) = 0.632 \times I = 0.632 \times 4 = 2.52[\text{A}]$

244 그림과 같은 회로에서 t = 0 인 순간에 전압 E 를 인가한 경우 인덕턴스 L 에 걸리는 전압은?

① 0　　　　② E

③ $\dfrac{LE}{R}$　　　④ $\dfrac{E}{R}$

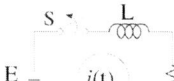

해설 L양단 전압 $V_L = L\dfrac{di(t)}{dt} = L\dfrac{d}{dt}\dfrac{E}{R}(1 - e^{-\frac{R}{L}t}) = E e^{-\frac{R}{L}t}[\text{V}]$ 에서

$V_L = E e^{-\frac{R}{L}t} = E e^{-\frac{R}{L} \times 0} = E$

【별해】 t = 0 (전원 인가 순간)일 때 L은 개방(열린 상태)이므로 전 전압 E[V]가 모두 걸린다.

245 그림에서 스위치 S를 열 때 흐르는 전류 i(t)[A]는 얼마인가?

① $\dfrac{E}{R}e^{-\frac{R}{L}t}$　　　　② $\dfrac{E}{R}e^{\frac{R}{L}t}$

③ $\dfrac{E}{R}(1 - e^{\frac{R}{L}t})$　　　④ $\dfrac{E}{R}(1 - e^{-\frac{R}{L}t})$

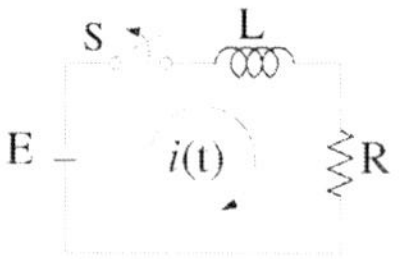

해설 전원 제거 시 전류 : $i(t) = \dfrac{E}{R}e^{-\frac{R}{L}t}[\text{A}]$

정답　**243.**① **244.**② **245.**①

246 그림과 같은 저항 R[Ω]과 정전용량 C[F]의 직렬회로에서 잘못 표현된 것은?

① 회로의 시정수는 $\tau = CR$[sec] 이다

② t = 0에서 직류전압 E[V]를 가했을 때 t[sec]후의 전류 $i(t) = \frac{E}{R}e^{-\frac{1}{CR}t}$ [A]이다

③ t = 0에서 직류전압 E[V]를 가했을 때 t[sec]후의 전류 $i(t) = \frac{E}{R}(1 - e^{-\frac{1}{CR}t})$[A]이다.

④ 직류전압 E[V]를 충전하는 경우 회로의 전압 방정식은 $Ri(t) + \frac{1}{C}\int i(t)dt = E$ 이다

해설 R − C 직렬회로 : 전류 $i(t) = \frac{E}{R}e^{-\frac{1}{CR}t}$[A]

247 R − C 직렬회로의 과도 상태 현상에 관한 설명 중 옳게 표현된 것은?

① 과도 전류값은 RC 값에 상관이 없다.
② RC 값이 클수록 회로의 과도값도 빨리 사라진다.
③ RC 값이 클수록 과도 전류값은 천천히 사라진다.
④ $\frac{1}{RC}$ 의 값이 클수록 과도 전류값은 천천히 사라진다.

해설 시정수 RC 값이 클수록 과도 전류는 천천히 사라진다.

248 회로에서 정전용량 C는 초기전하가 없었다. 지금 t = 0에서 스위치 S를 닫았을 때 t = 0₊ 에서의 i(t)는? (단, R = 1[kΩ], C = 1[μF] 이다)

① 0.1[A]
② 0.2[A]
③ 0.4[A]
④ 1[A]

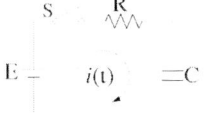

해설 t = 0 (전원 인가 순간)일 때 C는 단락 상태가 되므로
초기전류 $i_o(t) = \frac{E}{R} = \frac{100}{1000} = 0.1$[A]

249 t = 0 에서 스위치(S)를 닫았을 때 t = 0⁺에서의 i(t)는 몇 A인가?(단, 커패시터에 초기 전하는 없다.)

① 0.1

② 0.2

③ 0.4

④ 1.0

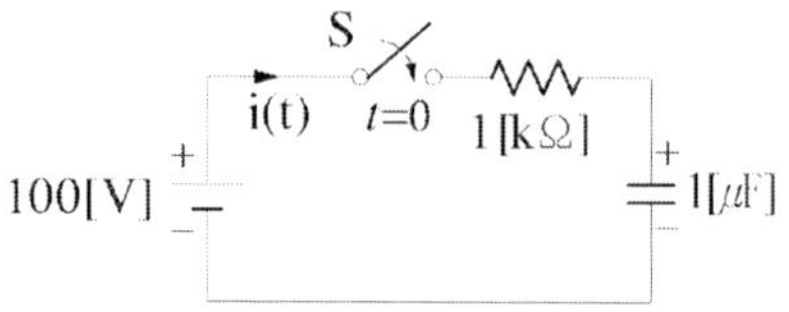

> **해설** RC 직렬회로의 과도전류
>
> $$i(t) = \frac{E}{R}e^{-\frac{1}{RC}t} = \frac{100}{10^3} \times e^{-0} = 0.1\,[\text{A}]$$

250 다음 그림과 같은 R − C 직렬회로에 t = 0에서 스위치 닫아 직류전압 100[V]를 회로의 양단에 급격히 인가하면 그때의 충전전하는 ? (단, R = 10[Ω], C = 0.1[F] 이다)

① $10(1 - e^{-t})$

② $-10(1 - e^{-t})$

③ $10e^{-t}$

④ $-10e^{-t}$

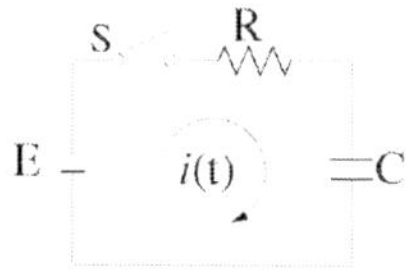

> **해설** 전기량 $q(t) = CE(1 - e^{-\frac{1}{RC}t})$
>
> $$= 0.1 \times 100\,(1 - e^{-\frac{1}{10 \times 0.1}t}) = 10\,(1 - e^{-t})\,[\text{C}]$$

251 R = 10[Ω], C = 5[μF]의 직렬 회로에 200[V]의 직류 전압을 인가할 때 충전 전기량의 정상값[C]은 ?

① 10   ② 0.1   ③ 0.01   ④ 0.001

> **해설** 정상 전하 $q_s = CE = 5 \times 10^{-6} \times 200 = 0.001\,[\text{C}]$

252 그림의 회로에서 t = 0 일 때 스위치 S를 닫았다. $i_1(0)$, $i_2(0)$ 의 값은? (단, t < 0 에서 C전압, L전압은 0이다.)

① $\dfrac{E}{R_1}$, 0

② 0, $\dfrac{E}{R_2}$

③ 0, 0

④ $-\dfrac{E}{R_1}$, 0

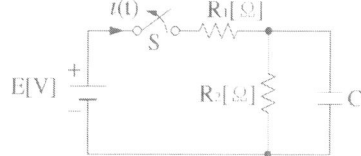

해설 t = 0 (전원 인가 순간)일 때 L은 개방, C는 단락이므로

$$i_1(t) = \frac{E}{R_1}, \quad i_2(t) = 0$$

253 그림의 회로에서 스위치 S를 닫았을 때 회로에 흐르는 전류 i(t)에 대한 시정수의 값[sec]은?(단, C 에 초기전하는 없었다.)

① $\dfrac{R_1 R_2 C}{R_1 + R_2}$

② $(R_1 R_2 + R_1)C$

③ $\dfrac{R_1 R_2}{(R_1 + R_2)C}$

④ $\dfrac{R_1 C}{R_1 R_2 + R_1}$

해설 $\tau = R_o C = \dfrac{R_1 R_2 C}{R_1 + R_2}$ [sec]

254 RLC 직렬회로에서 t = 0 에서 교류전압 e = $E_m \sin(\omega t + \theta)$[V] 를 가할 때 $R^2 - 4\dfrac{L}{C} > 0$ 이면 이 회로는?

① 진동적이다.

② 비진동적이다.

③ 임계진동적이다.

④ 비감쇠진동이다.

해설 R, L, C 조건에 따른 전류 특성

조건	제동 상태	전류 특성
$R > 2\sqrt{\dfrac{L}{C}}$	과제동	비진동
$R = 2\sqrt{\dfrac{L}{C}}$	임계적 제동	비진동
$R < 2\sqrt{\dfrac{L}{C}}$	부족제동	감쇠 진동

• 과제동 : $R^2 - 4\dfrac{L}{C} > 0$ 또는 $R > 2\sqrt{\dfrac{L}{C}}$ 이면 전류가 비진동이다.

정답 **252.①** **253.①** **254.②**

255 저항 R, 인덕턴스 L, 정전용량 C의 직렬회로에서 $\left(\dfrac{R}{2L}\right)^2 - \dfrac{1}{LC} < 0$ 의 조건을 만족할 때 과도 현상은 ?

① 비진동   ② 진동   ③ 임계진동   ④ 임계감쇠

해설 R, L, C 조건에 따른 전류 특성

조건	제동 상태	전류 특성
$R > 2\sqrt{\dfrac{L}{C}}$	과제동	비진동
$R = 2\sqrt{\dfrac{L}{C}}$	임계적 제동	비진동
$R < 2\sqrt{\dfrac{L}{C}}$	부족제동	감쇠 진동

부족제동 : $\left(\dfrac{R}{2L}\right)^2 - \dfrac{1}{LC} < 0$ 또는 $R < 2\sqrt{\dfrac{L}{C}}$ 이면 전류가 감쇠진동이다.

256 다음 중 R − L − C 직렬회로에서 저항의 값이 다음의 어느 값일 때 이 회로의 진동이 되는가?

① $R = 2\sqrt{\dfrac{L}{C}}$ ② $R < 2\sqrt{\dfrac{L}{C}}$ ③ $R > 2\sqrt{\dfrac{L}{C}}$ ④ $R = \dfrac{1}{\sqrt{LC}}$

해설 부족제동 : $\left(\dfrac{R}{2L}\right)^2 - \dfrac{1}{LC} < 0$ 또는 $R < 2\sqrt{\dfrac{L}{C}}$ 인 경우 감쇠하면서 진동하는 전류가 된다.

257 R − L − C 직렬회로에서 R = 100[Ω], L = 5×10⁻³[H], C = 2×10⁻⁶[F]일 때 이 회로는?

① 진동적이다.   ② 임계진동이다.
③ 비진동이다.   ④ 정현파로 진동이다.

해설 $R = 100[\Omega]$, $2\sqrt{\dfrac{L}{C}} = 2\sqrt{\dfrac{5 \times 10^{-3}}{2 \times 10^{-6}}} = 100[\Omega]$ 에서

$R = 2\sqrt{\dfrac{L}{C}}$ 이므로 임계적이며 비진동적이다.

정답   **255.**②   **256.**②   **257.**③

258 그림과 같은 R – L – C 직렬회로에서 R = 100[Ω], L = 0.1[mH], C = 0.1[μF] 일 때 이 회로의 전류 i(t)가 그림 중 가장 적당한 파형은?

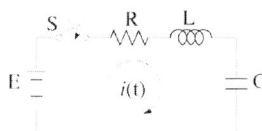

① 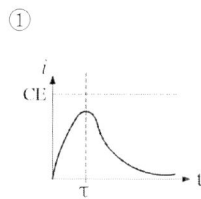 ② 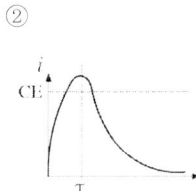 ③ 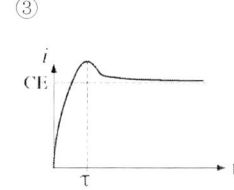 ④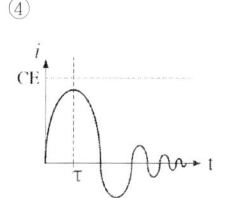

해설 $R = 100[\Omega]$, $R = 100[\Omega]$, $2\sqrt{\dfrac{L}{C}} = 2\sqrt{\dfrac{0.1 \times 10^{-3}}{0.1 \times 10^{-6}}} = 63.2\,[\Omega]$ 에서

$R > 2\sqrt{\dfrac{L}{C}}$ 이므로 과제동으로서 비진동적이다.

259 R – L – C 직렬회로에서 시정수의 값이 작을수록 과도현상이 소멸되는 시간은 어떻게 되는가?

① 짧아진다.　　　　② 관계없다.
③ 길어진다.　　　　④ 과도상태가 없다.

해설 시정수(τ): 정상전류 값의 63.2[%]까지 증가하는데 걸리는 시간이므로 시정수 값이 크면 클수록 정상전류까지 증가하는 시간이 오래 걸리게 되어 과도현상은 오래 지속된다.

260 그림의 정전 용량 C[F]를 충전한 후 스위치 S를 닫아 이것을 방전하는 경우의 과도 전류는 ?(단, 회로에는 저항이 없다.)

① 불변의 진동 전류
② 감쇠하는 전류
③ 감쇠하는 진동전류
④ 일정 값까지 증가하여 그 후 감쇠하는 전류

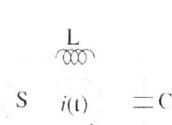

해설 전류 $i(t) = \dfrac{E}{\sqrt{\dfrac{L}{C}}} \sin \dfrac{1}{\sqrt{LC}} t [A]$ 이므로 전류가 증가하거나 감쇠가 없는

진동전류가 발생하는데 이러한 전류를 불변의 진동전류라 한다.

261 L – C 직렬 회로에 직류 기전력 E[V] 를 t = 0 에서 갑자기 인가할 때 C 에 걸리는 최대 전압[V]은?

① E   ② 0   ③ ∞   ④ 2E

해설 $V_c = E(1 - \cos \dfrac{1}{\sqrt{LC}} t)$ [V] 이므로 180° 에서 최대 $V_c = 2E$[V] 가 걸린다.

전달함수

전달함수는 자동 제어계에서 선형 시불변 시스템에 적용되고 제어계에 가해지는 입력신호에 대하여 출력신호가 어떤 모양으로 나오는지 신호전달 특성을 나타내는 함수로 모든 초기값을 0으로 한 라플라스 변환 상태에서 입력신호에 대한 출력신호와의 비

1. 전달함수의 정의식과 전달요소

$$G(s) = \frac{Y(s)}{X(s)} = \frac{\text{라플라스 변환시킨 출력}}{\text{라플라스 변환시킨 입력}} \text{ (모든 초기값 0)}$$

① 비례요소 $G(s) = \dfrac{Y(s)}{X(s)} = K$ (이득상수)

② 미분요소 $G(s) = \dfrac{Y(s)}{X(s)} = K s^n$

③ 적분요소 $G(s) = \dfrac{Y(s)}{X(s)} = \dfrac{K}{s^n}$

④ 1차 지연요소 $G(s) = \dfrac{K}{1 + Ts}$

⑤ 2차 지연요소 $G(s) = \dfrac{\omega_n{}^2}{s^2 + 2\delta\omega_n s + \omega_n{}^2}$ 여기서, δ는 제동비, ω_n은 고유 각주파수이다.

⑥ 부동작 요소 $G(s) = \dfrac{Y(s)}{X(s)} = K e^{-\tau s}$

2. 전기회로의 전달함수

(1) 직렬회로

입력과 출력이 모두 전압으로 주어진 경우의 전달함수

$$G(s) = \frac{V_0(s)}{V_i(s)} = \frac{\text{출력측 임피던스}}{\text{전체 합성임피던스}}$$

예제 1) 그림과 같은 회로의 전압 전달함수 G(s) 는?

① $\dfrac{RC}{s + \dfrac{1}{RC}}$ 　　② $\dfrac{RC}{s + RC}$

③ $\dfrac{RC}{RCs + 1}$ 　　④ $\dfrac{1}{RCs + 1}$

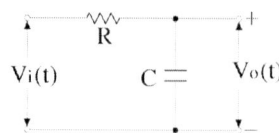

해설 전달함수 $G(s) = \dfrac{\text{출력 임피던스}}{\text{전체 임피던스}}$

$$G(s) = \frac{V_o(s)}{V_i(s)} = \frac{\dfrac{1}{Cs}}{R + \dfrac{1}{Cs}} = \frac{1}{RCs + 1}$$

정답 ④

(2) 병렬회로 및 기타

입력이 전류, 출력이 전압이면 $G(s) = \dfrac{V(s)}{I(s)} = Z(s) = \dfrac{1}{Y(s)}$

입력이 전압, 출력이 전류이면 $G(s) = \dfrac{I(s)}{V(s)} = Y(s) = \dfrac{1}{Z(s)}$

3. 직렬보상회로

(1) 진상보상회로

출력 신호 위상이 입력 신호 위상보다 앞서도록 입력 측에 C 성분을 접속하는 회로

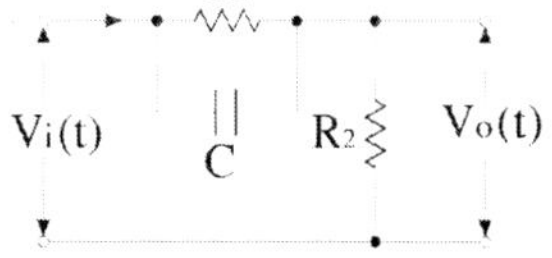

$$G(s) = \frac{R_2}{\dfrac{1}{\dfrac{1}{R_1} + Cs} + R_2} = \frac{R_2}{\dfrac{R_1}{1 + R_1 Cs} + R_2} = \frac{R_2(R_1 Cs + 1)}{R_1 + R_2(R_1 Cs + 1)}$$

$$= \frac{R_1 R_2 Cs + R_2}{R_1 R_2 Cs + R_1 + R_2} = \frac{s + \dfrac{R_2}{R_1 R_2 C}}{s + \dfrac{R_1 + R_2}{R_1 R_2 C}} = \frac{s + b}{s + a}$$

① 진상보상회로의 특징 : a > b

② 제어계의 속응성과 안정성 개선 목적으로 사용

③ C − R 직렬회로에서 입력함수를 구형파를 인가하면 출력전압 R 양단에서 펄스파를 발생하며 이와 같은 회로를 미분회로 또는 미분기라고 한다.

(2) 지상보상회로

출력 신호 위상이 입력 신호 위상보다 뒤지도록 출력 측에 C 성분을 접속하는 회로

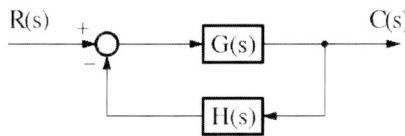

$$G(s) = \frac{V_0(s)}{V_i(s)} = \frac{R_2 + \dfrac{1}{Cs}}{R_1 + R_2 + \dfrac{1}{Cs}} = \frac{R_2 Cs + 1}{(R_1 + R_2)Cs + 1}$$

① 전달함수 : $G(s) = \dfrac{s+b}{s+a}$ 에서 $a < b$ 에서 a < b이다.

② 제어계의 정상 편차 개선 목적으로 사용한다.

③ R − C 직렬회로에서 입력함수를 구형파를 인가하면 출력전압 C 양단에서 삼각파를 발생하며 이와 같은 회로를 적분회로 또는 적분기라고 한다.

4. 표준 feed back 제어계의 블록선도와 신호흐름선도

(1) 표준 feed back 제어계의 신호흐름도 구성

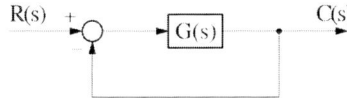

- 폐루프 전달함수 : $\dfrac{C(s)}{R(s)} = \dfrac{G(s)}{1 + G(s)H(s)}$
- 순방향 전달함수(전향경로이득) : $G(s)$
- 개루프 전달함수: $G(s)H(s)$
- 되먹임(feed back) 전달함수 : $H(s)$
- 제어계 특성방정식 : $1 + G(s)H(s) = 0$

(2) 단위 피드백 제어계의 전달함수

폐루프 전달함수 $M(s) = \dfrac{C(s)}{R(s)} = \dfrac{G(s)}{1 + G(s)}$

순방향 전달함수와 개루프 전달함수가 같다.

(3) 표준 feed back 제어계의 신호흐름 선도 구성

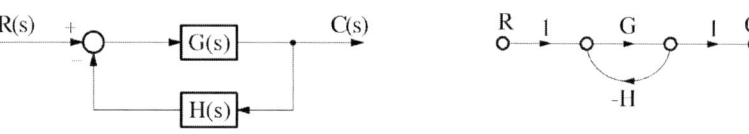

전달함수 $\dfrac{C}{R} = \dfrac{G}{1 + GH}$

출제예상핵심문제

262 전달함수에 대한 설명으로 틀린 것은?

① 어떤 계의 전달함수는 그 계에 대한 임펄스 응답의 라플라스 변환과 같다.

② 전달함수는 $\dfrac{\text{출력 라플라스 변환}}{\text{입력 라플라스 변환}}$ 으로 정의된다.

③ 전달함수가 s가 될 때 적분요소라 한다.

④ 어떤 계의 전달함수의 분모를 0으로 놓으면 이것이 곧 특성방정식이 된다.

해설 전달함수가 s이면 미분요소이다.

263 다음 사항 중 옳게 표현된 것은?

① 비례요소 전달함수는 $\dfrac{1}{Ts}$ 이다.

② 미분요소 전달함수는 K이다.

③ 적분요소 전달함수는 Ts이다.

④ 1차지연요소 전달함수는 $\dfrac{K}{Ts+1}$ 이다.

해설 기본 전달함수

- 비례요소 전달함수 $G(s) = \dfrac{Y(s)}{X(s)} = K$ (이득상수)

- 미분요소 전달함수 $G(s) = \dfrac{Y(s)}{X(s)} = Ks$

- 적분요소 전달함수 $G(s) = \dfrac{Y(s)}{X(s)} = \dfrac{K}{s}$

264 부동작 시간(dead time) 요소의 전달함수는?

① K　　　　② K/s　　　　③ Ke^{-Ls}　　　　④ Ks

해설 부동작 요소는 출력 y(t), 입력 x(t)라 하면

y(t) = Kx(t − L) 이고 양변 라플라스 변환하면 Y(s) = KX(s)e^{-Ls} 이므로

전달함수는 $G(s) = \dfrac{Y(s)}{X(s)} = Ke^{-Ls}$ 이다.

정답　262.③　263.④　264.③

265 $V_1(s)$을 입력, $V_2(s)$를 출력이라 할 때, 다음 회로의 전달함수는? (단, $C_1 = 1[F]$, $L_1 = 1[H]$ 이다.)

① $\dfrac{s}{s+1}$

② $\dfrac{s^2}{s^2+1}$

③ $\dfrac{1}{s+1}$

④ $1+\dfrac{1}{s}$

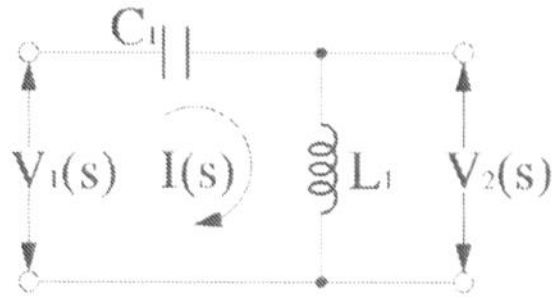

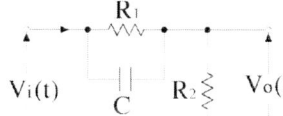

해설 전달함수 $G(s) = \dfrac{V_1(s)}{V_2(s)} = \dfrac{출력\ 임피던스}{전체\ 합성임피던스} = \dfrac{L_1 s}{\dfrac{1}{C_1 s}+L_1 s} = \dfrac{s}{\dfrac{1}{s}+s} = \dfrac{s^2}{s^2+1}$

※ C_1 의 임피던스 : $\dfrac{1}{C_1 s}$, L_1의 임피던스 : $L_1 s$

266 그림과 같은 회로망은 어떤 보상기로 사용할 수 있는가? (단, $1 \ll R_1 C$ 인 경우로 한다.)

① 진상보상기
② 지상보상기
③ 지 · 진상보상기
④ 진 · 지상보상기

해설 진상 보상기로서 출력전압의 위상이 입력 전압의 위상보다 앞서도록 보상해주는 회로이다.

267 다음 회로에서 전압비 전달함수 $\dfrac{V_2(s)}{V_1(s)}$ 는 어떻게 되는가?

① $\dfrac{R_1 + R_2 + R_1 R_2 Cs}{R_2 + R_1 R_2 Cs}$

② $\dfrac{R_1 R_2 Cs + R_2}{R_1 R_2 Cs + R_1 + R_2}$

③ $\dfrac{R_1 Cs + R_2}{R_2 + R_1 R_2 Cs}$

④ $\dfrac{R_1 R_2 Cs}{R_1 R_2 Cs + R_1 + R_2}$

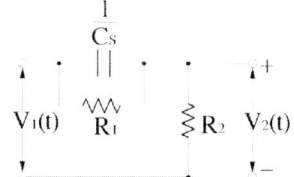

해설 전달함수 $G(s) = \dfrac{R_2}{\dfrac{1}{\dfrac{1}{R_1}+Cs}+R_2} = \dfrac{R_2}{\dfrac{R_1}{1+R_1 Cs}+R_2}$

$= \dfrac{R_2(R_1 Cs+1)}{R_1 + R_2(R_1 Cs+1)} = \dfrac{R_1 R_2 Cs + R_2}{R_1 R_2 Cs + R_1 + R_2}$

268 다음 그림과 같이 저항 R_1과 R_2가 직렬인 회로에 콘덴서 C를 삽입한 회로는?

① 미분 회로

② 적분 회로

③ 가산 회로

④ 미분, 적분 회로

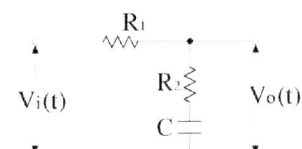

해설 C가 출력 측에 존재하는 경우(R – C직렬회로) : 지상보상, 적분회로

269 그림과 같은 회로의 전달함수는? (단, 초기조건은 0이다.)

① $\dfrac{R_2 + Cs}{R_1 + R_2 + Cs}$

② $\dfrac{R_1 + R_2 + Cs}{R_1 + Cs}$

③ $\dfrac{R_2 Cs + 1}{R_2 Cs + R_1 Cs + 1}$

④ $\dfrac{R_1 Cs + R_2 Cs + 1}{R_2 Cs + 1}$

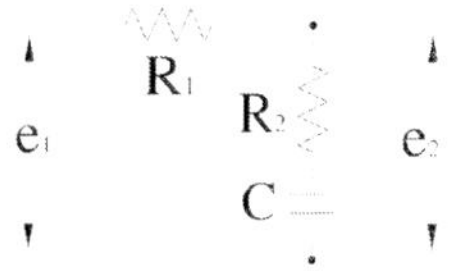

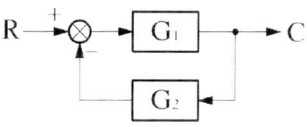

해설 전달함수 $G(s) = \dfrac{E_2(s)}{E_1(s)} = \dfrac{\dfrac{1}{Cs} + R_2}{R_1 + R_2 + \dfrac{1}{Cs}} = \dfrac{R_2 Cs + 1}{R_2 Cs + R_1 Cs + 1}$

CHAPTER
15

270 그림과 같은 피드백 회로의 전달함수는?

① $\dfrac{1}{G_1} + \dfrac{1}{G_2}$

② $\dfrac{G_1}{1 - G_1 G_2}$

③ $\dfrac{G_1}{1 + G_1 G_2}$

④ $\dfrac{G_1 G_2}{1 + G_1 G_2}$

해설 피드백 회로의 전달함수 $G(s) = \dfrac{C}{R} = \dfrac{G_1}{1 + G_1 G_2}$

271 단위 피드백 제어계에서 입력과 출력이 같으면 G(전향 전달 함수)의 값은 얼마인가?

① $|G| = 1$　　　② $|G| = 0$　　　③ $|G| = \infty$　　　④ $|G| = 0.707$

해설 전달함수 $\dfrac{C(s)}{R(s)} = \dfrac{G(s)}{1 + G(s)H(s)} = \dfrac{G(s)}{1 + G(s)} = 1$ 에서

$\dfrac{C(s)}{R(s)} = \dfrac{1}{\dfrac{1}{G(s)} + 1} = 1$ 을 만족하는 $G(s) = \infty$ 이어야 한다

정답　**268.②　269.③　270.③　271.③**

272 $G(s) = \dfrac{s+1}{s^2+3s+2}$ 의 특성방정식의 근의 값은?

① -2, 3 ② 1, 2 ③ -1, -2 ④ 1, -3

해설 특성방정식은 분모가 0이 되는 방정식으로서 이 조건을 만족하는 근을 특성근이라 한다.

특성방정식을 인수분해하면 $s^2 + 3s + 2 = (s+1)(s+2) = 0$ 이므로

특성근 : $P = -1$, -2

273 시간지연 요인을 포함한 어떤 특정계가 다음 미분방정식 $\dfrac{dy(t)}{dt} + y(t) = x(t-T)$ 로 표현된다. x(t)를 입력, y(t)를 출력 할 때 이 계의 전달함수는?

① $\dfrac{e^{-sT}}{s+1}$ ② $\dfrac{s+1}{e^{-sT}}$ ③ $\dfrac{e^{sT}}{s-1}$ ④ $\dfrac{e^{-2sT}}{s+2}$

해설 미분방정식을 양변 라플라스 변환하면 $sY(s) + Y(s) = X(s)e^{-Ts}$

$Y(s)(s+1) = X(s)e^{-Ts}$ → 전달함수 $G(s) = \dfrac{Y(s)}{X(s)} = \dfrac{e^{-sT}}{s+1}$

274 다음 미분 방정식으로 표시되는 계에 대한 전달함수는? (단, x(t)는 입력, y(t)는 출력을 나타낸다.)

$$\frac{d^2y(t)}{dt^2} + 3\frac{dy(t)}{dt} + 2y(t) = x(t) + \frac{dx(t)}{dt}$$

① $\dfrac{s+1}{s^2+3s+2}$ ② $\dfrac{s-1}{s^2+3s+2}$

③ $\dfrac{s+1}{s^2-3s+2}$ ④ $\dfrac{s-1}{s^2-3s+2}$

해설 라플라스 변환하면 $s^2Y(s) + 3sY(s) + 2Y(s) = X(s) + sX(s)$

$(s^2 + 3s + 2)Y(s) = (s+1)X(s)$ 이므로

전달함수 $G(s) = \dfrac{Y(s)}{X(s)} = \dfrac{s+1}{s^2+3s+2}$

275 $\dfrac{E_o(s)}{E_i(s)} = \dfrac{1}{s^2 + 3s + 1}$ 의 전달함수를 미분방정식으로 표시하면?

(단, $\pounds^{-1}\left[E_o(s)\right] = e_o(t)$, $\pounds^{-1}\left[E_i(s)\right] = e_i(t)$ 이다.)

① $\dfrac{d^2}{dt^2}e_o(t) + 3\dfrac{d}{dt}e_o(t) + e_o(t) = e_i(t)$

② $\dfrac{d^2}{dt^2}e_i(t) + 3\dfrac{d}{dt}e_i(t) + e_i(t) = e_o(t)$

③ $\dfrac{d^2}{dt^2}e_i(t) + 3\dfrac{d}{dt}e_i(t) + \displaystyle\int e_i(t)dt = e_o(t)$

④ $\dfrac{d^2}{dt^2}e_o(t) + 3\dfrac{d}{dt}e_o(t) + \displaystyle\int e_o(t)dt = e_i(t)$

해설 전달함수 $\dfrac{E_o(s)}{E_i(s)} = \dfrac{1}{s^2 + 3s + 1}$ 에서 대각선으로 서로 곱해서 같게 놓으면

$(s^2 + 3s + 1)E_o(s) = E_i(s)$ 이 된다.

$s^2 E_o(s) + 3s E_o(s) + E_o(s) = E_i(s)$ 양변 역라플라스 변환하면

$s^2 \to \dfrac{d^2}{dt^2}$, $s \to \dfrac{d}{dt}$, $E_o(s) \to e_o(t)$, $E_i(s) \to e_i(t)$

$s^2 E_o(s) + 3s E_o(s) + E_o(s) = E_i(s) \ \to \ \dfrac{d^2}{dt^2}e_o(t) + 3\dfrac{d}{dt}e_o(t) + e_o(t) = e_i(t)$

정답 **275.①**

전기(산업)기사 시리즈
회로이론

2025년 기출문제

01 $\cos \omega t$의 라플라스 변환은?

① $\dfrac{s}{s^2 + \omega^2}$ ② $\dfrac{\omega}{s^2 + \omega^2}$

③ $\dfrac{s}{s^2 - \omega^2}$ ④ $\dfrac{\omega}{s^2 - \omega^2}$

해설 $\mathcal{L}\,[\cos \omega t = \dfrac{1}{2}(e^{j\omega t} + e^{-j\omega t})] = \dfrac{s}{s^2 + \omega^2}$

02 저항 R, 인덕턴스 L, 정전용량 C의 직렬 회로에서 $\left(\dfrac{R}{2L}\right)^2 - \dfrac{1}{LC} < 0$ 의 조건을 만족할 때 과도 현상은 ?

① 비진동 ② 진동
③ 임계진동 ④ 임계감쇠

해설 R − L − C 직렬회로의 과도현상
- 과제동 (비진동) : $\left(\dfrac{R}{2L}\right)^2 - \dfrac{1}{LC} > 0$
- 임계제동 (비진동) : $\left(\dfrac{R}{2L}\right)^2 - \dfrac{1}{LC} = 0$
- 부족제동(감쇠진동) : $\left(\dfrac{R}{2L}\right)^2 - \dfrac{1}{LC} < 0$

03 그림과 같은 T형 회로에서 4단자 정수 중 $\dot C$ 값은?

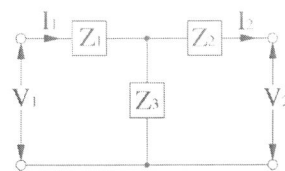

① $1 + \dfrac{Z_1}{Z_3}$ ② $\dfrac{Z_1 Z_2}{Z_3} + Z_2 + Z_1$

③ $\dfrac{1}{Z_3}$ ④ $1 + \dfrac{Z_2}{Z_3}$

해설 T형 회로의 4단자 정수

$A = 1 + \dfrac{Z_1}{Z_3} = \dfrac{Z_1 + Z_3}{Z_3}$

$B = Z_1 + \dfrac{Z_1 Z_2}{Z_3} + Z_3 = \dfrac{Z_1 Z_2 + Z_2 Z_3 + Z_3 Z_1}{Z_3}\,[\Omega]$

$C = \dfrac{1}{Z_3}\,[\mho]$

$D = 1 + \dfrac{Z_2}{Z_3} = \dfrac{Z_2 + Z_3}{Z_3}$

04 제어시스템의 주파수 전달함수가 G(jω) = j5ω이고, 주파수가 ω = 0.02[rad/sec]일 때 이 제어시스템의 이득[dB]은?

① 20 ② 10
③ −10 ④ −20

해설 전달함수 G(jω) = j5ω식에 ω = 0.02[rad/sec]를 대입시키면 G(jω) = j5×0.02 = j0.1
이득 g = 20log₁₀ | G(jω) | = 20log₁₀0.1 = −20[dB]

05 전원과 부하가 다같이 △결선 된 3상 평형회로가 있다. 전원 전압이 400[V], 부하 한 상의 임피던스가 4 + j3[Ω]인 경우 선전류[A]는?

① 80[A] ② $\dfrac{80}{3}$

③ $\dfrac{80}{\sqrt 3}$ ④ $80\sqrt 3$

해설 한상의 임피던스 $Z_P = \sqrt{4^2 + 3^2} = 5[\Omega]$
한상 전류 이므로 $I_P = \dfrac{V_P}{Z_P} = \dfrac{400}{5} = 80[A]$
선전류 $I_l = \sqrt 3 \times I_P = 80\sqrt 3\,[A]$

06 그림과 같은 회로의 구동점 임피던스 Z_{ab}는?

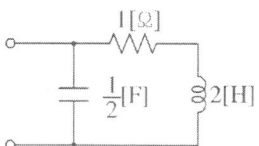

① $\dfrac{2(2s+1)}{2s^2+s+2}$ ② $\dfrac{2s+1}{2s^2+s+2}$

③ $\dfrac{2(2s-1)}{2s^2+s+2}$ ④ $\dfrac{2s^2+s+2}{2(2s+1)}$

해설 구동점 임피던스 계산법

$\dot{Z}_L = j\omega L \;\Rightarrow\; Z_L(s) = sL$

$\dot{Z}_C = \dfrac{1}{j\omega C} \;\Rightarrow\; Z_C(s) = \dfrac{1}{sC}$

$2[\mathrm{H}] \Rightarrow 2s. \quad \dfrac{1}{2}[\mathrm{F}] \Rightarrow \dfrac{2}{s}$

$Z(s) = \dfrac{(2s+1)\times \dfrac{2}{s}}{(2s+1)\times \dfrac{2}{s}} = \dfrac{2(2s+1)}{2s^2+s+2}$

07 회로에서 노드 a와 b 사이에 나타나는 전압[V]은 얼마이겠는가?

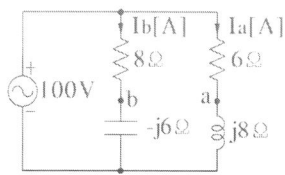

① 20   ② 60

③ 80   ④ 100

해설 $\dot{I}_a = \dfrac{100}{6+j8} = 6-j8[\mathrm{A}]$

$\dot{V}_a = j8 \times \dot{I}_a = j8 \times (6-j8) = 64+j48[\mathrm{V}]$

$\dot{I}_b = \dfrac{100}{8-j6} = 8+j6[\mathrm{A}]$

$\dot{V}_b = -j6 \times \dot{I}_a = -j6 \times (8+j6) = 36-j48[\mathrm{V}]$

$V_{ab} = 64+j48+36-j48 = 100[\mathrm{V}]$

08 RL 직렬회로에 e = 20 + 100sinωt + 40sin(3ωt + 60°) + 40sin5ωt[V]인 전압을 가할 때 제 5고조파 전류의 실효값은 몇 [A]인가? (단, R = 4[Ω], ωL = 1[Ω]이다.)

① 4.4   ② 5.66

③ 6.25   ④ 8.0

해설 제5고조파 임피던스

$\dot{Z}_5 = R + j5\omega L = 4 + j5[\Omega]$

전류 $I_5 = \dfrac{V_5}{Z_5} = \dfrac{\dfrac{40}{\sqrt{2}}}{\sqrt{4^2+5^2}} = 4.4[\mathrm{A}]$

09 전원과 부하가 △결선된 3상 평형회로가 있다. 전원전압이 200[V]이고, 부하 한 상의 임피던스가 $\dot{Z}$ = 5 − j2.4[Ω]일 때 전원과 부하 사이의 선전류 I_a[A]인가?

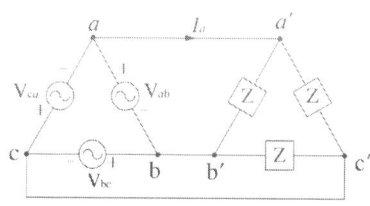

① 62.46 ∠ − 55.64[A]

② 62.46 ∠ 55.64[A]

③ 62.46 ∠ 4.36[A]

④ 62.46 ∠ − 4.36[A]

해설 한상의 임피던스 $\dot{Z}=5-j2.4[\Omega]$ 이므로

상전류

$$\dot{I}_P = \frac{V_{ab}}{\dot{Z}} = \frac{200}{5-j2.4} = 36.0609 \angle 25.64[\text{A}]$$

선선류 $I_l = \sqrt{3}\,I_P \angle (\theta_P - 30°)$

$$= \sqrt{3} \times 36.0609 \angle (25.64° - 30°)$$

$$= 62.46 \angle (-4.36°)[\text{A}]$$

10 전류의 대칭분을 I_0, I_1, I_2 유기기전력을 E_a, E_b, E_c 단자전압의 대칭분을 V_0, V_1, V_2 라 할 때 3상 교류발전기의 기본식 중 정상분 V_1 값은? (단, Z_0, Z_1, Z_2 는 영상, 정상,역상 임피던스이다.)

① $-\dot{Z}_0 \dot{I}_0$　　　② $-\dot{Z}_2 \dot{I}_2$

③ $\dot{E}_a - \dot{Z}_1 \dot{I}_1$　　④ $\dot{E}_b - \dot{Z}_2 \dot{I}_2$

해설 발전기 기본식

영상분과 역상분 $V_0 = V_2 = 0$

정상분 $\dot{V}_1 = \dot{E}_1 - \dot{Z}_1 \dot{I}_1 \Rightarrow \dot{V}_1 = \dot{E}_a - \dot{Z}_1 \dot{I}_1$

11 다음 중 라플라스 변환값과 z 변환 값이 같은 함수는?

① t^2　　　② t

③ u(t)　　　④ δ(t)

해설 임펄스 함수는 라플라스 변환과 z 변환 값이 모두 1이다.

12 전달함수가 $G_C(s) = \dfrac{s^2+3s+5}{2s}$ 인 제어기가 있다. 이 제어기는 어떤 제어기인가?

① 비례 미분 제어기

② 적분 제어기

③ 비례 적분 제어기

④ 비례 적분 미분 제어기

해설 $G_C(s) = \dfrac{s^2+3s+5}{2s} = \dfrac{s}{2} + \dfrac{3}{2} + \dfrac{5}{2s} = \dfrac{3}{2}\left(1 + \dfrac{1}{3}s + \dfrac{5}{s}\right)$

이므로 비례 미분 적분 제어기이다.

13 다음과 같은 상태방정식으로 표현되는 제어계에 대한 설명으로 틀린 것은?

$$x = \begin{bmatrix} 0 & 1 \\ -2 & -3 \end{bmatrix} x + \begin{bmatrix} 1 & 1 \\ 0 & -2 \end{bmatrix} u$$

① 2차 제어계이다.

② x는 (2×1)의 벡터이다.

③ 특성방정식은 (s+1)(s+2)=0이다.

④ 제어계는 부족제동(under damped) 된 상태에 있다.

해설 상태방정식

$$|sI - A| = \left| \begin{pmatrix} s & 0 \\ 0 & s \end{pmatrix} - \begin{pmatrix} 1 & 1 \\ -2 & -3 \end{pmatrix} \right| = \begin{bmatrix} s & -1 \\ 2 & s+3 \end{bmatrix} = 0$$

$$s(s+3) - (-2) = s^2 + 3s + 2 = 0$$

2차 지연제어계 특성방정식

$s^2 + 2\delta\omega_n s + \omega_n^2 = s^2 + 3s + 2 = 0$과

비교하면 $\omega_n = \sqrt{2}$, $2\delta\omega_n = 3$ 이므로

제동비 $\delta = \dfrac{3}{2\sqrt{2}} = 1.06 > 1$ 이므로

과제동 제어계이다.

14 개루프 전달함수 $G(s) = \dfrac{s+2}{(s+1)(s+3)}$ 인 단위 피드백 제어계의 특성방정식은?

① $s^2 + 3s + 2 = 0$ ② $s^2 + 4s + 3 = 0$

③ $s^2 + 4s + 6 = 0$ ④ $s^2 + 5s + 5 = 0$

개루프 함수가 주어지면 특성방정식은 개루프 함수의 분모+ 분자=0이 된다.
즉 $(s+1)(s+3)+(s+2) = s^2 + 5s + 5 = 0$ 이 된다.

15 어느 시퀀스 제어시스템의 내부 상태가 9가지로 바뀐다면 이를 설계할 때 필요한 플립플롭의 최소 개수는 몇 개이겠는가?

① 3 ② 4

③ 5 ④ 9

$2^3 = 8$ 이고 $2^4 = 16$ 이므로 최소 4개가 필요하다.

16 블록선도 변환이 틀린 것은?

① X_1 ─► G ─► X_3 X_1 ─► G ─► X_3
          X_2 G ─► X_3

② X_1 ─► G ─► X_2 X_1 ─► G ─► X_2
          X_2 X_2 ─► G

③ X_1 ─► G ─► X_2 X_1 ─► G ─► X_2
          X_1 $\frac{1}{G}$ ─►

④ X_1 ─► G ─► X_3 X_1 ─► G ─► X_3
          X_2 G ─► X_2

해설 ④번 그림을 보면
블록선도의 변환 전 출력 $X_3 = X_1 G + X_2$
블록선도의 변환 후 출력 $X_3 = X_1 G + X_2 G^2$
변환된 값의 출력이 다르므로 ④번이 틀린 그림이다.

17 다음과 같은 시스템에 단위계단입력 신호가 가해졌을 때 지연시간에 가장 가까운 값[sec]은?

$$\frac{C(s)}{R(s)} = \frac{1}{s+1}$$

① 0.5 ② 0.7

③ 0.9 ④ 1.2

해설 단위계단응답(인디셜 응답) : 정상값이 1이며
입력 $R(s) = \dfrac{1}{s}$ 이므로
출력 $C(s) = \dfrac{1}{s(s+1)} = \dfrac{1}{s} - \dfrac{1}{s+1}$
C(s)를 역라플라스 변환하면 단위계단응답
$c(t) = 1 - e^{-t}$
지연시간(T_d)은 정상값의 50%에 도달하는 값이므로 $c(t) = 1 - e^{-T_d} = 0.5$
$e^{-T_d} = 1 - 0.5 = 0.5$에서 양변 $\log_e$를 취하면
$-T_d = \log_e 0.5 = -0.7$ 이므로 $T_d = 0.7$

18 개루프 전달함수가

$$G(s)H(s) = \frac{K}{s(s+3)(s+4)}$$ 인

제어시스템의 근궤적이 jω(허수)축과 교차할 때의 주파수 [rad/sec]는 얼마인가?

① 48 ② 84

③ 12 ④ 30

해설 특성방정식 $s(s+3)(s+4)+K=0$

순차적으로 정리하면

$$s^3+7s^2+12s+K=0$$

허수축과 교차할 조건은 임계안정조건이므로 루스표를 작성하여 한 행의 세수를 모두 0이 되는 조건을 만족하면 되므로

s3	1	12
s2	7	K
s1	$\dfrac{7\times12-(1\times K)}{7}=0$	0
s0	K	

허수축과 교차할 조건은 임계안정조건이므로 84 − K = 0 이 된다.

그러므로 K = 84 이다.

---

19 $\dot{A}=\begin{bmatrix} 3 & 1 \\ 1 & 3 \end{bmatrix}$ 라면 A의 고유값은?

① 1, 8   ② 2, 4

③ 2, −8   ④ 2, −5

해설 계수행렬 $\dot{A}=\begin{bmatrix} 3 & 1 \\ 1 & 3 \end{bmatrix}$ 에서 상태방정식은

$|sI-A|=0$ 이므로

$$\left|\begin{bmatrix} s & 0 \\ 0 & s \end{bmatrix}-\begin{bmatrix} 3 & 1 \\ 1 & 3 \end{bmatrix}\right|=0 \rightarrow \begin{vmatrix} s-3 & -1 \\ -1 & s-3 \end{vmatrix}=0$$

$$(s-3)(s-3)-(1\times1)=0$$

$$s^2-6s+9-1=s^2-6s+8=(s-2)(s-4)$$

= 0이므로 특성근(고유값)은 $s=2,\ 4$ 이다.

---

20 $G(j\omega)=\dfrac{K}{(1+2j\omega)(1+j\omega)}$ 의 이득 여유가 20[dB]일 때 K 의 값은?

① 0   ② $\dfrac{1}{10}$ ③ 10   ④ 1

해설 개루프 전달함수

$$GH(j\omega)=\dfrac{K}{(1+j2\omega)(1+j\omega)}$$ 에서

이득 여유는 $g_m=20[\text{dB}]$ 이므로

절대값은

$$|GH(j\omega)|=\dfrac{K}{(1+j2\omega)(1+j\omega)}\bigg|_{\omega=0}=K$$

이다.

이득 여유 $g_m=20\log_{10}\dfrac{1}{K}=20\log_{10}10[\text{dB}]$

과 같아야 하므로 $\dfrac{1}{K}=10$ 이므로 $K=\dfrac{1}{10}$

01 부하가 Δ결선되어 있다. 회로에서 a상의 컨덕턴스가 0.3[℧], b상의 유도성 서셉턴스가 0.3[℧], c상의 컨덕턴스가 0.3[℧]일 때 이 부하의 영상 어드미턴스[℧]는?

① $0.3 + j0.1$
② $0.2 - j0.1$
③ $0.6 - j0.3$
④ $0.6 + j0.3$

[해설] 영상 어드미턴스 $\dot{Y}_o = \frac{1}{3}(\dot{Y}_a + \dot{Y}_b + \dot{Y}_c)$

$\dot{Y}_o = \frac{1}{3}(0.3 - j0.3 + 0.3) = 0.2 - j0.1[℧]$

02 상의 순서가 a-b-c인 불평형 3상 교류회로에서 각 상의 전류가 $I_a = 7.28\angle15.95°[A]$, $I_b = 12.81\angle-128.66°[A]$, $I_c = 7.21\angle123.69°[A]$일 때 역상분 $I_2[A]$)을 구하시오.

① $8.91\angle-1.14°$
② $8.95\angle1.14°$
③ $2.51\angle-96.55°$
④ $2.51\angle96.55°$

[해설] 역상분 전류 $\dot{I}_2 = \frac{1}{3}(\dot{I}_a + a^2\dot{I}_b + a\dot{I}_c)$

$= \frac{1}{3}[(7.28\angle15.95°) + (1\angle240°)$

$\times(12.81\angle-128.66°)$

$+ (1\angle120°)\times(7.21\angle123.69°)]$

$= 2.51\angle96.55°[A]$

03 다음과 같은 비정현파 기전력 및 전류에 의한 평균전력을 구하면 몇 [W]인가?

$e = 100\sin\omega t - 50\sin(3\omega t + 30°)$
$\quad + 20\sin(5\omega t + 45°)[V]$

$i = 20\sin\omega t + 10\sin(3\omega t - 30°)$
$\quad + 5\sin(5\omega t - 45°)[A]$

① 825
② 875
③ 925
④ 1175

[해설] 소비전력

$P = VI\cos\theta = \frac{V_m}{\sqrt{2}} \times \frac{I_m}{\sqrt{2}} \times \cos\theta = \frac{1}{2}V_m I_m \cos\theta$

$= \frac{1}{2} \times 200 \times 20 - \frac{1}{2} \times 50 \times 10 \times \cos60°$

$+ \frac{1}{2} \times 20 \times 5 \times \cos90°$

$= 1000 - 125 + 0 = 875[W]$

04 단위 길이당 인덕턴스 및 커패시턴스가 각각 L 및 C일 때 전송선로의 특성 임피던스[Ω]는?(단, 전송선로는 무손실 선로이다.)

① $\sqrt{\dfrac{L}{C}}$
② $\sqrt{\dfrac{C}{L}}$
③ $\dfrac{L}{C}$
④ $\dfrac{C}{L}$

[해설] 특성임피던스

$Z_o = \sqrt{\dfrac{L}{C}}[\Omega]$

05 다음의 회로에 $\dot{I}_1 = 2\,e^{-j\frac{\pi}{6}}[A]$,

$\dot{I}_2 = 5\,e^{j\frac{\pi}{6}}[A]$, $I_3 = 5.0[A]$, $Z_3 = 1.0[\Omega]$일 때 부하 (Z_1, Z_2, Z_3) 전체에 대한 복소전력은 약 몇 [VA]인가?

① 55.3 – j7.5　　② 55.3 + j7.5

③ 45 – j26　　④ 45 + j26

해설

$$\dot{I_1}=2e^{-j\frac{\pi}{6}}=2\left(\cos\frac{\pi}{6}-j\sin\frac{\pi}{6}\right)=\sqrt{3}-j\,[\text{A}]$$

$$\dot{I_2}=5e^{j\frac{\pi}{6}}=5\left(\cos\frac{\pi}{6}+j\sin\frac{\pi}{6}\right)=2.5\sqrt{3}+j2.5\,[\text{A}]$$

$\dot{I_3}=5[\text{A}]$ 이므로

전원전압 $V=I_3\times Z_3=5\times1.0=5[\text{V}]$

전체 전류

$$\dot{I}=\dot{I_1}+\dot{I_2}+\dot{I_3}=\sqrt{3}-j+2.5\sqrt{3}+j2.5+5.0$$
$$=11.06+j1.5[\text{A}]$$

복소전력

$$\dot{P_a}=V\overline{I}=5(11.06-j1.5)=55.3-j7.5[\text{VA}]$$

06 공간적으로 서로 $\dfrac{2\pi}{n}$(rad)의 각도를 두

고 배치한 n개의 코일에 대칭 n상 교류
를 흘리면 그 중심에 생기는 회전자계의
모양은? 14-1, 18-1, 24-2

① 원형 회전자계

② 타원형 회전자계

③ 원통형 회전자계

④ 원추형 회전자계

해설 대칭이므로 원형 회전자계가 발생한다.

07 회로에서 6[Ω]에 흐르는 전류[A]는 ?

① 2.5

② 5

③ 7.5

④ 10

해설 등가회로로 변환하면 아래 그림과 같고

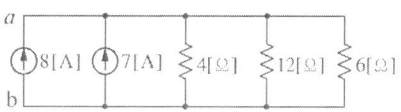

8[A]와 7[A]전류원 방향이 같으므로 하나
의 전원 15[A]로 해석해도 된다. 그러므로
6[Ω]에 흐르는 전류는 다음과 같다.

$$I=\frac{\dfrac{1}{6}}{\dfrac{1}{4}+\dfrac{1}{12}+\dfrac{1}{6}}\times15=5[\text{A}]$$

08 불평형 3상 전류가 각각 $\dot{I_a}=25+j4[\text{A}]$,

$\dot{I_b}=-18-j16[\text{A}]$, $\dot{I_c}=7+j15[\text{A}]$ 일 때
영상전류 $I_0(\text{A})$ 는?

① 2.67 + j　　② 2.67 + j2

③ 4.67 + j　　④ 4.67 + j2

해설 영상전류 $\dot{I_o}=\dfrac{1}{3}(\dot{I_a}+\dot{I_b}+\dot{I_c})$

$$=\frac{1}{3}(25+j4-18-j16+7+j15)$$
$$=4.67+j[\text{A}]$$

09 R–L 직렬회로에 e=20+100sinωt+

40sin(3ωt+60°)+40sin5ωt[V]인 전압을
가할 때 제 5고조파 전류의 실효값은 몇
[A]인가? (단, R=4[Ω], ωL=1[Ω]이다.)

① 4.4　　② 5.66

③ 6.25　　④ 8.0

해설 제5고조파 임피던스

$$\dot{Z_5}=R+j5\omega L=4+j5[\Omega]$$

전류 $I_5=\dfrac{V_5}{Z_5}=\dfrac{\dfrac{40}{\sqrt{2}}}{\sqrt{4^2+5^2}}=4.4[\text{A}]$

10 그림과 같이 3상 평형의 순저항 부하에 단상 전력계를 그림과 같이 연결하였을 때 전력계가 W[W]를 지시하였다. 이 3상 부하에서 소모하는 전체 전력[W]은?

① 2W
② 3W
③ $\sqrt{2}\,W$
④ $\sqrt{3}\,W$

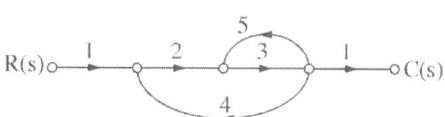

해설 2전력계법에 의한 3상 전력
$$P = W + W = 2W[\text{W}]$$

11 $f(t) = \mathcal{L}^{-1}\left[\dfrac{s^2 + 3s + 2}{s^2 + 2s + 5}\right]$ 는 ?

① $\delta(t) + e^{-t}(\cos 2t - \sin 2t)$
② $\delta(t) + e^{-t}(\cos 2t + 2\sin 2t)$
③ $\delta(t) + e^{-t}(\cos 2t - 2\sin 2t)$
④ $\delta(t) + e^{-t}(\cos 2t - \sin 2t)$

해설
$$F(s) = \frac{s^2 + 3s + 2}{s^2 + 2s + 5} = \frac{s^2 + 2s + 5 + s - 3}{s^2 + 2s + 5}$$
$$= 1 + \frac{s - 3}{s^2 + 2s + 5} = 1 + \frac{s + 1 - 4}{(s+1)^2 + 2^2}$$
$$= 1 + \frac{s + 1}{(s+1)^2 + 2^2} - 2 \times \frac{2}{(s+1)^2 + 2^2}$$
$$f(t) = \mathcal{L}^{-1}\left[1 + \frac{s + 1}{(s+1)^2 + 2^2} - 2 \times \frac{2}{(s+1)^2 + 2^2}\right]$$
$$= \delta(t) + e^{-t}\cos 2t - 2e^{-t}\sin 2t$$
$$= \delta(t) + e^{-t}(\cos 2t - 2\sin 2t)$$

12 그림과 같은 신호흐름선도에서 $\dfrac{C(s)}{R(s)}$ 는?

R(s) ○—1—○—2—○ 5 / 3 / 1 —○ C(s)
4

① $-\dfrac{6}{38}$
② $\dfrac{6}{38}$
③ $-\dfrac{6}{41}$
④ $\dfrac{6}{41}$

해설 전달함수
$$\frac{C(s)}{R(s)} = \frac{1 \times 2 \times 3 \times 1}{1 - 3 \times 5 - 2 \times 3 \times 4} = -\frac{6}{38}$$

13 전달함수 $\dfrac{C(s)}{R(s)} = \dfrac{1}{3s^2 + 4s + 1}$ 인 제어계는 다음 중 어느 경우인가?

① 과제동
② 부족제동
③ 임계제동
④ 무제동

해설
$$G(s) = \frac{\frac{1}{3} \times 1}{\frac{1}{3}(3s^2 + 4s + 1)} = \frac{\frac{1}{3}}{s^2 + \frac{4}{3}s + \frac{1}{3}}$$

$\omega_n = \dfrac{1}{\sqrt{3}}$ 이고 $2\delta\omega_n = \dfrac{4}{3}$ 이므로

$\delta = \dfrac{4\sqrt{3}}{3 \times 2} = 1.15$ 가 되어 과제동이다.

14 그림과 같은 R−L−C 회로에서 입력전압 $e_i(t)$, 출력 전류가 $i(t)$인 경우 이 회로의 전달함수 $I(s)/E_i(s)$는? (단, 모든 초기조건은 0이다.)

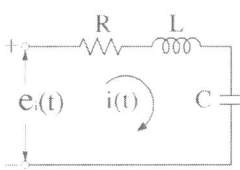

① $\dfrac{Cs}{RCs^2 + LCs + 1}$

② $\dfrac{1}{RCs^2 + LCs + 1}$

③ $\dfrac{Cs}{LCs^2 + RCs + 1}$

④ $\dfrac{1}{LCs^2 + RCs + 1}$

해설 문제에서 입력이 전압, 출력이 전류이므로

전달함수 $G(s) = \dfrac{출력}{입력} = \dfrac{I(s)}{E_i(s)} = \dfrac{1}{Z}$

$= \dfrac{1}{R + Ls + \dfrac{1}{Cs}} = \dfrac{Cs}{LCs^2 + RCs + 1}$

15 개루프 전달함수 $G(s)H(s) = \dfrac{K}{s^2(s+1)^2}$ 에서 근궤적의 수는?

① 4   ② 2

③ 1   ④ 0

해설 근궤적 수는 극점수가 4개이므로 극점수와 같은 4개이다.

16 단위계단함수의 라플라스 변환과 z변환 함수는?

① $\dfrac{1}{s}$, $\dfrac{1}{z-1}$ ② $\dfrac{1}{s}$, $\dfrac{z}{z-1}$

③ $\dfrac{1}{s}$, $\dfrac{z-1}{z}$ ④ s, $\dfrac{z-1}{z}$

해설 단위계단함수 $f(t) = u(t) = 1$

라플라스 변환 $F(s) = \dfrac{1}{s}$

z변환 $F(z) = \dfrac{z}{z-1}$

17 그림의 회로에서 t = 0[sec]에 스위치(S)를 닫은 후 t = 1[sec] 일 때 이 회로에 흐르는 전류는 약 몇 [A]인가 ?

① 2.52

② 3.16

③ 4.21

④ 6.32

해설 정상전류 $I = \dfrac{E}{R} = \dfrac{20}{5} = 4[\text{A}]$

시정수 $T = \dfrac{L}{R} = \dfrac{5}{5} = 1[\sec]$ 이고

정상전류의 0.632배에 도달하는 시간이므로 $t = 1[\sec]$ 에서의 전류는

$I_{t=1} = 0.632 \times I_s = 0.632 \times 4 = 2.52[\text{A}]$

18 다음과 같은 상태방정식으로 표현되는 제어시스템의 특성방정식의 근(s_1, s_2)은?

$$\begin{bmatrix} \dot{x_1} \\ \dot{x_2} \end{bmatrix} = \begin{bmatrix} 0 & 1 \\ -2 & -3 \end{bmatrix} \begin{bmatrix} x_1 \\ x_2 \end{bmatrix} + \begin{bmatrix} 1 \\ 0 \end{bmatrix} u$$

① 1, -3 ② -1, -2

③ -2, -3 ④ -1, -3

해설 상태방정식은 $|sI - A| = 0$ 이므로

$$|sI - A| = \left| \begin{bmatrix} s & 0 \\ 0 & s \end{bmatrix} - \begin{bmatrix} 0 & 1 \\ -2 & -3 \end{bmatrix} \right|$$

$$= \left| \begin{bmatrix} s & -1 \\ 2 & s+3 \end{bmatrix} \right| = s(s+3) - (-1) \times 2$$

$$= s^2 + 3s + 2 = (s+1)(s+2) = 0 \text{ 이므로}$$

s_1, $s_2 = -1$, -2 가 된다.

19 제어시스템의 전달함수가

$T(s) = \dfrac{1}{4s^2 + s + 1}$ 과 같이 표현될 때

이 시스템의 고유주파수 ω_n(rad/s)과 감쇠율(ζ)은 ?

① $\omega_n = 0.25$, $\zeta = 1.0$

② $\omega_n = 0.5$, $\zeta = 0.25$

③ $\omega_n = 0.5$, $\zeta = 0.5$

④ $\omega_n = 1.0$, $\zeta = 0.5$

해설 2차 지연제어계의 전달함수의 전달함수

$$T(s) = \frac{1}{4s^2 + s + 1} = \frac{\frac{1}{4}}{s^2 + \frac{1}{4}s + \frac{1}{4}}$$

$$= \frac{\omega_n^{\,2}}{s^2 + 2\zeta\omega_n s + \omega_n^{\,2}}$$

고유주파수 $\omega_n^{\,2} = \dfrac{1}{4}$ 이므로 $\omega_n = \dfrac{1}{2} = 0.5$

$2\zeta\omega_n = 2\zeta \times \dfrac{1}{2} = \dfrac{1}{4}$ 이므로

감쇠율 $\zeta = \dfrac{1}{4} = 0.25$

20 특성방정식 중 안정될 필요조건을 갖춘 것은?

① $s^4 + 3s^2 + 10s + 10 = 0$

② $s^3 + s^2 - 5s + 10 = 0$

③ $s^3 + 2s^2 + 4s - 1 = 0$

④ $s^3 + 9s^2 + 20s + 12 = 0$

해설 특성방정식을 이용한 루스의 안정도 조건
- s의 모든 차수가 존재할 것
- s의 모든 차수의 계수 부호가 같을 것
- 루스표 제1열 계수의 부호가 변하지 않을 것

(제1열의 부호변화수 : 복소평면의 우반부 근의 수)

① : s^3이 빠졌으므로 임계안정

②, ③ : s의 계수가 (−)이므로 우반부 근이 존재하여 불안정이다.

01 어떤 시스템을 표시하는 미분방정식이
$$2\frac{d^2y(t)}{dt^2}+3\frac{dy(t)}{dt}+4y(t)=\frac{dx(t)}{dt}+3x(t)$$
인 경우 x(t)를 입력, y(t)를 출력이라면 이 시스템의 전달함수는? (단, 모든 초기조건은 0 이다.)

① $G(s)=\dfrac{s+3}{2s^2+3s+4}$

② $G(s)=\dfrac{s-3}{2s^2-3s+4}$

③ $G(s)=\dfrac{s+3}{2s^2+3s-4}$

④ $G(s)=\dfrac{s-3}{2s^2-3s-4}$

해설 미분식을 라플라스 변환하면
$$2s^2Y(s)+3sY(s)+4Y(s)=sX(s)+3X(s)$$
$$Y(s)(2s^2+3s+4)=X(s)(s+3)$$
그러므로 전달함수 $\dfrac{Y(s)}{X(s)}=\dfrac{s+3}{2s^2+3s+4}$

02 전달함수가 $G_C(s)=\dfrac{s^2+3s+5}{2s}$ 인 제어기가 있다. 이 제어기는 어떤 제어기인가?

① 비례 미분 제어기

② 적분 제어기

③ 비례 적분 제어기

④ 비례 적분 미분 제어기

해설 $G_C(s)=\dfrac{s^2+3s+5}{2s}=\dfrac{s}{2}+\dfrac{3}{2}+\dfrac{5}{2s}$
$$=\dfrac{3}{2}\left(1+\dfrac{1}{3}s+\dfrac{5}{s}\right)$$ 이므로
비례 미분 적분 제어기이다.

03 블록선도의 전달함수 $\dfrac{C(s)}{R(s)}$ 는 ?

① $\dfrac{G_1}{1-G_2+G_1G_2}$

② $\dfrac{G_1}{1+G_2-G_1G_2}$

③ $\dfrac{G_1}{1-G_2-G_1G_2}$

④ $\dfrac{G_2}{1+G_2-G_1G_2}$

해설 $\dfrac{C(s)}{R(s)}=\dfrac{G_1}{1+G_2-G_1G_2}$

04 전달함수가 $\dfrac{C(s)}{R(s)}=\dfrac{25}{s^2+6s+25}$ 인 2차 제어시스템의 감쇠 진동 주파수(ω_d)는 몇 rad/sec인가?

① 3

② 4

③ 5

④ 6

해설 전달함수
$$\frac{C(s)}{R(s)}=\frac{25}{s^2+6s+25}=\frac{5^2}{s^2+6s+5^2}$$ 는
2차 지연제어계의 기본전달함수
$$G(s)=\frac{\omega_n^2}{s^2+2\delta\omega_n s+\omega_n^2}$$ 와 같아야하므로
고유진동각주파수 ω_n = 5[rad/sec]가 된다.
(ω_n : 고유 진동 각주파수, δ : 제동비)
$2\delta\omega_n$ = 6이므로 $\delta=\dfrac{6}{2\times 5}=0.6$

• $\omega_d=\omega_n\sqrt{1-\delta^2}=5\sqrt{1-0.6^2}=5\times 0.8=4$

※별해 : 감쇠진동주파수는 특성근의 허수부이므로 근의 공식을 이용하여 계산하면 더 쉽게 풀수 있다.

정답 01.① 02.④ 03.② 04.②

$s^2 + 6s + 25 = 0$ 을 만족하는 특성근

$$P_1, \ P_2 = \frac{-6 \pm \sqrt{6^2 - 4 \times 1 \times 25}}{2 \times 1}$$

$$= \frac{-6 \pm \sqrt{-64}}{2} = -3 \pm j4$$

(허수부의 크기 4가 정답)

05 $G(s)H(s) = \dfrac{K}{s(s+4)(s+5)}$ 의 K $\geqq$ 0

에서의 분지 점은?

① -1.47 　　② 1.47

③ -4.53 　　④ 4.53

해설 특성 방정식 $F(s) = 1 + G(s)H(s) = 0$

이므로 $1 + \dfrac{K}{s(s+4)(s+5)} = 0$ 에서

$s(s+4)(s+5) + K = 0$

따라서 K에 대해 정리하면

$K = -s^3 - 9s^2 - 20s$ 이므로

$\dfrac{dK}{ds} = -3s^2 - 18s - 20 = 0$ 에서

분지점 $s_1 = -1.47$, $s_2 = -4.53$

그런데 근궤적의 범위가 0에서 -4, -5에서

$-\infty$까지 이므로 분지점은 -1.47이다.

06 단위궤환 제어시스템의 전향경로 전달

함수가 $G(s) = \dfrac{K}{s(s^2 + 5s + 4)}$ 일 때, 이

시스템이 안정하기 위한 K의 범위는?

① $K < -20$ 　　② $-20 < K < 0$

③ $0 < K < 20$ 　　④ $20 < K$

해설 주어진 식은 전향경로전달함수이므로 폐루프 전달함수의 특성방정식은 다음과 같으며

$s(s^2 + 5s + 4) + K = s^3 + 5s^2 + 4s + K = 0$

루스표를 작성하면 다음과 같다.

s^3	1	4
s^2	5	K
s	$\dfrac{5 \times 4 - 1 \times K}{5} = \dfrac{20 - K}{5}$	
s^0	K	

제1열의 부호가 모두 변화가 없어야 하므로

$\dfrac{20 - K}{5} > 0$ 을 만족하는 조건 20 > K

K > 0 이므로 공통조건은 0 < K < 20 이

된다.

07 시스템행렬 A가 다음과 같을 때 상태천

이행렬을 구하면?

$$A \begin{bmatrix} 0 & 1 \\ -2 & -3 \end{bmatrix}$$

① $\begin{bmatrix} 2e^t - e^{2t} & -e^t + e^{2t} \\ 2e^t - 2e^{2t} & -e^t - 2e^{2t} \end{bmatrix}$

② $\begin{bmatrix} 2e^{-t} - e^{-2t} & e^{-t} - e^{-2t} \\ -2e^{-t} + 2e^{-2t} & -e^{-t} - 2e^{-2t} \end{bmatrix}$

③ $\begin{bmatrix} 2e^{-t} - e^{-2t} & -e^{-t} + e^{-2t} \\ 2e^{-t} - 2e^{-2t} & -e^{-t} - 2e^{-2t} \end{bmatrix}$

④ $\begin{bmatrix} 2e^{-t} - e^{-2t} & e^{-t} - e^{-2t} \\ -2e^{-t} + 2e^{-2t} & -e^{-t} + 2e^{-2t} \end{bmatrix}$

해설 상태 천이행렬 $\phi(t) = \pounds^{-1}|sI - A|^{-1}$

$|sI - A| = \left| \begin{bmatrix} s & 0 \\ 0 & s \end{bmatrix} - \begin{bmatrix} 1 & 1 \\ -2 & -3 \end{bmatrix} \right| = \begin{bmatrix} s & -1 \\ 2 & s+3 \end{bmatrix}$

$|sI - A|^{-1} = \dfrac{1}{s^2 + 3s + 2} \begin{bmatrix} s+3 & 1 \\ -2 & s \end{bmatrix}$

$= \begin{bmatrix} \dfrac{s+3}{(s+1)(s+2)} & \dfrac{1}{(s+1)(s+2)} \\ \dfrac{-2}{(s+1)(s+2)} & \dfrac{s}{(s+1)(s+2)} \end{bmatrix}$

$$\phi_{11} = \frac{s+3}{(s+1)(s+2)} = \frac{2}{s+1} - \frac{1}{s+2} \xrightarrow{\mathcal{L}^{-1}} 2e^{-t} - e^{-2t}$$

$$\phi_{12} = \frac{1}{(s+1)(s+2)} = \frac{1}{s+1} - \frac{1}{s+2} \xrightarrow{\mathcal{L}^{-1}} e^{-t} - e^{-2t}$$

$$\phi_{21} = \frac{-2}{(s+1)(s+2)} = -2\left(\frac{1}{s+1} - \frac{1}{s+2}\right) \xrightarrow{\mathcal{L}^{-1}} -2e^{-t} + 2e^{-2t}$$

$$\phi_{22} = \frac{s}{(s+1)(s+2)} = -\frac{1}{s+1} + \frac{2}{s+2} \xrightarrow{\mathcal{L}^{-1}} -e^{-t} + 2e^{-2t}$$

$$= \mathcal{L}^{-1}|sI-A|^{-1}$$

$$\phi(t) = \begin{bmatrix} 2e^{-t} - e^{-2t} & e^{-t} - e^{-2t} \\ -2e^{-t} + 2e^{-2t} & -e^{-t} + 2e^{-2t} \end{bmatrix}$$

08 제어량의 종류에 따른 분류가 아닌 것은?

① 자동조정 ② 서보기구
③ 적응제어 ④ 프로세스제어

해설 제어계의 종류
제어량 성질에 의한 분류 : 프로세스 제어,
서보기구, 자동조정
목표값 성질에 의한 분류 : 정치제어, 추치
제어, 프로그램 제어

09 z변환법을 사용한 샘플치 제어계가 안정되려면 1+G(z)H(z)=0의 근의 위치는?

① z평면의 좌반면에 존재하여야 한다.
② z평면의 우반면에 존재하여야 한다.
③ |z| = 1인 단위원 안쪽에 존재하여야 한다.
④ |z| = 1인 단위원 바깥쪽에 존재하여야 한다.

해설 z과 s관계식 z=e^{Ts}이므로 $s = \frac{1}{T}\ln z$
s평면 좌반부(안정구간)는 z평면의 단위원 내부에 사상된다.

10 다음과 같은 전류의 초기값 $i(0_+)$를 구하시오.

$$I(s) = \frac{12}{2s(s+6)}$$

① 0 ② 1
③ 2 ④ 6

해설 초기값 정리 $i(0_+) = \lim_{s \to \infty} sI(s)$

$$i(0_+) = \lim_{s \to \infty} s\frac{12}{2s(s+6)} = \lim_{s \to \infty}\frac{12}{2(\infty+6)} = 0$$

11 R − L 직렬회로에 직류전압 5[V]를 t = 0에서 인가하였더니

$$i(t) = 50(1 - e^{-20 \times 10^{-3}t})[mA](t \geq)$$

이었다. 이 회로의 저항을 처음 값의 2배로 하면 시정수는 얼마가 되겠는가?

① 10[msec] ② 40[msec]
③ 5[sec] ④ 25[sec]

해설 R − L 직렬 회로의 과도 전류

$$i(t) = \frac{E}{R}\left(1 - e^{-\frac{R}{L}t}\right) = 50(1 - e^{-20 \times 10^{-3}t})[mA]$$

에서 $\frac{R}{L} = 20 \times 10^{-3}$ 이므로 저항이 2배이면

$$\frac{2R}{L} = 2 \times 20 \times 10^{-3} = 40 \times 10^{-3}$$

시정수 $\tau = \frac{L}{2R} = \frac{1}{40 \times 10^{-3}} = 25[sec]$

12 2개의 전력계로 평형 3상 부하의 전력을 측정하였더니 한쪽의 지시가 다른 쪽 전력계 지시의 3배였다면 부하의 역률은 약 얼마인가?

① 0.46   ② 0.56

③ 0.65   ④ 0.76

해설 2전력계법에 의한 역률

$$\cos\theta = \frac{P_1 + P_2}{2\sqrt{P_1^2 + P_2^2 - P_1 P_2}}$$

$P_1 = 1$, $P_2 = 3$ 이라 하면 역률은 다음과 같다.

$$\cos\theta = \frac{1+3}{2\sqrt{1^2 + 3^2 - 1 \times 3}} = \frac{4}{2\sqrt{7}} = 0.76$$

13 전원의 내부 임피던스가 순저항 R과 리액턴스 X로 구성되고 외부에 부하저항 R_L을 연결하여 최대전력을 전달하려면 R_L의 값은?

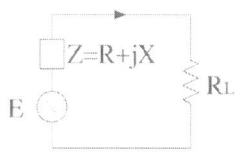

① $R_L = \sqrt{R^2 + X^2}$

② $R_L = \sqrt{R^2 - X^2}$

③ $R_L = R$

④ $R_L = R + X$

해설 최대전력전달조건

부하=내부임피던스 $R_L = \sqrt{R^2 + X^2}$

14 그림과 같은 회로에서 스위치 S를 닫았을 때, 과도분을 포함하지 않기 위한 R[Ω]은?

① 100
② 200
③ 300
④ 400

E — S, R, R, 0.9[H], $=10[\mu F]$

해설 정저항 회로 공칭임피던스

$$R = \sqrt{\frac{L}{C}}\,[\Omega]$$

$$R = \sqrt{\frac{0.9}{101 \times 10^{-6}}} = 300\,[\Omega]$$

15 3상 불평형 전압에서 역상전압이 35[V]이고 정상전압이 100[V], 영상 전압이 10[V]라 할 때, 전압의 불평형률은?

① 0.10   ② 0.25

③ 0.35   ④ 0.45

해설 불평형률 $= \dfrac{\text{역상분}}{\text{정상분}} = \dfrac{35}{100} = 0.35$

16 $s^3 + 11s^2 + 2s + 40 = 0$ 에는 양의 실수부를 갖는 근은 몇 개 있는가?

① 0   ② 1   ③ 2   ④ 3

해설

s^3	1	2
s^2	11	40
s^1	$\dfrac{11 \times 2 - 1 \times 40}{11} = -\dfrac{18}{11}$	0
s^0	40	
	제1열	

루스표를 작성하면 제1열의 부호가 2번 변화했으므로 우반부 근이 2개이다.

17 다음의 회로에 $\dot{I_1} = 2\,e^{-j\frac{\pi}{6}}$ [A],

$\dot{I_2} = 5\,e^{j\frac{\pi}{6}}$ [A], $I_3 = 5.0$[A],

$Z_3 = 1.0[\Omega]$ 일 때 부하 (Z_1, Z_2, Z_3) 전체에 대한 복소 전력은 약 몇 [VA]인가?

① $55.3 - j7.5$

② $55.3 + j7.5$

③ $45 - j26$

④ $45 + j26$

해설 전체 전류 $\dot{I} = \dot{I_1} + \dot{I_2} + \dot{I_3}$

$\dot{I_1} = 2e^{-j\frac{\pi}{6}} = 2\left(\cos\frac{\pi}{6} - j\sin\frac{\pi}{6}\right) = \sqrt{3} - j$ [A]

$\dot{I_2} = 5e^{j\frac{\pi}{6}} = 5\left(\cos\frac{\pi}{6} + j\sin\frac{\pi}{6}\right)$

$\quad = 2.5\sqrt{3} + j2.5$ [A]

$\dot{I_3} = 5$[A] 이므로

전원전압 $V = I_3 \times Z_3 = 5 \times 1.0 = 5$[V]

$\dot{I} = \sqrt{3} - j + 2.5\sqrt{3} + j2.5 + 5.0$

$\quad = 11.06 + j1.5$[A]

복소전력

$\dot{P_a} = V\overline{\dot{I}} = 5(11.06 - j1.5) = 55.3 - j7.5$[VA]

18 전송선로가 무손실일 때, L = 96[mH], C = 0.6[μF] 이면 특성 임피던스 [Ω]는?

① 400 ② 500

③ 600 ④ 700

해설 특성임피던스

$Z_0 = \sqrt{\dfrac{L}{C}} = \sqrt{\dfrac{96 \times 10^{-3}}{0.6 \times 10^{-6}}} = 400[\Omega]$

19 다음과 같은 회로에서 a, b 양단의 전압은 몇 [V]인가?

① 1

② 2

③ 2.5

④ 3.5

해설 $V_{ab} = \dfrac{2}{1+2} \times 6 - \dfrac{2}{4+2} \times 6 = 4 - 2 = 2$[V]

20 그림과 같은 회로의 구동점 임피던스 [Ω]는?

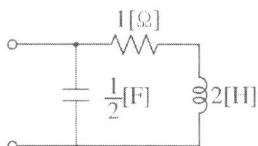

① $\dfrac{2(2s+1)}{2s^2+s+2}$　　② $\dfrac{2s^2+s-2}{-2(2s+1)}$

③ $\dfrac{-2(2s+1)}{2s^2+s-2}$　　④ $\dfrac{2s^2+s+2}{2(2s+1)}$

해설 구동점 임피던스 계산 방법

$\dot{Z}_L(s)=j\omega L=sL[\Omega]$, 2[H]이므로 2s

$\dot{Z}_C(s)=\dfrac{1}{j\omega C}=\dfrac{1}{sC}$, $\dfrac{1}{2}$[F] 이므로 $\dfrac{2}{s}$

$Z(s)=\dfrac{(2s+1)\times\dfrac{2}{s}}{(2s+1)+\dfrac{2}{s}}=\dfrac{2(2s+1)}{2s^2+s+2}$

01 R = 1[kΩ], C = 1[μF]가 직렬접속된 회로에 스텝(구형파)전압 10[V]를 인가하는 순간에 커패시터 C에 걸리는 최대전압 [V]은?

① 0 ② 3.72

③ 6.32 ④ 10

[해설] 전압을 인가하는 순간 커패시터는 단락이 되므로 최대전압은 0[V]이다.

＊단락시켰을 때 특징은 $Z = 0$이므로 0[V]가 걸린다.

02 $e_i(t) = Ri(t) + L\dfrac{di}{dt}(t) + \dfrac{1}{C}\displaystyle\int i(t)dt$

에서 모든 초기값을 0 으로 하고 라플라스 변환 할 때 I(s)는? (단, I(s), E_i(s)는 i(t), e_i(t)의 라플라스 변환이다.)

① $\dfrac{Cs}{LCs^2 + RCs + 1}E_i(s)$

② $\dfrac{1}{R + Ls + \dfrac{s}{C}}E_i(s)$

③ $\dfrac{1}{R + Ls + Cs^2}E_i(s)$

④ $\left(R + Ls + \dfrac{1}{Cs}\right)E_i(s)$

[해설] $e_i(t) = Ri(t) + L\dfrac{di(t)}{dt} + \dfrac{1}{C}\displaystyle\int i(t)dt[V]$에서

$E_i(s) = RI(s) + LsI(s) + \dfrac{1}{Cs}I(s)$

$= \left(R + Ls + \dfrac{1}{Cs}\right)I(s)$

$I(s) = \dfrac{E_i(s)}{s\left(R + Ls + \dfrac{1}{Cs}\right)} = \dfrac{E_i(s)}{Ls^2 + Rs + \dfrac{1}{C}}$

$= \dfrac{Cs}{LCs^2 + RCs + 1}E_i(s)$

03 $\dfrac{1}{s^2 + 2s + 5}$ 의 라플라스 역변환 값은?

① $e^{-2t}\cos 2t$ ② $\dfrac{1}{2}e^{-t}\sin t$

③ $\dfrac{1}{2}e^{-t}\sin 2t$ ④ $\dfrac{1}{2}e^{-t}\cos 2t$

[해설] 분모가 인수분해 불가능하므로 완전제곱식으로 정리하여 역변환한다.

$F(s) = \dfrac{1}{s^2 + 2s + 5} = \dfrac{1}{2}\cdot\dfrac{2}{(s+1)^2 + 2^2}$

$f(t) = \mathcal{L}^{-1}[F(s)] = \dfrac{1}{2}e^{-t}\sin 2t$

04 어떤 소자가 60[Hz]에서 리액턴스 값이 10[Ω]이었다. 이 소자를 인덕터 또는 커패시터라 할 때, 인덕턴스[mH]와 정전용량[μF]은 각각 얼마인가?

① 26.53[mH], 295.37[μF]

② 18.37[mH], 265.25[μF]

③ 18.37[mH], 295.37[μF]

④ 26.53[mH], 265.25[μF]

[해설] 유도성 리액턴스 $X_L = 2\pi f L[\Omega]$ 이므로

$L = \dfrac{X_L}{2\pi f} = \dfrac{10}{2\pi \times 60} = 26.53 \times 10^{-3}[H]$

$= 26.53[mH]$

용량성 리액턴스는 $X_C = \frac{1}{2\pi f C}[\Omega]$ 이므로

$$C = \frac{1}{2\pi f X_C} = \frac{1}{2\pi \times 60 \times 10}$$

$$= 265.25 \times 10^{-6}[F] = 265.25[\mu F]$$

05 4단자 정수 A, B, C, D 중에서 어드미턴스의 차원을 가지는 것은?

① A ② B

③ C ④ D

해설 4단자 정수의 차원

① $\dot{A} = \left.\frac{\dot{V}_1}{\dot{V}_2}\right|_{\dot{I}_2 = 0}$:개방 전압 이득비, 단위가 없는 상수

② $\dot{B} = \left.\frac{\dot{V}_1}{\dot{I}_2}\right|_{\dot{V}_2 = 0}$:단락 전달 임피던스비[Ω]

③ $\dot{C} = \left.\frac{\dot{I}_1}{\dot{V}_2}\right|_{\dot{I}_2 = 0}$:개방 전달 어드미턴스비[℧]

④ $\dot{D} = \left.\frac{\dot{I}_1}{\dot{I}_2}\right|_{\dot{V}_2 = 0}$:단락 전류 이득비, 단위가 없는 상수

06 3상 평형부하의 전압이 100[V]이고 전류가 10[A]이다. 이때 소비전력은 몇 [W]인가 ? (단, 역률은 0.8이다.)

① 1385.64 ② 1732

③ 2000 ④ 2400

해설 3상 소비전력 $P = \sqrt{3}\, VI\cos\theta[W]$

$P = \sqrt{3} \times 100 \times 10 \times 0.8 = 1385.64[W]$

07 정현파 교류의 실효값을 구하는 식이 잘못된 것은?

① 실효치 $= \sqrt{\frac{1}{T}\int_0^T i^2 dt}$

② 실효치 = 파고율 × 평균치

③ 실효치 $= \frac{\text{최대치}}{\sqrt{2}}$

④ 실효치 $= \frac{\pi}{2\sqrt{2}} \times$평균치

해설 파고율 $= \frac{\text{최대값}}{\text{실효값}}$ 이므로

실효값 $= \frac{\text{최대값}}{\text{파고율}}$ 이다.

08 상의 순서가 a-b-c인 불평형 3상 교류회로에서 대칭분 전압이 각각 $\dot{V}_0$=8.54∠159°[V], $\dot{V}_1$=10∠−53°[V], $\dot{V}_2$=14.42∠56°[V] 일 때 a상의 전압 V_a[V]는 얼마인가? (단, V_0는 영상분전압, V_1은 정상분 전압, V_2는 역상분 전압이다.)

① 9.31∠49° ② 32.44∠175°

③ 3.07∠49° ④ 2.43∠−17°

해설 a상 전압 $\dot{V}_a = \dot{V}_0 + \dot{V}_1 + \dot{V}_2[V]$

$\dot{V}a$=8.54∠159°+10∠−53°+14.42∠56°

=9.31∠49°[V]

09 인덕턴스L[H] 및 커패시턴스 C[F]를 직렬로 연결한 임피던스가 있다. 정저항 회로를 만들기 위하여 그림과 같이 L[H] 및 C[F]의 각각에 서로 같은 저항 R[Ω]을 병렬로 연결할 때, R[Ω]은 ?(단, L=4[mH], C=0.1[μF]이다.)

정답 05.③ 06.① 07.② 08.① 09.②

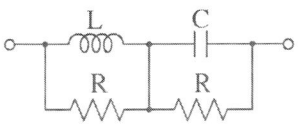

① 100   ② 200

③ 2×10^{-5} ④ 0.5×10^{-2}

해설 정저항 회로의 공칭임피던스

$$R = \sqrt{\frac{L}{C}} = \sqrt{\frac{4 \times 10^{-3}}{0.1 \times 10^{-6}}} = 200[\Omega]$$

10 그림과 같은 고역 여파기에서 공칭 임피던스 K[Ω] 및 차단 주파수 f_c[kHz]는 얼마인가?

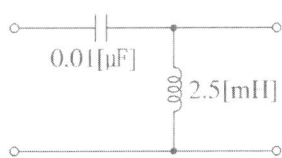

① 400, 약 25.9   ② 460, 약 20.9

③ 480, 약 18.9   ④ 500, 약 15.9

해설 정 K형 고역 여파기의 공칭 임피던스와 차단 주파수

$$K = \sqrt{\frac{L}{C}} = \sqrt{\frac{2.5 \times 10^{-3}}{0.01 \times 10^{-6}}} = 500[\Omega]$$

$$f_c = \frac{1}{4\pi KC} = \frac{1}{4\pi \times 500 \times 0.01 \times 10^{-6}}$$
$$= 15,915[\text{Hz}] = 15.9[\text{kHz}]$$

11 그림과 같은 회로에서 스위치 S를 t=0 에서 닫았을 때 $V_L\big|_{t=0} = 100[\text{V}]$, $\dfrac{di}{dt}\bigg|_{t=0} = 400[\text{A/s}]$ 이다. L[H]의 값은?

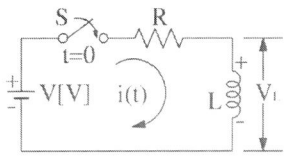

$$V_L = L\frac{di}{dt} \text{이므로} \quad L = V_L \frac{dt}{di}\bigg|_{t=0}$$
$$= 100 \times \frac{1}{400} = 0.25[\text{H}]$$

① 0.75   ② 0.5

③ 0.25   ④ 0.1

해설 코일에 유도되는 기전력 $V_L = L\dfrac{di}{dt}$ 에서

$$L = v_L \times \frac{dt}{di} = 100 \times \frac{1}{400} = 0.25[\text{H}]$$

12 3상 불평형 전압에서 영상전압이 150[V] 이고 정상전압이 500[V], 역상전압이 300[V]이면 전압의 불평형률 [%]은?

① 70   ② 60

③ 50   ④ 40

해설 불평형률

$$= \frac{\text{역상 전압}}{\text{정상 전압}} \times 100 = \frac{300}{500} \times 100 = 60[\%]$$

13 그림 (a)와 같은 회로를 그림 [b]와 같이 간단한 회로로 등가변환하고자 한다. V[V]와 R[Ω]은 각각 얼마인가?

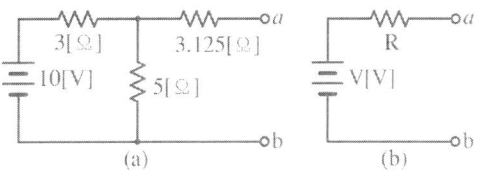

① V = 6.25[V], R = 5[Ω]

② V = 5.25[V], R = 3[Ω]

③ V = 7.25[V], R = 7[Ω]

④ V = 4.25[V], R = 1[Ω]

해설 데브낭 전압은 a, b단자를 개방시키면 5[Ω]에 걸리는 전압이므로

$$V = \frac{5}{3+5} \times 10 = 6.25[\text{V}]$$

등가내부임피던스 : a, b에서 전원측을 바라봤을 때의 등가 임피던스(전압원 단락) 3.125[Ω]은 직렬, 3[Ω], 5[Ω]이 서로 병렬이므로

$$R = 3.125 + \frac{3 \times 5}{3+5} = 5[\Omega]$$

14 어떤 단일 소자로 구성된 회로에 전압 $V_m \sin\omega t[\text{V}]$, 전류 $I_m \cos\omega t[\text{A}]$일 때 부하는 어떤 소자인가?

① 순저항 부하 ② 유도성 부하

③ 용량성 부하 ④ 무유도성 부하

해설 전류의 파형이 cos이고 전압의 파형이 sin 파이므로 전류가 위상 90° 앞서는 용량성 부하이다.

15 그림과 같은 평형 Y형 결선에서 각 상이 8[Ω]의 저항과 6[Ω]의 리액턴스가 직렬로 접속된 부하에 걸린 선간전압이 $100\sqrt{3}[\text{V}]$ 이다. 이때 선전류는 몇 [A]인가?

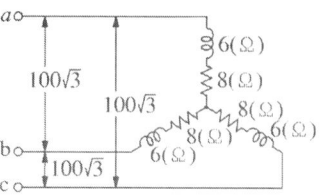

① 5 ② 10

③ 15 ④ 2

해설 선전류 $I_l = \dfrac{V_p}{Z} = \dfrac{\dfrac{100\sqrt{3}}{\sqrt{3}}}{\sqrt{6^2+8^2}} = \dfrac{100}{10} = 10[\text{A}]$

16 정상상태에서 시간 t=0 일 때 스위치 S를 열면 흐르는 전류 i(t)는?

① $\dfrac{V}{R_1+R_2} e^{-\frac{R_1+R_2}{L}t}$

② $\dfrac{V}{R_1} e^{-\frac{L}{R_1+R_2}t}$

③ $\dfrac{V}{R_2} e^{-\frac{R_1+R_2}{L}t}$

④ $\dfrac{V}{R_1+R_2} e^{-\frac{L}{R_1+R_2}t}$

해설 정상상태에서는 L이 단락이므로 정상전류 $I_s = \dfrac{V}{R_2}[\text{A}]$ 이고 스위치 S를 열면 전원은 제거되므로 R_1, R_2, L은 모두 직렬 상태가 된다.

그러므로 과도 전류 $i(t) = I_s \times e^{-\frac{R_1 + R_2}{L}t}$ [A]

$i(t) = \frac{V}{R_2} e^{-\frac{R_1 + R_2}{L}t}$ [A]

17 회로에서 a, b 단자 사이의 전압 V_{ab}[V]은?

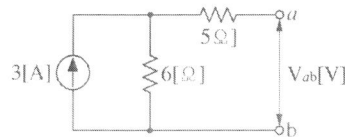

① 18
② 15
③ 12
④ 10

해설 데브낭 정리에 의한 V_{ab}는 a, b단자를 개방 시켜서 걸리는 전압이며 a, b를 개방시키면 3[A]의 전류원이 6[Ω]으로 모두 흐르므로

$V_{ab} = IR = 3 \times 6 = 18[V]$

18 회로에서 10[Ω]의 저항에 흐르는 전류 (A)는?

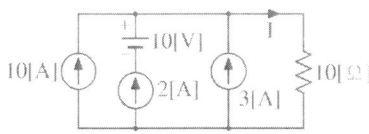

① 8
② 10
③ 15
④ 20

해설 중첩의 원리
• 전압원 단락 : 전체 전류가 모두 10[Ω]으로 흐르므로 $I_1 = 10 + 2 + 3 = 15[A]$
• 전류원 개방 : 3개의 전류원을 모두 개방 하면 회로가 구성되지 않으므로 $I_2 = 0[A]$
10[Ω]에 흐르는 전류 $I = I_1 + I_2 = 15[A]$

19 어느 회로에서 전압과 전류의 실효값이 각각 60[V], 10[A]이고, 역률이 0.8일 때 무효전력은 몇 [Var] 인가?

① 360
② 300
③ 200
④ 100

해설 역률 $\cos\theta = 0.8$ 이므로

$\sin\theta = \sqrt{1 - 0.8^2} = 0.6$

무효전력

$P_r = VI\sin\theta = 60 \times 10 \times 0.6 = 360[Var]$

20 그림에서 a, b 단자에 200[V]를 가할 때 저항 2 [Ω]에 흐르는 전류 I_1[A]는?

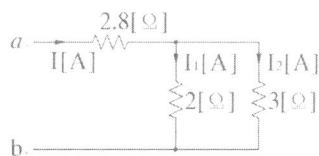

① 40
② 30
③ 20
④ 10

해설 합성저항 $R_o = 2.8 + \frac{2 \times 3}{2 + 3} = 4[\Omega]$

전체 전류 $I = \frac{V}{R_o} = \frac{200}{4} = 50[A]$

$I_1 = \frac{R_2}{R_1 + R_2} \times I = \frac{3}{2 + 3} \times 50 = 30[A]$

전기산업기사 회로이론 2025년 2회 기출문제

01 저항 R_1 = 10[Ω]과 R_2 = 40[Ω]이 직렬로 접속된 회로에 100[V], 60[Hz]인 정현파 교류전압을 인가할 때, 이 회로에 흐르는 전류로 옳은 것은?

① $\sqrt{2}\sin 377t$[A]

② $2\sqrt{2}\sin 377t$[A]

③ $\sqrt{2}\sin 422t$[A]

④ $2\sqrt{2}\sin 422t$[A]

해설 전압 V = 100[V] 는 실효값이므로

최대값 $V_m = \sqrt{2}V = 100\sqrt{2}$[V]

R만의 회로이므로 전압과 전류의 위상차는 0° 이다.

$$i(t) = I_m \sin\omega t = \frac{V_m}{R}\sin\omega t$$

$$= \frac{100\sqrt{2}}{10+40}\sin(2\pi \times 60t)$$

$$= 2\sqrt{2}\sin 377t[\text{A}]$$

02 $\dot{V} = 50\sqrt{3} - j50$[V], $\dot{I} = 15\sqrt{3} + j15$[A] 일 때 유효전력 P[W]와 무효전력 은 각각 P_r[Var] 얼마인가?

① $P = 3000,\ P_r = 1500$

② $P = 1500,\ P_r = 1500\sqrt{3}$

③ $P = 750,\ P_r = 750\sqrt{3}$

④ $P = 2250,\ P_r = 1500\sqrt{3}$

해설 복소전력

$$\dot{P}_a = \overline{V} \times \dot{I} = (50\sqrt{3} + j50)(15\sqrt{3} + j15)$$

$$= 1500 + j1500\sqrt{3} = P \pm P_r[\text{VA}]$$

유효전력 $P = 1500$[W],

무효전력 $P_r = 1500\sqrt{3}$[Var]

03 r[Ω]인 6개의 저항을 그림과 같이 접속하고 평형 3상 전압 E를 가했을 때 전류 I는 몇 [A]인가? (단, r = 3[Ω], E = 60[V] 이다.)

① 8.66

② 9.56

③ 10.8

④ 12.6

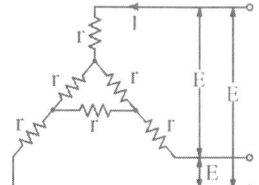

해설 Δ결선된 저항을 Y결선으로 변환

$$R_Y = \frac{1}{3}R_\Delta = \frac{1}{3}r[\Omega]$$

Y결선된 1상의 저항

$$R_P = r + \frac{1}{3}r = 3 + \frac{1}{3}\times 3 = 4[\Omega]$$

상전압 $V_p = \dfrac{E}{\sqrt{3}} = \dfrac{60}{\sqrt{3}} = 20\sqrt{3}$[V]

$$I = \frac{V_P}{R_P} = \frac{20\sqrt{3}}{4} = 5\sqrt{3} = 8.66[\text{A}]$$

04 전압의 순시값이 $3 + 10\sqrt{2}\sin\omega t$[V] 일 때 실효값[V]은?

① 10.4 ② 11.6

③ 12.5 ④ 16.2

해설 비정현파 실효값

$$V = \sqrt{3^2 + 10^2} = 10.4[\text{V}]$$

정답 01.② 02.② 03.① 04.①

05 리액턴스 함수가 $Z(s) = \dfrac{3s}{s^2+15}$ 표시

되는 리액턴스 2단자망은 어느 것인가?

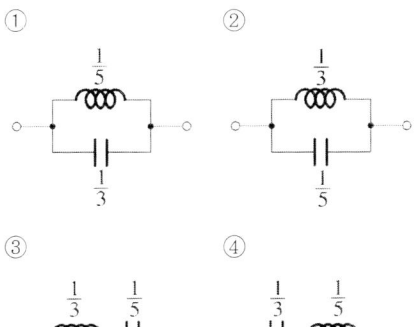

① ②

③ ④

해설 2단자 임피던스 $Z(s) = \dfrac{3s}{s^2+15}$ 에서 분자를

1로 만들기 위해 분자 분모를 $3s$로 나누면

$$Z(s) = \dfrac{3s}{s^2+15} = \dfrac{1}{\dfrac{s^2}{3s}+\dfrac{15}{3s}} = \dfrac{1}{\dfrac{1}{3}s+\dfrac{5}{s}}$$

$$= \dfrac{1}{\dfrac{1}{3}s+\dfrac{1}{\dfrac{1}{5}s}}$$

$L = \dfrac{1}{5}[\mathrm{H}]$, $C = \dfrac{1}{3}[\mathrm{F}]$ 인

L-C 병렬 회로가 된다.

06 그림과 같은 순저항으로 된 회로에 대칭
3상 전압을 가했을 때 각 선에 흐르는
전류가 같으려면 R[Ω]의 값은?

① 20
② 25
③ 30
④ 35

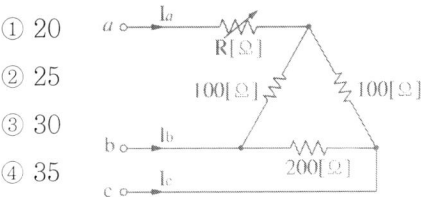

해설 △결선 → Y결선 변환

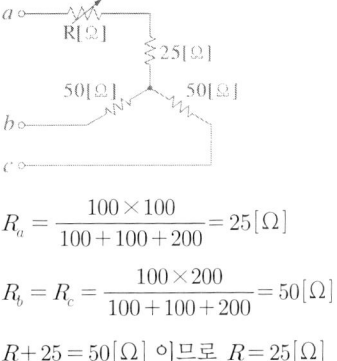

$$R_a = \frac{100 \times 100}{100+100+200} = 25[\Omega]$$

$$R_b = R_c = \frac{100 \times 200}{100+100+200} = 50[\Omega]$$

$R+25 = 50[\Omega]$ 이므로 $R = 25[\Omega]$

07 임피던스 궤적이 직선일 때 이의 역수인
어드미턴스 궤적은?

① 원점을 통하는 직선
② 원점을 통하지 않는 직선
③ 원점을 통하는 원
④ 원점을 통하지 않는 원

해설 회로별 벡터궤적

종류 \\ 구분	임피던스 궤적	어드미턴스 궤적 (전류 궤적)
R-L 직렬	가변축에 나란한 반직선(1상한)	원점을 통과하는 반원 (4상한)
R-C 직렬	가변축에 나란한 반직선(4상한)	원점을 통과하는 반원 (1상한)

08 그림과 같은 T형 회로에서 4단자정수가
아닌 것은?

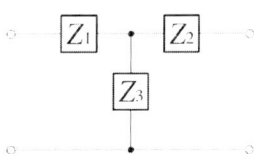

① $A = 1 + \dfrac{Z_1}{Z_3}$

② $B = \dfrac{Z_1 Z_2}{Z_3} + Z_2 + Z_1$

③ $C = 1 + \dfrac{Z_2}{Z_3}$

④ $D = 1 + \dfrac{Z_3}{Z_2}$

해설 단일소자로 분리하면 다음 그림과 같고 행렬식으로 계산한다.

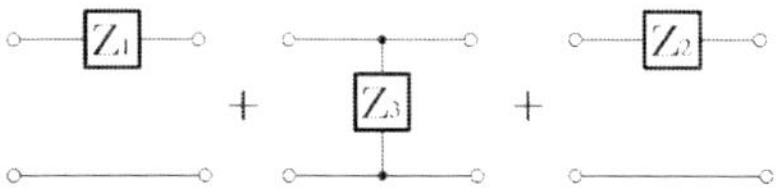

$$\begin{bmatrix} \dot{A} & \dot{B} \\ \dot{C} & \dot{D} \end{bmatrix} = \begin{bmatrix} 1 & Z_1 \\ 0 & 1 \end{bmatrix} \begin{bmatrix} 1 & 0 \\ \dfrac{1}{Z_3} & 1 \end{bmatrix} \begin{bmatrix} 1 & Z_2 \\ 0 & 1 \end{bmatrix}$$

- $\dot{A} = 1 + \dfrac{Z_1}{Z_3} = \dfrac{Z_1 + Z_3}{Z_3}$
- $\dot{B} = Z_1 + \dfrac{Z_1 Z_2}{Z_3} + Z_2 = \dfrac{Z_1 Z_2 + Z_2 Z_3 + Z_3 Z_1}{Z_3}[\Omega]$
- $\dot{C} = \dfrac{1}{Z_3}[\mho]$
- $\dot{D} = 1 + \dfrac{Z_2}{Z_3} = \dfrac{Z_2 + Z_3}{Z_3}$

09

3상 불평형 전압을 V_a, V_b, V_c 라고 할 때 정상전압은? (단, $a = -\dfrac{1}{2} + j\dfrac{\sqrt{3}}{2}$ 이다.)

① $\dfrac{1}{3}(V_a + aV_b + a^2 V_c)$

② $\dfrac{1}{3}(V_a + a^2 V_b + aV_c)$

③ $\dfrac{1}{3}(V_a + a^2 V_b + V_c)$

④ $\dfrac{1}{3}(V_a + V_b + V_c)$

해설 정상 전압

$$V_1 = \frac{1}{3}(V_a + aV_b + a^2 V_c)[\mathrm{V}]$$

10

주기함수 f(t)의 푸리에 급수 전개식으로 옳은 것은?

① $f(t) = \sum_{n=1}^{\infty} a_n \sin n\omega t + \sum_{n=1}^{\infty} b_n \sin n\omega t$

② $f(t) = b_0 + \sum_{n=2}^{\infty} a_n \sin n\omega t + \sum_{n=2}^{\infty} b_n \cos n\omega t$

③ $f(t) = a_0 + \sum_{n=1}^{\infty} a_n \cos n\omega t + \sum_{n=1}^{\infty} b_a \sin n\omega t$

④ $f(t) = \sum_{n=1}^{\infty} a_n \cos n\omega t + \sum_{n=1}^{\infty} b_n \cos n\omega t$

해설 푸리에 급수 성분

= 직류분 + 기본파 + 고조파

$$f(t) = a_0 + \sum_{n=1}^{\infty} a_n \cos n\omega t + \sum_{n=1}^{\infty} b_n \sin n\omega t$$

(직류분 : cos0° 값이므로 cos 함수의 계수와 같게 표시한다.)

11

100[kVA] 단상 변압기 3대로 △결선하여 3상 전원을 공급하던 중 1대의 고장으로 V결선하였다면 출력은 약 몇 [kVA]인가?

① 100 ② 173

③ 245 ④ 300

정답 **09.①** **10.③** **11.②**

[해설] 변압기 V결선 용량

$$P = \sqrt{3}\, P_1 = \sqrt{3} \times 100 = 173[\text{kVA}]$$

12 $F(s) = \dfrac{s+1}{s^2+2s}$의 역라플라스 변환은?

① $\dfrac{1}{2}(1-e^{-t})$ ② $\dfrac{1}{2}(1-e^{-2t})$

③ $\dfrac{1}{2}(1+e^{-t})$ ④ $\dfrac{1}{2}(1+e^{-2t})$

[해설]

$$F(s) = \frac{s+1}{s^2+2s} = \frac{s+1}{s(s+2)} = \frac{K_1}{s} + \frac{K_2}{s+2}$$

$$K_1 = sF(s) = \left.\frac{s+1}{(s+2)}\right|_{s=0} = \frac{1}{2}$$

$$K_2 = (s+2)F(s) = \left.\frac{s+1}{s}\right|_{s=-2} = \frac{-2+1}{-2} = \frac{1}{2}$$

$$F(s) = \frac{s+1}{s(s+2)} = \frac{K_1}{s} + \frac{K_2}{s+2} = \frac{1}{2}\left(\frac{1}{s} + \frac{1}{s+2}\right)$$

역라플라스 변환 $f(t) = \dfrac{1}{2}(1+e^{-2t})$

13 선간전압 200[V]의 전압을 3상 유도성 부하에 인가했을 때 소비전력이 3.7[kW]발생했다면 역률 80[%]인 경우 전류[A]는?

① $13.35 \angle 36.87°$

② $18.5 \angle 36.87°$

③ $13.35 \angle -36.87°$

④ $18.5 \angle -36.87°$

[해설] 3상 소비전력 $P = \sqrt{3}\, V_l I_l \cos\theta[\text{W}]$ 이므로
선전류

$$I_l = \frac{P}{\sqrt{3}\, V_l \cos\theta} = \frac{3.7 \times 10^3}{\sqrt{3} \times 200 \times 0.8} = 13.35[\text{A}]$$

$\cos\theta = 0.8$ 이므로 $\theta = \cos^{-1} 0.8 = 36.87°$
유도성 전류 $I = 13.35 \angle -36.87°$

14 시정수 τ를 갖는 RL 직렬회로에 직류전압을 가할 때 t = 2τ 되는 시간에 회로에 흐르는 전류는 최종값의 약 몇 [%]인가?

① 98   ② 95

③ 86   ④ 63

[해설] R-L 직렬회로의 과도전류

$$i(t) = \frac{E}{R}\left(1 - e^{-\frac{R}{L}t}\right)[\text{A}] \text{ 에서}$$

시정수는 e^{-1}이 되는 시간을 의미하며
시정수의 2배가 되면

$$i(t) = \frac{E}{R}\left(1 - e^{-2}\right) \fallingdotseq 0.86\frac{E}{R}[\text{A}]$$

그러므로 최종값의 86[%]가 된다.

15 저항 4[Ω]과 유도 리액턴스 X_L[Ω]이 병렬로 접속된 회로에 12[V]의 교류전압을 가하니 5[A]의 전류가 흘렀다. 이 회로의 X_L[Ω]은?

① 8   ② 6

③ 3   ④ 1

[해설] 전체 전류 $\dot{I} = I_R - jI_L$

$$I_R = \frac{V}{R} = \frac{12}{4} = 3[\text{A}]$$

전체전류 $I = \sqrt{I_R^2 + I_L^2}[\text{A}]$ 이므로

$$I_L = \sqrt{I^2 - I_R^2} = \sqrt{5^2 - 3^2} = 4[\text{A}]$$

병렬회로 전압 $V = V_L = I_L \times X_L = 12[\text{V}]$

$$X_L = \frac{12}{I_L} = \frac{12}{4} = 3[\Omega]$$

16 전압과 전류가 각각

$$e = 141.4\sin\left(377t + \frac{\pi}{3}\right)[\text{V}],$$

$$i = \sqrt{8}\,\sin\left(377t + \frac{\pi}{6}\right)[\text{A}] \text{ 인}$$

회로의 소비전력은 약 몇 [W]인가?

① 100 　　　　 ② 173

③ 200 　　　　 ④ 344

해설 전압과 전류의 위상차

$$\theta = \frac{\pi}{3} - \frac{\pi}{6} = 60° - 30° = 30°$$

소비전력

$$P = VI\cos\theta = \frac{1}{2}\,V_m I_m \cos\theta]$$

$$= \frac{1}{2} \times 141.4 \times \sqrt{8} \times \cos 30$$

$$= 173[\text{W}]$$

17 불평형 3상 전류가 다음과 같을 때 역상 전류 I_2는 약 몇 A인가?

> $I_a = 15+j2[\text{A}],\ I_b = -20-j14[\text{A}]$
> $I_c = -3+j10[\text{A}]$

① 1.91 + j6.24 　　 ② 2.17 + j5.34

③ 3.38 − j4.26 　　 ④ 4.27 − j3.68

해설 역상분 전류 $I_1 = \dfrac{1}{3}(\dot{I_a} + a^2\dot{I_b} + a\dot{I_c})[\text{V}]$

$$I_1 = \frac{1}{3}\{15+j2+1\angle 240° \times(-20-j14)$$

$$+1\angle 120° \times(-3+j10)\}$$

$$= 1.91 + j6.24[\text{A}]$$

18 3대의 단상변압기를 △결선으로 하여 운전하던 중 변압기 1대가 고장으로 제거하여 V결선으로 한 경우 공급할 수 있는 전력은 고장 전 전력의 몇 % 인가?

① 57.7 　　　　 ② 50.0

③ 63.3 　　　　 ④ 67.7

해설 V결선 출력비:고장 전 출력(P_Δ)에 대한 고장 후 출력 (P_V)의 출력의 비율

출력비

$$= \frac{P_V}{P_\Delta} = \frac{\sqrt{3}\,P_1}{3P_1} = \frac{\sqrt{3}}{3} = 0.577 = 57.7[\%]$$

19 $\dot{E} = 40 + j30$ [V]의 전압을 가하면 $\dot{I} = 30 + j10[\text{A}]$의 전류가 흐른다. 이 회로의 역률은?

① 0.456 　　　　 ② 0.567

③ 0.854 　　　　 ④ 0.949

해설 전압과 전류의 위상차 계산

전압

$$\dot{E} = 40 + j30 = \sqrt{40^2 + 30^2}\ \angle\ \tan^{-1}\frac{30}{40}$$

$$= 50\angle 36.87°\ [\text{V}]$$

전류

$$\dot{I} = 30 + j10 = \sqrt{30^2 + 10^2}\ \angle\ \tan^{-1}\frac{10}{30}$$

$$= 10\sqrt{10}\ \angle 18.43°\ [\text{A}]$$

전압과 전류의 위상차

$$\theta = 36.87° - 18.43 = 18.43°$$

역률 $\cos\theta = \cos 18.43° = 0.949$

20 저항 5[Ω], 인덕턴스 10[H]의 직렬회로에 기전력 20[V]를 인가하는데 스위치를 닫고 나서 2[sec] 후의 전류는 약 몇 [A]인가?

① 0.25　　② 2.53
③ 5.32　　④ 10.02

해설 R-L 직렬 회로의 과도 전류

$$i(t) = \frac{E}{R}(1 - e^{-\frac{R}{L}t}) = \frac{20}{5} \times (1 - e^{-\frac{5}{10} \times 2})$$

$$= 4(1 - e^{-1}) = 2.53[A]$$

정답 20.②

01 R-L 직렬회로에 직류전압을 가했을 때 시정수가 τ일 때 3τ시간이 흐른 경우 전류는 정상전류의 몇[%]가 되겠는가?

① 94   ② 95

③ 96   ④ 98

해설 R-L 직렬회로의 과도전류

$$i(t) = \frac{E}{R}\left(1 - e^{-\frac{R}{L}t}\right)[A]$$

시정수는 e^{-1}이 되는 시간이고 시정수의 3배의 시간이 흐른 경우 전류이므로

$$1 - e^{-3} = 0.95 = 95[\%]$$

02 저항에

$$v_1 = 220\sqrt{2}\sin(2\pi \cdot 60t - 30°)[V],$$

$$v_2 = 100\sqrt{2}\sin(3 \cdot 2\pi \cdot 60t - 30°)[V]$$

의 전압이 각각 걸릴 때의 설명으로 옳은 것은?

① v_1이 v_2보다 위상이 15° 앞선다.

② v_1이 v_2보다 위상이 15° 뒤진다.

③ v_1이 v_2보다 위상이 75° 앞선다.

④ v_1과 v_2의 위상관계는 의미가 없다.

해설 v_1은 기본파만 존재하고 v_2는 3고조파만 존재하므로 위상을 비교할 수 없으므로 의미가 없다.

03 순시값 전류 $i(t) = I_m\sin(\omega t - 15°)[A]$ 일 때 순시값과 실효값이 같아지는 ωt는 몇 °인가?

① 60°   ② 45°

③ 30°   ④ 15°

해설 순시값과 실효값을 같게 놓으면

$$i(t) = I_m\sin(\omega t - 15°) = \frac{I_m}{\sqrt{2}}$$

$$\sin(\omega t - 15°) = \frac{1}{\sqrt{2}}$$

$$\omega t - 15° = \sin^{-1}\left(\frac{1}{\sqrt{2}}\right) = 45° \text{ 이므로}$$

$$\omega t = 45° + 15° = 60°$$

04 $i(t) = \frac{4I_m}{\pi}(\sin\omega t + \frac{1}{3}\sin3\omega t + \frac{1}{5}\sin5\omega t + \cdots)$ 로 표시하는 파형은?

①
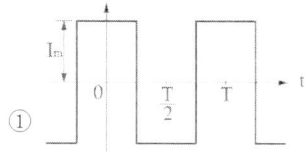

②
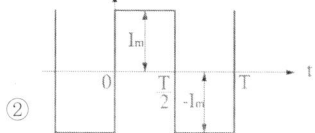

③
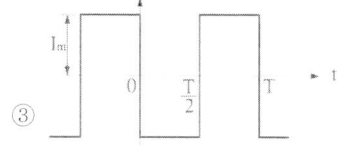

④
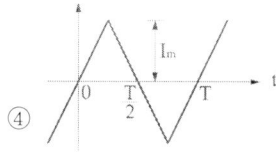

해설 반파정현대칭함수의 특징

함수 조건	파형종류	전개항
$f(t) = -f(-t)$ $= -f(\pi + t)$		sin항 홀수고조파

05 어떤 회로에 흐르는 전류가 i = 50 + 30 sinωt 인 경우 실효값은 약 몇 [A]인가?

① 58　　　　　　② 45

③ 54.3　　　　　④ 35

해설 비정현파의 실효값

$$I = \sqrt{I_c^2 + I_1^2}$$

$$I = \sqrt{50^2 + \left(\frac{30}{\sqrt{2}}\right)^2} = 54.3[\text{A}]$$

06 3상 유도전동기의 출력 3.7[kW], 전압 200[V]역률 80[%]일 때, 이 전동기에 유입되는 선전류는 약 몇 [A]인가?

① 13.35　　　　② 12

③ 26.7　　　　　④ 23.1

해설 전동기 출력 $P = \sqrt{3}\,VI\cos\theta[\text{W}]$

전동기 선전류

$$I = \frac{P}{\sqrt{3}\,V\cos\theta\,\eta} = \frac{3.7 \times 10^3}{\sqrt{3} \times 200 \times 0.8}$$

$$= 13.35[\text{A}]$$

07 어떤 교류회로에

$$e = 100\sin\omega t + 20\sin\left(3\omega t + \frac{\pi}{3}\right)[\text{V}] \text{ 의}$$

전압을 가할 때 회로에 흐르는 전류가

$$i = 40\sin\left(\omega t - \frac{\pi}{6}\right) + 5\sin\left(3\omega t + \frac{\pi}{12}\right)[\text{A}]$$

라 한다. 이 회로에서 소비되는 전력 [kW]은?

① 4.25　　　　　② 3.26

③ 2.27　　　　　④ 1.77

해설
$$P = \frac{1}{2} V_{m1} I_{m1} \cos\theta_1 + \frac{1}{2} V_{m3} I_{m3} \cos\theta_3$$

$$P = \frac{1}{2} \times 100 \times 40 \times \cos 30° + \frac{1}{2} \times 20 \times 5$$

$$\times \cos(60° - 15°) = 1,767[\text{W}] = 1.77[\text{kW}]$$

08 3상 불평형 전류를 I_a, I_b, I_c 라고 할 때 $I_x = \frac{1}{3}(I_a + aI_b + a^2 I_c)$ 는 어떤 전류인가 ? (단, $a = -\frac{1}{2} + j\frac{\sqrt{3}}{2}$ 이다.)

① 영상전류　　　　② 허용전류

③ 역상전류　　　　④ 정상전류

해설 정상분 $I_x = I_1 = \frac{1}{3}(I_a + aI_b + a^2 I_c)$

09 3상 불평형 회로의 전압에서 불평형률 [%]은?

① $\dfrac{영상전압}{정상전압} \times 100[\%]$

② $\dfrac{역상전압}{정상전압} \times 100[\%]$

③ $\dfrac{정상전압}{영상전압} \times 100[\%]$

④ $\dfrac{정상전압}{역상전압} \times 100[\%]$

10 4단자 회로망에서 영상임피던스가 $Z_{01} = 50[\Omega]$, $Z_{02} = 2[\Omega]$ 이고, 전달정수가 0일 때 이 회로의 4단자 정수 D의 값은?

① 10　　　　　　② 5

③ 0.2　　　　　　④ 0.1

해설

$$D = \sqrt{\dfrac{D}{A}}\ \sqrt{AD} = \sqrt{\dfrac{Z_{02}}{Z_{01}}}\ \cosh\theta$$

$$= \sqrt{\dfrac{2}{50}}\ \cosh 0^\circ = \dfrac{1}{5} = 0.2$$

11 상순이 abc인 3상 회로에 있어서 대칭분 전압이 $V_0 = -8 + j3$[V], $V_1 = 6 - j8$[V], $V_2 = 8 + j12$[V]일 때 a상의 전압 V_a[V]는 ?

① 16 + j4   ② 8 + j12

③ 6 + j14   ④ 6 + j7

해설

$$V_a = V_0 + V_1 + V_2 = -8 + j3 + 6 - j8 + 8 + j12$$
$$= 6 + j7\,[\text{V}]$$

12 기본 정현파 교류전압의 파고율과 파형률은?

① 1.11, 1.414   ② 2, 1.11

③ 1.41, 1.11   ④ 1.73, 1.0

해설 파고율 $= \dfrac{I_m}{I} = \sqrt{2} = 1.414$

$$\text{파형률} = \dfrac{I}{I_{av}} = \dfrac{\dfrac{I_m}{\sqrt{2}}}{\dfrac{2}{\pi}I_m} = \dfrac{\pi}{2\sqrt{2}} = 1.11$$

13 그림과 같은 회로에서 t = 0의 순간 S를 열었을 때 L의 양단에 발생하는 역기전력은 인가전압의 몇 배가 발생하는가? (단, 스위치 S가 열

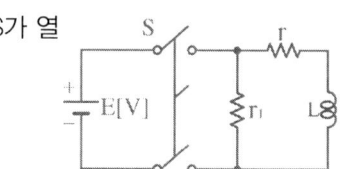

기 전에 회로는 정상상태였다.)

① $\dfrac{r + r_1}{r_1 r}$ ② $\dfrac{r_1 r}{r + r_1}$

③ $\dfrac{r}{r + r_1}$ ④ $\dfrac{r + r_1}{r}$

해설 스위치를 on하면 정상상태에서 L은 단락되므로 r[Ω]에 흐르는 정상전류는 $I_s = \dfrac{E}{r}$[A] 이므로 $(r + r_1)i + L\dfrac{di}{dt} = 0$이 성립한다.

$i(t) = ke^{-\frac{r + r_1}{L}t}$ 에서 t = 0 일 때

$k = I_s = \dfrac{E}{r}$ 이므로

$i(t) = \dfrac{E}{r}e^{-\frac{r_1 + r}{L}t}$[A]

$e_L = -L\dfrac{di}{dt} = -L\dfrac{d}{dt}\left(\dfrac{E}{r}e^{-\frac{r + r_1}{L}t}\right)$

$= -L \times \dfrac{E}{r} \times \left(-\dfrac{r + r_1}{L}\right) \times e^{-\frac{r + r_1}{L}t}$

$= \dfrac{r + r_1}{r}E \times e^{-\frac{r + r_1}{L}t}$ [V]

14 비정현파 전류가 i(t) = sinωt + sin3ωt[A]인 R−L직렬회로의 비정현파 전압은 몇 [V]인가 ?

① $(R\sin\omega t + R\sin3\omega t) + j(\omega L\sin\omega t + 3\omega L\sin3\omega t)$

② $(R\sin\omega t + \omega L\sin3\omega t) + j(R\sin\omega t + 3\omega L\sin3\omega t)$

③ $(R\sin\omega t + \omega L\sin3\omega t) + j(R\sin\omega t + \omega L\sin3\omega t)$

④ $(R\sin\omega t + \omega L\sin\omega t) + j(R\sin\omega t + 3\omega L\sin\omega t)$

해설

$v(t) = \dot{Z} \times i(t) = (R + j\omega L) \times \sin\omega t + (R + j3\omega L) \times \sin3\omega t$
$= (R\sin\omega t + R\sin3\omega t) + j(\omega L\sin\omega t + 3\omega L\sin3\omega t)[V]$

15 함수 5sin2t의 라플라스 변환은 ?

① $\dfrac{5}{s^2 - 4}$

② $\dfrac{10}{s^2 - 4}$

③ $\dfrac{10}{s^2 + 4}$

④ $\dfrac{5}{s^2 + 4}$

해설

$f(t) = 5\sin2t \xrightarrow{\mathcal{L}} 5 \times \dfrac{2}{s^2 + 2^2} = \dfrac{10}{s^2 + 4}$

16 R−L 직렬회로에 단상 100[V]의 전압을 가하면 30[A]의 전류가 흐르고 역률이 0.6이고 1.8[kW]력을 소비한다고 한다. 이 코일과 병렬로 콘덴서를 접속하여 회로의 합성 역률을 100%로 하기 위한 용량 리액턴스는 몇 [Ω]이어야 하는가 ?

① 1.2   ② 2.6

③ 3.2   ④ 4.2

해설 $P_a = VI = 100 \times 30 = 3000[\text{VA}]$ 이므로

역률개선용 콘덴서 용량(무효전력)은 다음과 같다.

$P_r = \dfrac{V^2}{X_C} = P_a\sin\theta = 3000 \times 0.8 = 2400[\text{Var}]$

그러므로 용량성 리액턴스 X_C는

$X_C = \dfrac{V_2}{P_r} = \dfrac{100^2}{2400} = 4.2[\Omega]$ 이다.

17 r[Ω]인 6개의 저항을 그림과 같이 접속하고 평형 3상 전압 E를 가했을 때 전류 I는 몇 [A]인가? (단, r = 3[Ω], E = 60[V]이다.)

① 8.66

② 9.56

③ 10.8

④ 12.6

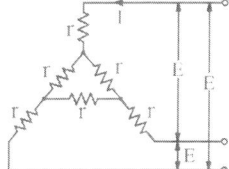

해설 △결선된 저항을 Y결선으로 변환

$R_Y = \dfrac{1}{3}R_\Delta = \dfrac{1}{3}r[\Omega]$

Y결선된 1상의 저항

$R_P = r + \dfrac{1}{3}r = 3 + \dfrac{1}{3} \times 3 = 4[\Omega]$

상전압 $V_p = \dfrac{E}{\sqrt{3}} = \dfrac{60}{\sqrt{3}} = 20\sqrt{3}[V]$

$I = \dfrac{V_P}{R_P} = \dfrac{20\sqrt{3}}{4} = 5\sqrt{3} = 8.66[A]$

18 그림과 같은 4단자 회로망에서 출력 측을 개방하니 $V_1 = 12$, $I_1 = 2$, $V_2 = 4$ 이고 출력 측을 단락하니 $V_1 = 16$, $I_1 = 4$, $I_2 = 2$였다. A, B, C, D는 얼마인가?

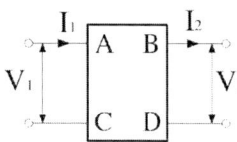

① 0.5, 2, 3, 8

② 8, 0.5, 2, 3

③ 3, 8, 0.5, 2

④ 2, 3, 8, 0.5

해설 4단자 정수 정의식

① $\dot{A} = \left.\dfrac{\dot{V_1}}{\dot{V_2}}\right|_{출력개방} = \dfrac{12}{4} = 3$

② $\dot{B} = \left.\dfrac{\dot{V_1}}{\dot{I_2}}\right|_{출력단락} = \dfrac{16}{2} = 8$

③ $\dot{C} = \left.\dfrac{\dot{I_1}}{\dot{V_2}}\right|_{출력개방} = \dfrac{2}{4} = 0.5$

④ $\dot{D} = \left.\dfrac{\dot{I_1}}{\dot{I_2}}\right|_{출력단락} = \dfrac{4}{2} = 2$

19 그림의 회로에서 단자 A–B 에 나타나는 전압은 몇 [V] 인가?

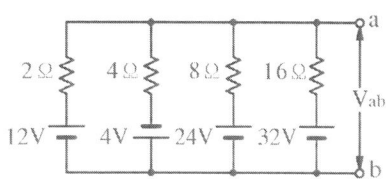

① 20   ② 13.5

③ 12.3   ④ 10.67

해설 밀만의 정리

$$V_{ab} = \dfrac{I}{Y} = \dfrac{\dfrac{V_1}{R_1} + \dfrac{V_2}{R_2} + \cdots\cdots + \dfrac{V_n}{R_n}}{\dfrac{1}{R_1} + \dfrac{1}{R_2} + \cdots\cdots + \dfrac{1}{R_n}}$$

주의 : 두번째 전압원의 극성이 다른 전압원과 반대로 접속되어 있으므로 전류의 크기를 (−)로 계산할 것

$$V_{ab} = \dfrac{\dfrac{12}{2} - \dfrac{4}{4} + \dfrac{24}{8} + \dfrac{32}{16}}{\dfrac{1}{2} + \dfrac{1}{4} + \dfrac{1}{8} + \dfrac{1}{16}}$$

$$= \dfrac{6 - 1 + 3 + 2}{0.5 + 0.25 + 0.125 + 0.0625}$$

$$= \dfrac{15}{0.9375} = 10.67 [\text{V}]$$

20 R–L–C 회로망에서 입력을 $e_i(t)$, 출력을 $i(t)$ 로 할 때, 이 회로의 전달함수는?

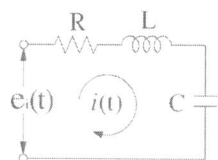

① $\dfrac{Rs}{LCs^2 + RCs + 1}$

② $\dfrac{RLs}{LCs^2 + RCs + 1}$

③ $\dfrac{Ls}{LCs^2 + RCs + 1}$

④ $\dfrac{Cs}{LCs^2 + RCs + 1}$

해설 전달함수 $G(s) = \dfrac{출력}{입력} = \dfrac{I(s)}{E_i(s)} = \dfrac{1}{Z}$

$$G(s) = \dfrac{1}{R + Ls + \dfrac{1}{Cs}} = \dfrac{Cs}{LCs^2 + RCs + 1}$$

정답   **18.**① **19.**④ **20.**④

회로이론 4

(전기기사 · 산업기사 핵심시리즈)

1판1쇄 인쇄 2026년 01월 10일
1판1쇄 발행 2026년 01월 20일

지은이 | 전기검정연구회
펴낸이 | 이주연
펴낸곳 | **명인북스**
등   록 | 제 409-2021-000031호

주   소 | 인천시 서구 완정로65번안길 10, 114동 605호
전   화 | 032-565-7338
팩   스 | 032-565-7348
E-mail | phy4029@naver.com
정   가 | 22,000원

ISBN 979-11-94269-13-7 (13560)